高等职业教育系列教材

岗课赛证融通 | 产学研创融合

# 电子技术及应用 第2版

主 编 | 张静之　刘建华
副主编 | 贺俊红　朱文立
参 编 | 朱世华　严诚斌

本书是"岗课赛证"融通教材，在编写过程中，充分考虑了高等职业院校和应用型本科院校学生的学习特点和教学要求，兼顾理论与实践。本书包括模拟电子技术、数字电子技术和综合实践三大部分。其中，模拟电子技术部分包含了半导体器件、基本放大电路、功率放大和场效应管放大电路、集成运算放大器和放大电路中的反馈等内容；数字电子技术部分包含了基本逻辑门电路、组合逻辑电路、触发器和时序逻辑电路等内容；最后的综合实践部分由职业技能鉴定课题转化而成；本书引入了活页式综合实践操作的内容。

本书是"互联网+"新形态教材，配套了大量的二维码教学资源，有助于读者理解教材中的难点与重点，支持移动学习。

本书可作为高等职业院校和应用型本科院校电子技术课程教材，也可以作为广大工程技术人员的参考书。

本书配有微课视频，读者扫描书中二维码即可观看，另外，本书配有电子课件、习题答案等数字化教学资源，需要的教师可登录机械工业出版社教育服务网（www.cmpedu.com）免费注册，审核通过后下载，或联系编辑索取（微信：13261377872，电话：010-88379739）。

## 图书在版编目（CIP）数据

电子技术及应用/张静之，刘建华主编．—2 版．—北京：机械工业出版社，2024.3（2025.8 重印）
高等职业教育系列教材
ISBN 978-7-111-75261-5

Ⅰ.①电… Ⅱ.①张… ②刘… Ⅲ.①电子技术-高等职业教育-教材 Ⅳ.①TN

中国国家版本馆 CIP 数据核字（2024）第 049116 号

机械工业出版社（北京市百万庄大街 22 号　邮政编码 100037）
策划编辑：李培培　　　　　责任编辑：李培培
责任校对：杨　霞　李　杉　责任印制：刘　媛
北京华宇信诺印刷有限公司印刷
2025 年 8 月第 2 版第 2 次印刷
184mm×260mm · 14.5 印张 · 357 千字
标准书号：ISBN 978-7-111-75261-5
定价：65.00 元

电话服务　　　　　　　　　　网络服务
客服电话：010-88361066　　　机　工　官　网：www.cmpbook.com
　　　　　010-88379833　　　机　工　官　博：weibo.com/cmp1952
　　　　　010-68326294　　　金　书　网：www.golden-book.com
封底无防伪标均为盗版　　　　机工教育服务网：www.cmpedu.com

# 前　言

党的二十大报告指出："加快建设国家战略人才力量，努力培养造就更多大师、战略科学家、一流科技领军人才和创新团队、青年科技人才、卓越工程师、大国工匠、高技能人才。"高等职业教育是培养拥护党的基本路线，适应生产、建设、管理、服务第一线需要，德、智、体、美等全面发展的高等技术应用型专门人才。

随着我国新型工业化和信息化的发展，电子技术被广泛应用到各行各业中，尤其是在工业领域。电子技术发展水平直接关系到国家的科技水平，是衡量国家智能制造技术水平的重要因素之一，通过对电子技术研究的不断深入，提升电子技术水平，对推动我国的经济发展、工业发展和科技进步有着重大意义，对实现工业生产智能化起到重要的支撑作用。

电子技术课程是高等职业教育电气自动化、机电一体化、信息技术等相关专业教学体系中一门理论性和实践性都较强的基础必修课程。本书编写组成员由高校教师和企业技术人员构成，编写时以坚持面向世界科技前沿，加快实现高水平科技自立自强为指导思想，以高等职业教育人才培养目标为依据，以"理论够用，兼顾实践，服务产业"的原则，形成了产教深度融合的教材。

本书是"岗课赛证"融通教材，包括模拟电子技术、数字电子技术和综合实践三大部分。每章的教学导航，为读者提供学习内容的导引；配有相关的实验，难度逐次递增；配有习题以检验学习效果；新增了活页式综合实践操作和考核内容。教材中的综合实践应用拓展的内容是由职业技能鉴定和职业技能大赛课题转化而成，通过实践培养学生的创新思维能力、安全操作规范意识、大工程观、精益求精的工匠精神，提升学生的实践技能。

本书提供了大量的二维码仿真视频和单元测试题库，配套了丰富的教学资源和仿真电路源文件，支持移动学习和线上线下混合式教学，具有"互联网+"新形态教材的鲜明特色。

本书由上海工程技术大学张静之和刘建华担任主编，全书由张静之负责统稿。其中，第1章由福州第二技师学院贺俊红编写；第3章由贵州交通职业技术学院朱世华编写；第4章由上海电气集团上海电气自动化设计研究所有限公司严诚斌编写；第5章由上海工程技术大学朱文立编写；第2章、第6章、第7章、习题、活页式综合实践及二维码嵌入部分内容由张静之编写；第8章和第9章由上海工程技术大学高等职业技术学院刘建华编写。

在编写过程中，编者参考并引用了一些资料，难以一一列举，在此一并表示衷心的感谢。

由于编者水平有限，疏漏之处在所难免，恳请使用本书的师生和读者提出宝贵意见。

编　者

# 目 录

前 言
第1章 半导体器件 ………………………… 1
  教学导航 …………………………………… 1
  1.1 PN结的形成 ………………………… 1
    1.1.1 本征半导体 ……………………… 1
    1.1.2 杂质半导体 ……………………… 2
    1.1.3 PN结及其特性 …………………… 3
  1.2 二极管 ………………………………… 4
    1.2.1 二极管的类型、结构及符号 …… 4
    1.2.2 二极管的伏安特性曲线 ………… 5
    1.2.3 二极管的主要参数 ……………… 5
    1.2.4 二极管的应用 …………………… 6
    1.2.5 稳压二极管和其他特殊二极管 … 6
  1.3 晶体管 ………………………………… 8
    1.3.1 晶体管的基本结构 ……………… 8
    1.3.2 晶体管电流放大作用 …………… 8
    1.3.3 晶体管的特性曲线 ……………… 10
    1.3.4 晶体管的主要参数 ……………… 12
  1.4 实验 …………………………………… 13
    1.4.1 实验1 常用电子仪器的使用 …… 13
    1.4.2 实验2 二极管性能测试与识别 … 16
    1.4.3 实验3 晶体管性能测试与识别 … 18
  1.5 思考与练习 …………………………… 20
第2章 基本放大电路 ……………………… 23
  教学导航 …………………………………… 23
  2.1 放大电路的概述 ……………………… 23
    2.1.1 放大电路的三种组态 …………… 23
    2.1.2 放大电路中的符号规定 ………… 23
  2.2 共发射极基本放大电路 ……………… 24
    2.2.1 共发射极放大电路的基本组成 … 24
    2.2.2 共发射极放大电路的静态分析 … 25
    2.2.3 共发射极放大电路的动态分析 … 27
    2.2.4 共发射极放大电路的非线性
        失真 ……………………………… 32
  2.3 分压式固定偏置放大电路 …………… 33
    2.3.1 分压式固定偏置放大电路的基本
        组成 ……………………………… 34
    2.3.2 分压式固定偏置放大电路静态
        工作点的稳定 …………………… 34
    2.3.3 分压式固定偏置放大电路的
        分析 ……………………………… 35
    2.3.4 发射极旁路电容$C_E$对电路的
        影响 ……………………………… 36
  2.4 共集电极放大电路 …………………… 37
    2.4.1 电路的基本组成 ………………… 37
    2.4.2 电路的静态分析 ………………… 37
    2.4.3 电路的动态分析 ………………… 37
    2.4.4 共集电极放大电路的特点 ……… 39
  2.5 共基极放大电路 ……………………… 40
    2.5.1 共基极放大电路的基本组成 …… 40
    2.5.2 电路的静态分析 ………………… 40
    2.5.3 电路的动态分析 ………………… 41
  2.6 多级放大电路 ………………………… 42
    2.6.1 多级放大电路的耦合方法 ……… 42
    2.6.2 多级放大电路的分析 …………… 43
  2.7 实验 …………………………………… 45
    2.7.1 实验1 晶体管共射极单管放大电路
        静态工作点和放大倍数的测量 … 45
    2.7.2 实验2 晶体管共射极单管放大电路
        波形失真的测试 ………………… 48
    2.7.3 实验3 晶体管共射极单管放大电路
        输入电阻和输出电阻的测试 …… 49
  2.8 思考与练习 …………………………… 50
第3章 功率放大和场效应管放大
    电路 …………………………………… 53
  教学导航 …………………………………… 53
  3.1 功率放大电路 ………………………… 53
    3.1.1 功率放大电路的要求 …………… 53
    3.1.2 功率放大电路的分类 …………… 53
    3.1.3 双电源互补对称功率放大电路 … 54

3.1.4　单电源互补对称功率放大电路 … 56
3.2　绝缘栅场效应晶体管 ……………… 57
　3.2.1　绝缘栅场效应晶体管的结构 …… 57
　3.2.2　绝缘栅场效应晶体管工作原理 … 58
　3.2.3　绝缘栅场效应晶体管主要参数 … 59
　3.2.4　绝缘栅场效应晶体管特点和
　　　　 注意事项 ……………………… 60
3.3　场效应管放大电路 ………………… 61
　3.3.1　场效应管放大电路的三种接法 … 61
　3.3.2　场效应管放大电路的静态分析 … 61
　3.3.3　场效应管放大电路的动态分析 … 62
3.4　思考与练习 ………………………… 64

## 第4章　集成运算放大器 …………… 66
教学导航 ……………………………………… 66
4.1　差动放大电路 ……………………… 66
　4.1.1　差动放大电路的结构 …………… 66
　4.1.2　双端输入双端输出差动放大
　　　　 电路的静态分析 ……………… 67
　4.1.3　双端输入双端输出差动放大
　　　　 电路的动态分析 ……………… 67
　4.1.4　差动放大电路其他输入方式
　　　　 的动态分析 …………………… 69
4.2　集成运算放大器 …………………… 70
　4.2.1　集成运算放大器的基本结构 …… 70
　4.2.2　集成运算放大器的主要参数 …… 71
　4.2.3　理想集成运算放大器的特性 …… 71
4.3　集成运算放大器的线性应用 ……… 73
　4.3.1　集成运算放大器的比例运算
　　　　 电路 …………………………… 73
　4.3.2　集成运算放大器的加法运算
　　　　 电路 …………………………… 74
　4.3.3　集成运算放大器的减法运算
　　　　 电路 …………………………… 75
　4.3.4　集成运算放大器的积分和
　　　　 微分运算电路 ………………… 76
4.4　集成运算放大器构成的比较电路 … 78
　4.4.1　电压比较器与过零比较器 ……… 78
　4.4.2　滞回比较器 ……………………… 79
4.5　实验　集成运算放大器线性运算
　　　　 电路的测试与分析 …………… 80
4.6　思考与练习 ………………………… 83

## 第5章　放大电路中的反馈 ………… 86
教学导航 ……………………………………… 86

5.1　反馈的定义 ………………………… 86
5.2　反馈的分类 ………………………… 88
5.3　负反馈的类型及其判别方法 ……… 89
　5.3.1　反馈放大电路的判别步骤 ……… 89
　5.3.2　负反馈的四种组态形式 ………… 90
5.4　负反馈对放大器性能的影响 ……… 93
5.5　实验　负反馈放大电路的分析与
　　　　 测试 …………………………… 93
5.6　思考与练习 ………………………… 95

## 第6章　基本逻辑门电路 …………… 98
教学导航 ……………………………………… 98
6.1　数字电路概述 ……………………… 98
　6.1.1　数字电路定义及其特点 ………… 98
　6.1.2　脉冲波形 ………………………… 99
6.2　数制及变换 ………………………… 99
　6.2.1　数制 ……………………………… 99
　6.2.2　变换 ……………………………… 100
6.3　基本逻辑关系和逻辑门电路 ……… 102
　6.3.1　与门电路 ………………………… 102
　6.3.2　或门电路 ………………………… 103
　6.3.3　非门电路 ………………………… 105
6.4　基本逻辑门电路的组合 …………… 106
　6.4.1　与非门电路 ……………………… 106
　6.4.2　或非门电路 ……………………… 107
　6.4.3　与或非门电路 …………………… 107
　6.4.4　异或门电路 ……………………… 108
　6.4.5　同或门电路 ……………………… 108
6.5　集成门电路简介 …………………… 109
　6.5.1　TTL 集成门电路 ………………… 109
　6.5.2　MOS 集成门电路 ……………… 110
　6.5.3　TTL 和 CMOS 电路的比较 …… 111
6.6　逻辑代数及其应用 ………………… 111
　6.6.1　逻辑代数的运算规则 …………… 111
　6.6.2　逻辑函数的公式化简法 ………… 114
　6.6.3　逻辑函数的卡诺图化简法 ……… 116
6.7　实验　不同形式逻辑表达式转换的
　　　　 测试 …………………………… 120
6.8　思考与练习 ………………………… 122

## 第7章　组合逻辑电路 ……………… 124
教学导航 ……………………………………… 124
7.1　组合逻辑电路的分析 ……………… 124
7.2　组合逻辑电路的设计应用实例 …… 126
7.3　加法器 ……………………………… 128
　7.3.1　半加器 …………………………… 128

7.3.2 全加器 129
7.4 编码器 131
　7.4.1 二进制编码器 131
　7.4.2 8421 编码的二-十进制编码器 132
　7.4.3 优先编码器 133
7.5 译码器 134
　7.5.1 二进制译码器 134
　7.5.2 十进制显示译码器 136
7.6 数据选择器 139
　7.6.1 四选一数据选择器 139
　7.6.2 八选一数据选择器 141
7.7 数据分配器 142
7.8 实验 143
　7.8.1 实验1 半加器电路逻辑功能测试 143
　7.8.2 实验2 组合逻辑电路的设计与测试 145
7.9 思考与练习 146

# 第8章 触发器和时序逻辑电路 149
教学导航 149
8.1 触发器 149
　8.1.1 RS 触发器 149
　8.1.2 边沿 JK 触发器 153
　8.1.3 D 触发器 155
　8.1.4 触发器逻辑功能的转换 156
8.2 时序逻辑电路的分析 158
8.3 寄存器 163
　8.3.1 数据寄存器 163
　8.3.2 移位寄存器 164
8.4 计数器 167
　8.4.1 二进制计数器 167
　8.4.2 十进制计数器 170
　8.4.3 任意进制计数器的设计与实现 174
8.5 555 集成定时器 177
　8.5.1 555 集成定时器的工作原理 177
　8.5.2 555 集成定时器构成的单稳态触发器 179
　8.5.3 555 集成定时器构成的多谐振荡器 181
　8.5.4 555 集成定时器构成的施密特触发器 182
8.6 实验 183
　8.6.1 实验1 JK 触发器逻辑功能的测试 183
　8.6.2 实验2 D 触发器逻辑功能的测试 186
　8.6.3 实验3 计数器的测试与应用 187
　8.6.4 实验4 时序逻辑电路的分析与测试 191
8.7 思考与练习 194

# 第9章 综合实践 197
教学导航 197
9.1 综合实践1 锯齿波发生器的组装与测试 197
　9.1.1 实践要求 197
　9.1.2 锯齿波发生器的工作原理 197
　9.1.3 锯齿波发生器安装调试步骤及实测波形记录 199
　9.1.4 知识拓展 锯齿波发生器的故障排除 201
9.2 综合实践2 单脉冲控制移位寄存器构成的环形计数器的组装与调试 202
　9.2.1 实践要求 202
　9.2.2 各单元电路的工作原理 202
　9.2.3 环形计数器的安装调试步骤及实测波形记录 207
　9.2.4 知识点拓展 两片 CC40194 实现数据的串行/并行转换 208
9.3 综合实践3 脉冲顺序控制器的组装与调试 210
　9.3.1 实践要求 210
　9.3.2 各单元电路的工作原理 210
　9.3.3 脉冲顺序控制器的安装调试步骤及实测波形记录 214

# 附录 综合实践（活页式） 215
综合实践操作1 锯齿波发生器的组装与测试 215
综合实践操作2.1 单脉冲控制移位寄存器安装与调试 217
综合实践操作2.2 移位寄存器型环形计数器安装与调试 219
综合实践操作3.1 脉冲顺序控制器的安装与调试 221
综合实践操作3.2 加法计数器起停控制的安装与调试 223

# 参考文献 225

# 第1章 半导体器件

## 教学导航

通过本章节的学习可以达到：

1）了解物质导电性能；了解本征半导体、杂质半导体的结构和性能；掌握 PN 结的构成和特性。

2）掌握二极管的结构和符号；理解二极管的伏安特性和参数，能够根据实际应用的要求分析和选择合适的二极管。

3）了解稳压二极管、光电二极管和发光二极管基本原理和应用。

4）理解晶体管的基本结构和符号；理解并掌握晶体管的电流放大作用和特性曲线；在理解晶体管主要参数的基础上，能够根据实际需求选择合适的晶体管。

## 1.1 PN 结的形成

物质的导电特性主要取决于其原子结构，根据导电性能的不同，可把物体分为导体、半导体和绝缘体三大类。其中，导电特性较好，如金、银、铜、铝、铁等金属物质被称为导体，这类物质的原子最外层电子极易挣脱原子核的束缚成为自由电子；导电性能很差，如玻璃、橡胶、塑料、陶瓷等物质被称为绝缘体，其最外层电子极不易摆脱原子核的束缚成为自由电子；导电能力介于导体和绝缘体之间的物质，如硅、锗、硒等物质称为半导体，半导体具有热敏性、光敏性、掺杂性等一些特殊的性能，因此得到了广泛的应用。

### 1.1.1 本征半导体

本征半导体是一种纯净的、具有晶体结构的半导体，也称为晶体。常用的半导体材料是单晶硅（Si）和单晶锗（Ge），其原子结构如图 1-1a、b 所示。硅和锗的最外层都有四个价电子，是四价元素，简化原子结构模型如图 1-1c 所示。

在本征半导体的晶体结构中，每一个原子与相邻的四个原子结合，每一个原子的一个价电子与另一原子的一个价电子组成一个电子对，形成晶体中的共价键结构，如图 1-2 所示为硅的共价键结构示意图。

在热力学温度 $T=0K$ 和无外界能量激发的条件下，价电子不能脱离共价键的束缚而成为自由电子，这时半导体不具有导电能力，相当于绝缘体。若温度升高或受到光照等刺激，晶体中的价电子从外界获得了足够的能量，某些价电子就能摆脱共价键束缚而成为

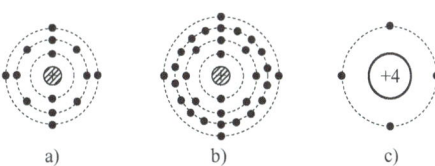

图 1-1 硅和锗的原子结构及其简化模型
a）硅 b）锗 c）简化模型

自由电子，同时在共价键中留下空位，称为空穴。在本征半导体中，电子和空穴总是成对出现的，称为电子-空穴对，若电子和空穴结合则称为复合。

当共价键中出现了空穴后，邻近共价键中的价电子就很容易过来填补这个空位，同时又会出现新的空位，然后其他的价电子又可能会填补新的空穴，这种过程持续进行，就相当于一个空穴在晶体中移动，如图1-3所示。脱离共价键的自由电子带负电，空穴失掉一个电子带正电。当在外电场作用下，带负电荷的自由电子产生定向移动，形成电子电流；另一方面，价电子也按一定方向依次填补空穴，相当于空穴产生了定向移动，形成空穴电流。

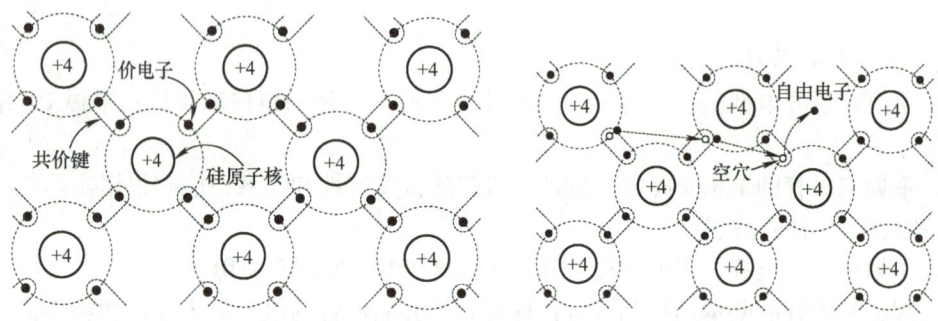

图1-2　硅的共价键结构示意图　　　　图1-3　硅晶体中的两种载流子

由此可见，半导体中存在两种载流子：自由电子和空穴。在本征半导体中，一定温度条件下自由电子和空穴成对出现，同时又不断复合，载流子的产生和复合达到动态平衡，自由电子和空穴维持一定的浓度。随着温度升高，载流子的浓度按指数规律增加。因此，半导体的导电性能受温度影响很大。

## 1.1.2　杂质半导体

### 1. N型半导体

在纯净半导体硅或锗中掺入磷、砷等五价元素，与相邻的四个硅（或锗）原子形成共价键后，还多余一个电子，故而产生大量不受共价键束缚的自由电子，这种半导体主要靠自由电子导电，称为电子半导体或N型半导体，如图1-4a所示。其中自由电子为多数载流子，热激发形成的空穴为少数载流子。

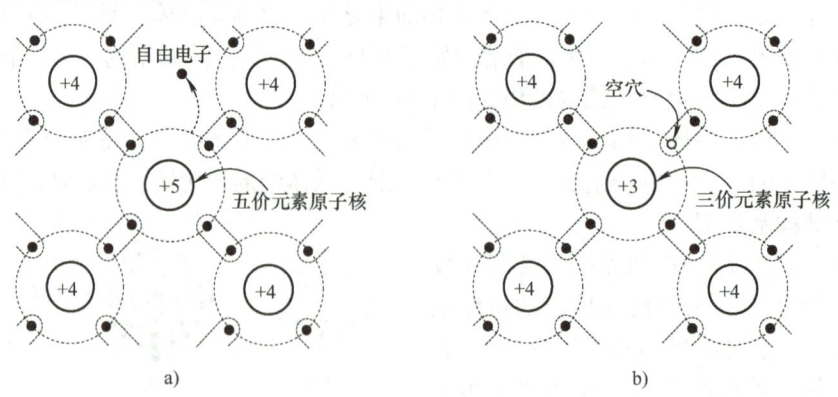

图1-4　N型半导体和P型半导体的结构示意图
a）N型半导体　b）P型半导体

**2. P 型半导体**

在纯净半导体硅或锗中掺入硼、铝等三价元素，与相邻的四个硅（或锗）原子形成共价键中，有一对是缺少一个电子的，故而形成大量空穴，这类掺杂后的半导体其导电作用主要靠空穴运动，称为空穴半导体或 P 型半导体，如图 1-4b 所示。其中空穴为多数载流子，热激发形成的自由电子是少数载流子。

无论是 P 型半导体还是 N 型半导体都是电中性的，对外不显电性。掺入的杂质元素的浓度越高，多数载流子的数量就越多，而少数载流子的数量取决于温度。

## 1.1.3 PN 结及其特性

**1. PN 结的形成**

将 P 型半导体和 N 型半导体用特殊的工艺结合在一起时，就会在两种半导体的交界面处形成一个特殊的薄层，称为 PN 结，如图 1-5 所示。在 PN 结的形成过程中，半导体中载流子的运动方式包含了扩散运动和漂移运动两种。

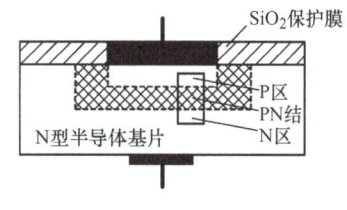

图 1-5 PN 结

由于两种掺杂半导体材料中载流子的浓度相差很大，使 P 型半导体中的空穴向 N 型半导体扩散，同时 N 型半导体中的电子向 P 型半导体扩散，称为扩散运动，如图 1-6 所示。

扩散运动的结果是在交界面的 P 区一侧出现了一个负电荷区，而在 N 区一侧出现了一个正电荷区，从而形成了一个由 N 区指向 P 区的内电场。内电场形成后，阻挡了多数载流子的扩散运动，同时使 P 区的少数载流子-电子和 N 区的少数载流子-空穴越过空间电荷区进入对方区域，这种少数载流子在电场作用下的定向运动称为漂移运动，当扩散与漂移达到动态平衡时形成一定宽度的 PN 结，如图 1-7 所示。

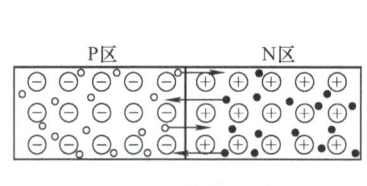

图 1-6 扩散运动

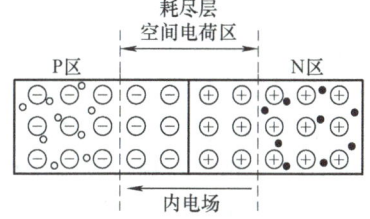

图 1-7 PN 结的形成

**2. PN 结的特性**

（1）外加正向电压（亦称正向偏置，简称正偏）

PN 结正向偏置如图 1-8 所示。此时，P 区接电到电源 $E$ 的正极，是高电位，N 区经过限流电阻 $R$ 接电源 $E$ 的负极，是低电位。在正向偏置状态下，外电场方向与 PN 结中内电场方向相反，削弱了内电场，使空间电荷区变窄，增强扩散运动，减弱漂移运动，使多数载流子能够在外加电场的作用下顺利地穿过 PN 结，形成了一个较大的正向电流 $I$，PN 结处于导通状态。

（2）外加反向电压（亦称反向偏置，简称反偏）

PN 结反向偏置如图 1-9 所示。此时，P 区接电到电源 $E$ 的负极，是低电位，N 区经过

限流电阻 $R$ 接电源 $E$ 的正极,是高电位。在反向偏置状态下,外电场方向与 PN 结中内电场方向一致,增强了内电场,使空间电荷区变宽,减弱扩散运动,增强漂移运动,使多数载流子受 PN 结的阻挡无法通过,只有少数载流子在外加电场的作用下能够通过 PN 结,形成一个很小的反向电流 $I$,PN 结处于截止状态。在一定的温度条件下,反向电流达到一定数值后就不会随着反向电压的增加而增大,称为反向饱和电流。反向饱和电流对温度十分敏感,随温度升高反向饱和电流急剧增大。

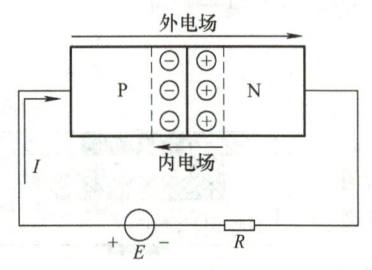 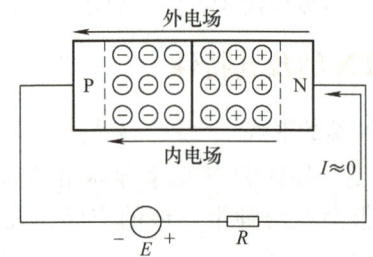

图 1-8　PN 结正向偏置　　　　　　　　图 1-9　PN 结反向偏置

由以上分析可知,在 PN 结两端外加不同方向的电压,会呈现出"正向导通,反向截止"的单向导电特性。

## 1.2　二极管

### 1.2.1　二极管的类型、结构及符号

在 PN 的两端各引出一个电极引线,并用管壳封装起来,就构成了半导体二极管,简称二极管。二极管的电路图形符号如图 1-10 所示,其中的箭头表示正向电流的方向,与 P 区相连的正极也叫作阳极,与 N 区相连的负极也叫作阴极。

按结构的不同,二极管可分为点接触型、面接触型和平面型三种类型。点接触型二极管 PN 结面积很小,结电容很小,多用于高频检波及脉冲数字电路中,

图 1-10　二极管的电路图形符号

如图 1-11a 所示。面接触型二极管 PN 结面积大,结电容也大,多用在低频整流电路中,如图 1-11b 所示。平面型二极管,结面积较大时,可作大功率整流;结面积较小时,结电容也小,适合在数字电路中作开关二极管用,如图 1-11c 所示。

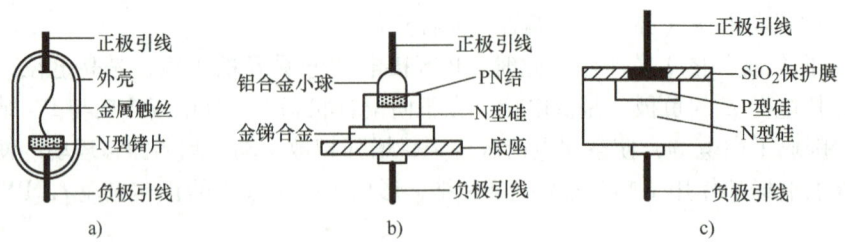

图 1-11　点接触型、面接触型和平面型二极管结构

a)点接触型　b)面接触型　c)平面型

## 1.2.2 二极管的伏安特性曲线

二极管的性能可用其伏安特性来描述，图1-12a所示为硅二极管伏安特性，图1-12b所示为锗二极管伏安特性。图中横坐标为电压，纵坐标为电流，由此可见，二极管的伏安特性就是加在二极管两端的电压与流过二极管电流之间的关系。

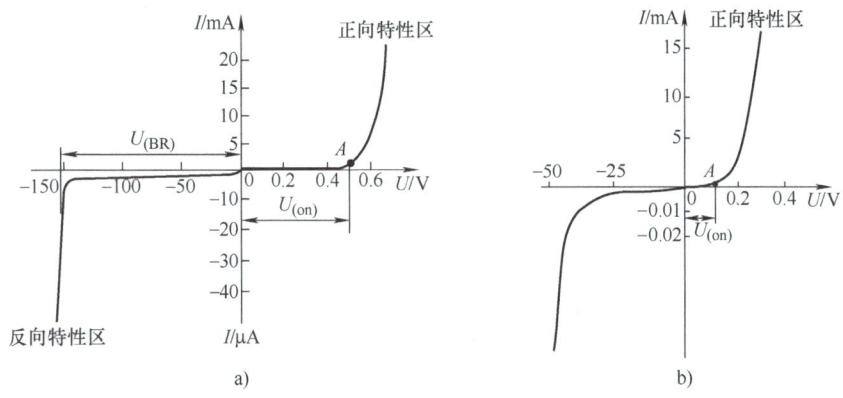

图1-12 二极管的伏安特性
a) 硅二极管伏安特性 b) 锗二极管伏安特性

（1）正向特性

当二极管两端的外加正向电压较低时，流过二极管正向电流很小，几乎为零，称为死区。当正向电压超过某一数值时，如图1-12所示的$A$点，正向电流明显增大，$A$点所对应的电压称为死区电压（或称导通电压），用$U_{(on)}$表示，通常，硅管的死区电压$U_{(on)}$约为0.5V，锗管约为0.1V。当正向电压超过死区电压后，随着电压升高，正向电流迅速增大，即二极管处于导通状态。当二极管正向导通后，其正向压降基本不变，硅二极管约为0.7V，锗二极管约为0.3V。

（2）反向特性

如图1-12所示，在反向特性区中，当二极管外加反向电压时，只有很小的反向漏电流，称为反向饱和电流。此时，二极管处于反向截止状态。当反向电压加到一定值时，反向电流急剧增加，产生反向击穿，二极管不再具有单向导电性。普通二极管的反向击穿电压$U_{(BR)}$一般在几十伏以上。

## 1.2.3 二极管的主要参数

二极管的主要参数是实际运用时合理选用二极管的主要依据，主要参数如下。

（1）最大整流电流$I_{OM}$

最大整流电流是指二极管允许通过的最大正向平均电流。工作时，应使流过二极管的平均工作电流$<I_{OM}$，以免二极管过热烧毁。此值与PN结的面积、材料和散热情况有关。

（2）最大反向工作电压$U_{BRM}$

最大反向工作电压是二极管允许的最高工作电压。当反向电压超过此值时，二极管可能被击穿。为保证二极管安全工作，通常取 $U_{(BR)}/2$ 作为最大反向工作电压 $U_{BRM}$。

（3）反向峰值电流 $I_{RM}$

反向峰值电流是指在二极管上加最大反向工作电压时的反向电流值。此值越小，二极管的单向导电性越好。反向电流是由少数载流子形成，受温度的影响很大。

### 1.2.4 二极管的应用

利用二极管的单向导电性，可以用于整流、检波、限幅、元件保护等电路，也可以在数字电路中作为开关元件等。

【例1-1】如图1-13a所示为由二极管构成的限幅电路，设输入电压 $u_i = 30\sin\omega t\text{V}$，直流电压源 $E = 15\text{V}$，忽略二极管正向压降。试在图1-13b中画出输出电压 $u_o$ 的波形。

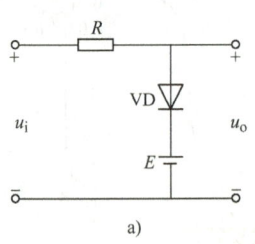 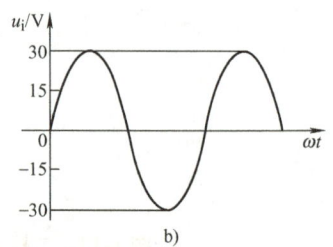

图1-13　例1-1 二极管的限幅电路及电压波形

解：忽略二极管的正向压降时，在输入电压 $u_i$ 处于正半周且高于15V时，即 $u_i > 15\text{V}$，二极管导通，$u_o = E = 15\text{V}$。当 $u_i$ 处于负半周或虽处于正半周但其数值低于15V时，即 $u_i < 15\text{V}$，二极管截止，则 $u_o = u_i$。输出电压 $u_o$ 的波形如图1-14所示。

### 1.2.5 稳压二极管和其他特殊二极管

**1. 稳压二极管**

稳压二极管是一种采用特殊工艺制造的，可以工作在反向击穿区的半导体二极管，其电路图形符号如图1-15所示。稳压二极管就是利用二极管在反向击穿时，流过二极管的电流变化很大，而二极管两端电压基本不变的特性来实现稳压的，其稳定电压就是反向击穿电压。

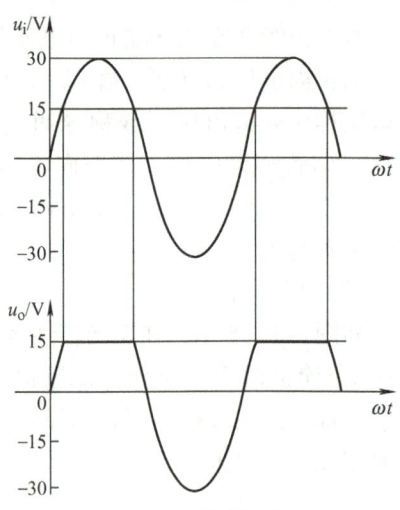

图1-14　输出电压 $u_o$ 的波形

图1-15　稳压二极管的电路图形符号

稳压管的主要参数如下。

1）稳定电压 $U_Z$：是稳压二极管工作在反向击穿区时的端电压。由于 $U_Z$ 随工作电流的不同而略有变化，所以测试 $U_Z$ 时应使稳压二极管的电流为规定值。$U_Z$ 是挑选稳压二极管的主要依据之一。不同型号的稳压二极管，其 $U_Z$ 的值不同。

2）稳定电流 $I_Z$：就是稳压二极管正常工作时流过的电流。如果工作电流 $< I_Z$，则其稳压性能变差；如果工作电流 $> I_Z$，只要不超过额定功耗，稳压二极管可以正常工作。每一种型号的稳压二极管，都规定有一个最大稳定电流 $I_{ZM}$。因而，稳压二极管稳压时的工作电流应介于 $I_Z$ 和 $I_{ZM}$ 之间。

稳压二极管的应用

3）动态电阻 $r_Z$：是指稳定工作范围内，稳压二极管两端电压的变化量与相应电流的变化量之比，即

$$r_Z = \frac{\Delta U_Z}{\Delta I_Z} \tag{1-1}$$

$r_Z$ 的数值通常为几欧至几十欧，稳压二极管的 $r_Z$ 越小，说明反向击穿特性曲线越陡，稳压特性越好。

4）额定功率 $P_Z$：是指在稳压二极管允许结温下的最大功率损耗。由于稳压二极管两端加有电压 $U_Z$，其中就有电流 $I_Z$ 流过，因此 PN 结上就要产生功率损耗，即 $P_Z = U_Z I_Z$。这部分功耗转化为热能，使得 PN 结的温度升高，稳压二极管发热。当稳压二极管的 PN 结温度超过允许值时，稳压二极管将不能正常工作，以致烧坏。

### 2. 发光二极管

发光二极管（Light Emitting Diode，LED）是一种半导体组件。初时多用作指示灯、显示发光二极管板等；随着白光 LED 的出现，也被用于照明。当发光二极管的 PN 结加上正向电压时，电子与空穴复合过程以光的形式放出能量。不同材料制成的发光二极管会发出不同颜色的光，如砷化镓二极管发红光、磷化镓二极管发绿光、碳化硅二极管发黄光、氮化镓二极管发蓝光。发光二极管外形如图 1-16a 所示，其电路图形符号如图 1-16b 所示。

### 3. 光电二极管

当光线照射到光电二极管的 PN 结上时，能激发更多的电子，产生更多的电子-空穴对，从而提高了少数载流子的浓度。在 PN 结两端加反向电压时，反向电流会增加，大小与光的照度成正比，所以光电二极管正常工作时所加的电压为反向电压。为使光线能照射到 PN 结上，在光电二极管的管壳上设有一个小的通光窗口。光电二极管的外形如图 1-17a 所示，其电路图形符号如图 1-17b 所示。

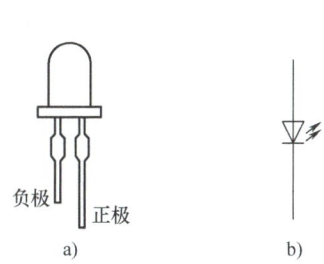

图 1-16 发光二极管的外形和电路图形符号

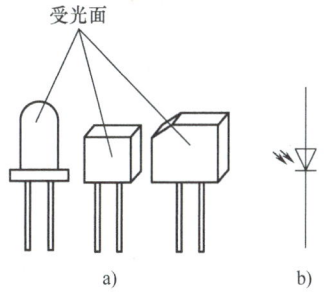

图 1-17 光电二极管的外形和电路图形符号

## 1.3 晶体管

### 1.3.1 晶体管的基本结构

半导体晶体管简称晶体管。由于在晶体管中参与导电的有电子和空穴两种载流子,因此称为双极型结型晶体管（Bipolar Junction Transistor）。按照晶体管内部结构的不同,晶体管分为 NPN 型和 PNP 型两种类型。

如图 1-18a 所示为 NPN 型晶体管的结构示意图。三层半导体分成基区、发射区和集电区,三个区引出引脚分别是基极 B、发射极 E 和集电极 C。它具有两个 PN 结：基区和发射区之间的 PN 结,称为发射结；基区和集电区之间的 PN 结,称为集电结。NPN 型晶体管的电路图形及文字符号如图 1-18b 所示,图形符号中的箭头方向表示发射结加正向电压时的电流方向。

如图 1-19a 所示为 PNP 型晶体管的结构示意图。三层半导体同样分成基区、发射区和集电区。分别引出基极 B、发射极 E 和集电极 C。具有发射结和集电结两个 PN 结。PNP 型晶体管的电路图形及文字符号如图 1-19b 所示,图形符号中的箭头方向表示发射结加正向电压时的电流方向。

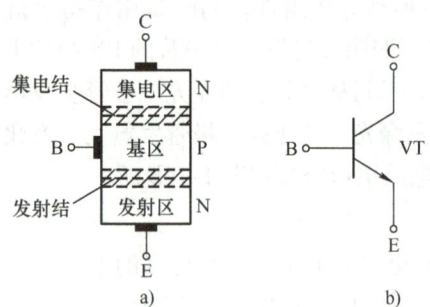

图 1-18 NPN 型晶体管的结构示意图和电路图形及文字符号

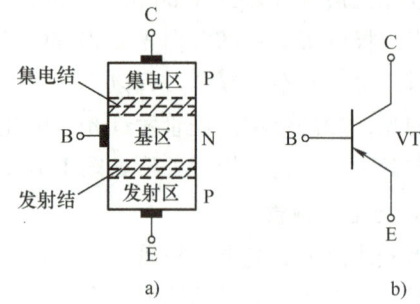

图 1-19 PNP 型晶体管的结构示意图和电路图形及文字符号

### 1.3.2 晶体管电流放大作用

晶体管具有电流放大的作用。为使晶体管实现电流放大,晶体管的内部结构和外部条件都必须满足一定的条件。

从晶体管的内部结构来看,应具有以下几点。

- 发射区进行高掺杂,远大于集电区,其中的多数载流子浓度很高。
- 基区做得很薄,而且掺杂较少,多数载流子浓度最低。
- 集电区与基区接触面积大,可保证尽可能多地收集到发射区发射的电子。

晶体管电流放大作用仿真

从外部条件看,外加电源的极性应使发射结处于正向偏置状态,集电结处于反向偏置状态。也就是说,对于 NPN 型晶体管,$U_{BE} > 0$、$U_{CB} > 0$,也可从电位上满足 $V_C > V_B > V_E$,如图 1-20a

所示；对于 PNP 型晶体管，$U_{BE}<0$、$U_{CB}<0$，也可从电位上满足 $V_C<V_B<V_E$，如图 1-20b 所示。

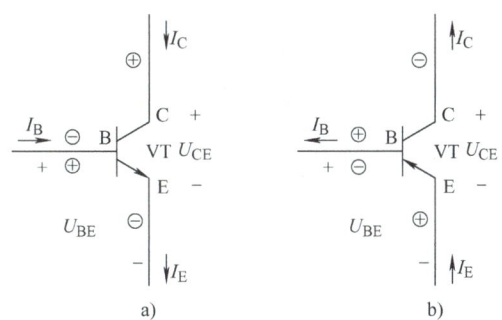

图 1-20　晶体管的电流方向和发射结、集电结的极性
a）NPN 型晶体管　b）PNP 型晶体管

以 NPN 型晶体管为例来分析晶体管的电流放大原理。晶体管中的载流子运动如图 1-21a 所示，电流分配如图 1-21b 所示。

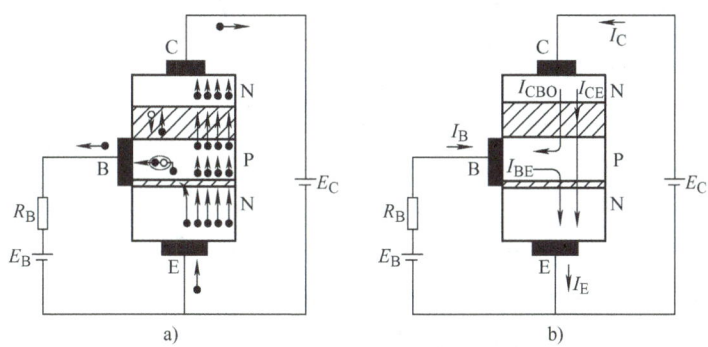

图 1-21　NPN 型晶体管中的载流子运动和电流分配
a）载流子运动　b）电流分配

- 发射区向基区发射自由电子：由于发射结正偏，外加电场使发射区自由电子（多数载流子）向基区的扩散运动增强。由于发射区高掺杂，注入基区的电子浓度远大于基区向发射区扩散的空穴数，即，发射极电流 $I_E$ 主要由发射区发射的电子电流所产生。
- 载流子在基区扩散和复合：自由电子到达基区后，与基区中多子空穴复合而形成基极电流 $I_{BE}$，基区被复合掉的空穴由外电源不断进行补充。但由于基区空穴浓度较低，而且基区很薄，所以大大减少了电子与基区空穴复合的机会，绝大部分自由电子都能扩散到集电结边缘。
- 集电极收集自由电子：由于集电结反向偏置，外电场的方向将阻止集电区的多子自由电子向基区运动，但可将从发射区扩散到基区并到达集电区边缘的自由电子拉入集电区，从而形成电流 $I_{CE}$。

除此以外，由于集电结反向偏置，集电区的少数载流子（空穴）和基区的少数载流子（电子）将向对方区域运动，形成漂移电流，称为集电极和基极间的反向饱和电流，用 $I_{CBO}$ 表示。这些电流数值很小，可近似认为 $I_C \approx I_{CE}$、$I_B \approx I_{BE}$。

根据基尔霍夫电流定律，晶体管的三个电极的电流关系为

$$I_E = I_C + I_B \tag{1-2}$$

通常将 $I_{CE}$ 与 $I_{BE}$ 之比称为晶体管的直流电流放大系数 $\bar{\beta}$，即

$$\bar{\beta} = \frac{I_{CE}}{I_{BE}} = \frac{I_C - I_{CBO}}{I_B + I_{CBO}} \approx \frac{I_C}{I_B} \tag{1-3}$$

通常将集电极电流的变化量与基极电流的变化量之比定义为晶体管的交流电流放大系数，用 $\beta$ 表示，即

$$\beta = \frac{\Delta I_C}{\Delta I_B} \tag{1-4}$$

直流参数 $\bar{\beta}$ 与交流参数 $\beta$ 含义不同，但 $\bar{\beta} \approx \beta$，在计算中统一用 $\beta$。实验表明，$I_C$ 比 $I_B$ 大数十至数百倍，但 $I_B$ 对 $I_C$ 有控制作用，$I_C$ 随着 $I_B$ 的改变而改变，即基极电流较小的变化可以引起集电极电流较大的变化，表明基极电流对集电极具有小量控制大量的作用，这就是晶体管的电流放大作用。

【例 1-2】有两个晶体管分别接在放大电路中都正常工作，起电流放大作用，今测得它们三个引脚对参考点的电位，如表 1-1 所示。试判断：1）是硅管还是锗管；2）是 NPN 型还是 PNP 型；3）晶体管的三个电极（B、C、E）。

表 1-1 例 1-2 数据参数

| 晶体管 | VT$_1$ | | | VT$_2$ | | |
|---|---|---|---|---|---|---|
| 引脚号 | 1 | 2 | 3 | 1 | 2 | 3 |
| 电位/V | 6.1 | 12 | 5.4 | -2 | -2.3 | -7 |

**解**：晶体管 VT$_1$ 的三个引脚中，引脚 1 和引脚 3 电位差为 0.7V，所以它是硅管，且它们一个是 B，一个是 E。因此，引脚 2 必是 C，而在 VT$_1$ 的三个引脚中，引脚 2（是 C）的电位最高，所以晶体管 VT$_1$ 必是 NPN 型晶体管。对于 NPN 型晶体管而言，晶体管起电流放大时，有 $V_C > V_B > V_E$ 成立，所以引脚 1 是 B，引脚 2 是 C，引脚 3 是 E。

晶体管 VT$_2$ 的三个引脚中，引脚 1 和引脚 2 电位差为 0.3V，所以它是锗管，且它们一个是 B，一个是 E。因此，引脚 3 必是 C，而在 VT$_2$ 的三个引脚中，引脚 3（是 C）的电位最低，所以晶体管 VT$_2$ 必是 PNP 型晶体管。对于 PNP 型晶体管而言，晶体管起电流放大时，有 $V_C < V_B < V_E$ 成立，所以引脚 1 是 E，引脚 2 是 B，引脚 3 是 C。

### 1.3.3 晶体管的特性曲线

晶体管的特性曲线是指用来描述晶体管各极电压与电流的相互关系曲线，包括输入特性曲线和输出特性曲线。如图 1-22 所示为 NPN 型晶体管特性曲线测试电路。

**1. 输入特性曲线**

当集电极-发射极电压 $U_{CE}$ 不变时，输入回路中的基极电流 $I_B$ 与基极-发射极电压 $U_{BE}$ 之间的关系曲线称为输入特性曲线，即

$$I_B = f(U_{BE})|_{U_{CE} = 常数} \tag{1-5}$$

输入特性曲线如图 1-23 所示。

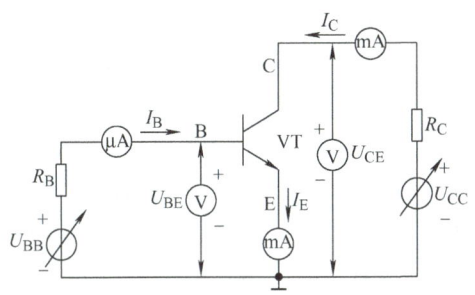

图 1-22　NPN 型晶体管特性曲线测试电路

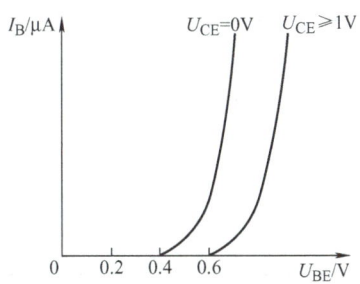

图 1-23　晶体管输入特性曲线

从图 1-23 中可以看出，输入特性曲线与二极管正向特性类似。严格地说，在相同的 $U_{BE}$ 下，随着 $U_{CE}$ 的增大，输入特性略向右移动。当 $U_{CE} \geqslant 1V$ 后，不同 $U_{CE}$ 值的各条输入特性曲线几乎重叠在一起，所以常采用 $U_{CE}=1V$ 的输入特性曲线来代表 $U_{CE}$ 更高的情况。

**2. 输出特性曲线**

当基极电流 $I_B$ 不变时，输出回路中的集电极电流 $I_C$ 与集电极-发射极电压 $U_{CE}$ 之间的关系曲线称为输出特性，即 $I_C=f(U_{CE})|_{I_B=常数}$。在不同的 $I_B$ 下，可得出不同的曲线，所以晶体管的输出特性曲线是一组曲线，如图 1-24 所示。在输出特性曲线上可以划分为三个区域：截止区、放大区和饱和区。

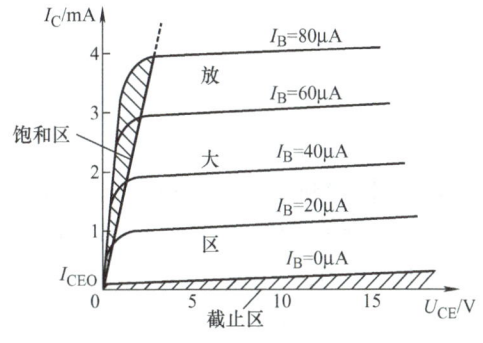

图 1-24　晶体管的输出特性曲线

（1）截止区

将 $I_B=0\mu A$ 曲线以下的区域称为截止区。在截止区中，晶体管发射结反偏，集电结反偏。当 $I_B=0\mu A$ 时，$U_{CE} \approx U_{CC}$，$I_C \leqslant I_{CEO}$，晶体管处于截止状态，没有放大作用，发射极和集电极间相当于一个开关的断开状态。其中，$I_{CEO}$ 是指基极开路时，集电极和发射极之间的穿透电流。

（2）放大区

当发射结正向偏置、集电结反向偏置时，晶体管处于放大状态，对应的区域就是放大区。在放大区，输出特性是一组以 $I_B$ 为参变量的几乎平行于横轴的曲线族。在放大区，集电极电流随着基极电流的变化而变化，二者的关系为 $I_C=\beta I_B$，因此放大区也称线性区或线性放大区。

（3）饱和区

曲线靠近纵坐标轴的附近，各条输出特性曲线的上升部分属于饱和区。在饱和区，发射结和集电结都处于正向偏置状态，$I_B$ 的变化与 $I_C$ 的变化不成比例，此时的集电极发射极间的电压 $U_{CE}$ 被称为集射极饱和电压，用 $U_{CES}$ 表示，$U_{CES} \approx 0$，晶体管失去了放大作用。晶体管工作在饱和区时，发射极和集电极间相当于一个开关的闭合状态。

表 1-2 列出了 NPN 型晶体管的三种工作状态对应的外部条件及典型数值。在放大电路中，晶体管工作在放大区，可以实现放大作用。而在开关电路中，晶体管则工作在截止区和饱和区。

表 1-2　NPN 型晶体管的三种工作状态

| 工作状态 | 截止 | 放大 | 饱和 |
|---|---|---|---|
| 外部条件 | 发射结反偏，集电结反偏 | 发射结正偏，集电结反偏 | 发射结正偏，集电结正偏 |
| 典型数据特征 | $U_{BE} \leq 0$<br>$U_{CE} \approx U_{CC}$<br>$I_C = I_{CEO} \approx 0$，$I_B = 0$ | $U_{BE} = 0.6 \sim 0.7\text{V}$<br>$U_{BC} < 0$<br>$I_C = \beta I_B$ | $U_{BE} = 0.6 \sim 0.7\text{V}$<br>$U_{BC} > 0$<br>$U_{CE} = U_{CES} \approx 0.3\text{V}$ |

【例 1-3】已知在某电路中，三个晶体管的三个电极的电位分别如图 1-25a、b、c 所示，试判断它们分别处于什么工作状态。

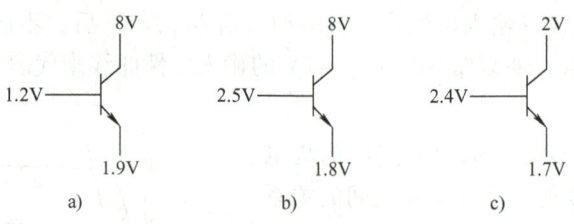

图 1-25　【例 1-3】图

**解：** 图 1-25a 中，$U_{BE} = 1.2\text{V} - 1.9\text{V} = -0.7\text{V} < 0$，$U_{BC} = 1.2\text{V} - 8\text{V} = -6.8\text{V} < 0$，说明晶体管的发射结反偏，集电结反偏，处于截止状态。

图 1-25b 中，$U_{BE} = 2.5\text{V} - 1.8\text{V} = 0.7\text{V} > 0$，$U_{BC} = 2.5\text{V} - 8\text{V} = -5.5\text{V} < 0$，说明晶体管的发射结正偏，集电结反偏，处于放大状态。

图 1-25c 中，$U_{BE} = 2.4\text{V} - 1.7\text{V} = 0.7\text{V} > 0$，$U_{BC} = 2.4\text{V} - 2\text{V} = 0.4\text{V} > 0$，说明晶体管的发射结和集电结都是正偏，处于饱和状态。

## 1.3.4　晶体管的主要参数

（1）电流放大系数 $\bar{\beta}$ 和 $\beta$

晶体管的电流放大系数分为直流放大系数 $\bar{\beta}$ 和交流放大系数 $\beta$，一般情况下，可以直接使用 $\beta$ 作为晶体管的电流放大系数，放大状态下，$I_C = \beta I_B$。常用小功率晶体管的 $\beta$ 值为 20~150，随温度升高，$\beta$ 值会有所增大。

（2）集电极最大允许电流 $I_{CM}$

当集电极电流 $I_C$ 超过一定值时，晶体管的 $\beta$ 值就会下降。$\beta$ 值下降到正常值的 2/3 时的集电极电流，称为集电极最大允许电流 $I_{CM}$。在实际使用时，晶体管需满足 $I_C < I_{CM}$。

（3）集射极反向击穿电压 $U_{(BR)CEO}$

基极开路时，加在集电极和发射极之间的最大允许电压，称为集射极反向击穿电压 $U_{(BR)CEO}$。在实际使用时，晶体管需满足 $U_{CE} < U_{(BR)CEO}$。

（4）集电极最大允许耗散功率 $P_{CM}$

正常工作状态下，晶体管允许消耗的最大功率称为集电极最大允许耗散功率。在实际使用时，晶体管需满足 $P_C < P_{CM}$，其中 $P_C = U_{CE}I_C$。$P_{CM}$ 主要受结温限制，一般来说，锗晶体

管允许结温为 70~90℃，硅晶体管约为 150℃。

由 $I_{CM}$、$U_{(BR)CEO}$、$P_{CM}$ 三个极限参数共同界定了晶体管的安全工作区如图 1-26 所示的阴影部分。需要强调的是，$P_{CM} \neq I_{CM} U_{(BR)CEO}$。

（5）集基极反向饱和电流 $I_{CBO}$

$I_{CBO}$ 是指当发射极开路时，集电结处于反向偏置，由集电区流向基区的反向饱和电流。$I_{CBO}$ 受温度的影响较大，$I_{CBO}$ 越小晶体管的热稳定性越好，硅晶体管在温度稳定性方面胜于锗晶体管。

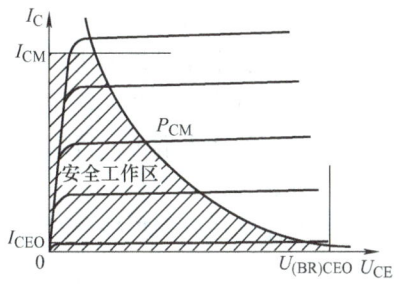

图 1-26 晶体管的安全工作区

（6）集射极反向饱和电流 $I_{CEO}$

$I_{CEO}$ 是指当基极开路时，由集电极流向发射极的穿透电流。$I_{CEO}$ 受温度的影响很大，与 $I_{CBO}$ 满足关系式 $I_{CEO} = (1+\bar{\beta})I_{CBO}$。一般硅管的 $I_{CEO}$ 比锗管的 $I_{CEO}$ 小 2~3 个数量级。

## 1.4 实验

### 1.4.1 实验 1 常用电子仪器的使用

**一、实验目的**

1）了解电子电路实验中常用电子仪器的用途、主要技术指标和使用方法。

2）初步掌握示波器显示电压波形、测量电压幅值和周期（频率）的方法和注意事项。

**二、实验设备及功能**

在模拟电子技术实验中，常用的电子仪器有万用表、示波器、函数信号发生器、直流稳压电源、交流毫伏表等。

如图 1-27 所示为常用仪器与被测电子电路之间的布局及连接，可以完成相关电路的工作测试和参数的测量。接线时，应当将各仪器的公共接地端连接在一起，以防止外界干扰，称共地。信号源和交流毫伏表的引线通常用屏蔽线或专用电缆线，示波器接线使用专用电缆线，直流电源使用普通导线接线。其中，直流稳压电源是在电子电路中提供直流电压的装置。万用表可以测量直流（电流、电压）、交流（电压）、电阻和音频电平、电容量、电感量及半导体的一些参数（如 $\beta$）等多种物理量，具有多量程。

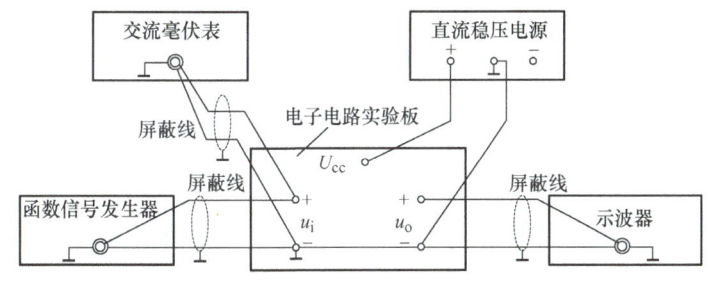

图 1-27 仪器的布局

(1) 函数信号发生器

函数信号发生器可以输出正弦波、方波、三角波等信号。输出信号电压幅度可由输出幅度调节旋钮进行连续调节。输出电压频率可通过频率分档开关进行调节。函数信号发生器作为信号源，它的输出端不允许短路。

(2) 示波器

示波器属于信号波形测量仪器，能在荧光屏上直接显示被测信号的波形，荧光屏的 $x$ 轴（横轴）代表时间 $t$，$y$ 轴（纵轴）代表信号幅度 $F(t)$。使用示波器能监测电路各点信号的波形及波形的相关参数（如幅度、周期、频率）。

由于示波器型号各异，请读者自行参考相应的示波器使用说明书，了解对应型号的示波器面板上各旋钮、按键的作用和使用方法。在使用示波器的过程中需要注意以下几点。

1）找扫描光迹点。在开机 30s 后，如仍找不到光点，可调节亮度旋钮，并适当调节垂直位移和水平位移，将光点移至荧光屏的中间位置。

2）主扫描时间系数选择开关（TIME/DIV）应根据被测信号的周期置于合适位置。

3）触发源选择开关，通常选为内触发；触发方式开关，通常置于"自动"位置，以便找到扫描线或波形。

4）示波器有五种显示方法。属单踪显示有"Y1""Y2"与"Y1 + Y2"；属双踪显示有"交替"与"断续"。

5）测量过程中如果需要读取待测波形的数据时，应当注意把 Y 轴灵敏度"微调"旋钮和扫描速率"微调"旋钮都置于校准位置（顺时针旋到底）。

(3) 交流毫伏表

交流毫伏表只能在一定频率范围内，用来测量正弦交流电压的有效值。交流毫伏表在使用过程中容易因为过载而损坏，所以在测量前一般先把量程开关置于量程较大位置处，然后在测量过程中逐渐减小量程。为减小测量误差，读数时，应位于仪表正前方适当位置，并注意当量程开关位于 1mV 或 10～100mV 量程档时，应读"0～10"的表盘刻度，当量程开关位于 3mV 或 30～300mV 量程档时，应读"0～30"的表盘刻度，且满刻度值即为量程开关指示值。

三、实验内容与步骤

(1) 测量示波器内的校准信号

示波器本身有 1kHz/0.5V（或 1V）的标准方波校正信号，用于检查示波器的工作状态。

1）调出校准信号波形。将示波器校准信号输出端通过专用电缆线与 CH1（或 CH2）输入接口接通，调节示波器各有关旋钮，将触发开关置"自动"位置，触发源选择开关置"内"，调节扫描速度开关（T/DIV）及 $y$ 轴灵敏度开关（V/DIV），使荧光屏上可显示 1 个或数个周期的方波。

2）校准信号幅度。将 $y$ 轴灵敏度微调旋钮置校准位置，$y$ 轴灵敏度置适当位置，读取校准信号幅度。记录于表 1-3 中。

3）校准信号频率。将扫描微调旋钮置于校准位置，扫描开关置于适当位置，读取校准信号周期，并换算成频率值，用频率计进行校核，记录于表 1-3 中。

表1-3 校准信号的测量

| 待测物理量 | 标准值 | 测量值 |
|---|---|---|
| 峰值电压/V | | |
| 频率/kHz | | |

(2) 直流电压的测量

1) 调节基准线。将垂直系统的输入耦合开关置于"⊥",触发方式开关置于"自动"位置,使屏幕上出现一条扫描基线,调节垂直位移,使扫描基线位于零电平基准位置。

2) 将输入耦合开关换到"DC"位置,Y轴灵敏度置于适当位置,将示波器CH1通道接至直流稳压电源输出端,电源电压分别为表1-4所示,即可看到高于(或低于)"0V"位的一根扫描线,就是该直流电压信号,测量直流电压值,并将测量的数据填入表1-4中。

表1-4 直流电压的测量 (单位:V)

| 直流电压值 | 示波器测量值 |
|---|---|
| 5.0 | |
| -2.0 | |

(3) 交流电压的测量

将函数信号发生器的输出与示波器的CH1通道输入端及交流毫伏表输入端相连接。调节函数信号发生器令其输出频率分别为100Hz、1kHz、10kHz,幅值为5V的正弦波形。将垂直系统的输入耦合开关置于"AC"位置,将V/DIV和T/DIV根据被测信号的幅值和频率选择适当的档级,调节触发电平使波形稳定,读取相关的数据,记入表1-5中。

表1-5 交流电压的测量

| 函数信号发生器 | | 交流毫伏表 | 示波器 | |
|---|---|---|---|---|
| 信号电压/V | 信号频率/kHz | 电压有效值/V | 频率的测量值/kHz | 峰值电压的测量值/V |
| 5.0 | 0.1 | | | |
| | 1.0 | | | |
| | 10.0 | | | |

(4) 相位差的双踪法测量

如图1-28所示电路可以用双踪法测量相位,函数信号发生器产生的输入信号$u_i$的频率为1kHz、幅值为5V的正弦波,经被测电路后获得频率相同,但相位不同的两个信号$u_i$和$u_o$,分别导入示波器的CH1和CH2通道中,调节波形,使得两波形基准线重合,调节幅值

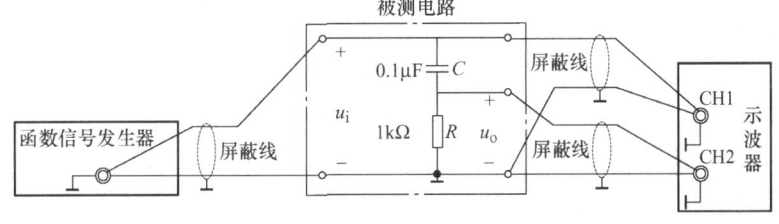

图1-28 相位差测量电路

测量比例，使能在示波器上看到完整的两个测量波形，其示意如图 1-29 所示。

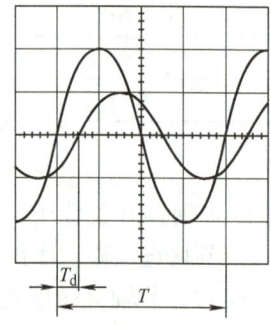

图 1-29 示波器双踪显示两相位不同的正弦波

从图 1-29 中可以看出，$T_d$ 为两波形的时间轴上时间差（ms），$T$ 为两波形的周期（ms），则两波形的相位差 $\Delta \Phi$ 为

$$\Delta \Phi = \frac{T_d}{T} \times 360°$$

为计算方便，可适当调节扫描开关及微调旋钮，使待测波形半周期占两个方格（示波器上，每个方格内分为 5 个小格），即一个周期占 20 个小格，测量两个波形之间相位相差的小格数，就可以按照比例公式计算出两个波形之间的相位差。请将相关测量数据填入表 1-6 中。

表 1-6 相位差的测量

| 测量值 | | 计算值 |
| --- | --- | --- |
| $T$/ms | $T_d$/ms | $\Delta \Phi$ |
| | | |

**四、实验思考题**

1）实验中，为什么所有仪器仪表应该共地？如果不共地将会怎样？

2）为了提高示波器测量电压的精度，在测试过程中应该注意哪些问题？

3）示波器 Y 轴通道输入端的"AC""⊥""DC"选择开关有何作用？何时选择"AC"档、"DC"档、"⊥"档？

4）总结示波器在调节波形的幅度、周期，使波形稳定时，应分别调节哪几个主要旋钮，调节时要注意什么。

## 1.4.2 实验 2 二极管性能测试与识别

**一、实验目的**

1）通过实验进一步理解二极管的特性。

2）理解并掌握二极管的选用方法，能够判断出引脚。

3）能够对二极管的性能进行测试并判断其好坏。

**二、实验设备与器件**

1）不同型号和外形的二极管（若干）。

2）万用表（指针型或数字型）。

## 三、实验内容与步骤

（1）二极管的选用

选用二极管是根据用途和电路的具体要求来选择二极管的种类、型号及参数，不同类型的二极管如表 1-7 所示。

表 1-7　常用二极管

| 类型 | 型号 | 使用要求 |
| --- | --- | --- |
| 整流二极管 | 2CZ、IN4000、IN5400 等系列 | 主要考虑其最大整流电流、最高反向工作电压是否能满足电路需要 |
| 检波二极管 | 2AP9、2AP10、2AP1－2AP7 等系列 | 工作频率应符合电路频率要求、检波效率好、结电容小 |
| 稳压二极管 | 2CW 和 2DW 系列 | 根据具体的电路要求选择稳压值，使用时应注意正、负极的接法；流过稳压管的反向电流（最大工作电流）不能超过其参数值 |

（2）二极管的测试及性能判断

1）如果选用的是数字式万用表，可以直接用二极管测试档位直接进行测试。用红色表笔与二极管的正极相接，黑色表笔与二极管的负极相接，则万用表上显示的数值是待测二极管的正向直流压降。如果二极管未损坏，锗二极管应为 0.2～0.3V，硅二极管应为 0.6～0.7V；将表笔对调测量待测二极管的反向压降，万用表显示测试值为"1"。

2）测试二极管性能时，将万用表置于电阻档，其中，当待测二极管是小功率的二极管时，选用 $R \times 100$ 档或者 $R \times 1k$ 档；当待测二极管是中、大功率二极管时，选用 $R \times 1$ 档或 $R \times 10$ 档；判别普通稳压二极管是否断路或击穿损坏，可选用 $R \times 100$ 档。

3）如果选用指针式万用表对二极管进行测试，根据不同的二极管选择不同的电阻档，此时，红表笔与万用表的内电源负极相连，黑表笔与万用表的内电源正极相连。用指针式万用表测量二极管性能如图 1-30 所示，当红表笔与待测二极管的负极相接，黑表笔接待测二极管的正极时，测得的阻值是二极管的正向电阻，如图 1-30a 所示；将测量表笔对调，测得的阻值是待测二极管的反向电阻，如图 1-30b 所示。待测二极管正、反向阻值会因为电阻档的档位和万用表的灵敏度不同而略有不同。

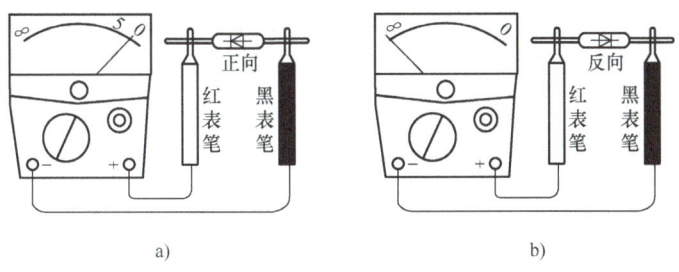

图 1-30　二极管的测量方法

4）根据测量结果分析二极管的性能情况如表 1-8 所示。

表 1-8　二极管正、反向电阻阻值大小与其性能关系

| 正、反向电阻阻值大小 | 性能说明 |
| --- | --- |
| 反向电阻是正向电阻几百倍 | 性能良好 |

(续)

| 正、反向电阻阻值大小 | 性能说明 |
|---|---|
| 正向电阻为无穷大 | 二极管内部断路 |
| 反向阻值近似为 0 | 二极管内部击穿 |
| 正、反向电阻阻值相差不大 | 性能变坏或失效 |

5）二极管极性的判别。有时需要对二极管的引脚进行判别，此时，万用表的档位置于电阻档 $R\times 1k$ 或 $R\times 100$ 档，如果测得二极管的阻值较小，则为正向电阻值，此时与黑表笔相接的一端是二极管的正极；如所测得二极管的阻值很大，则为反向电阻值，此时与红表笔相接的一端为二极管的正极。

(3) 二极管性能测试操作

由教师准备不同型号的二极管 6 只，其中有一部分是性能不正常的二极管（如短路、断路或者性能变坏），由学生运用指针式万用表进行测量，判断二极管的工作情况，并将测量结果和判断结果填入表 1-9 中。

表 1-9　二极管性能检测结果

| 二极管类型与型号 | 正向电阻/Ω | 反向电阻/Ω | 反向电阻/正向电阻 | 性能判断结果 |
|---|---|---|---|---|
|  |  |  |  |  |
|  |  |  |  |  |
|  |  |  |  |  |
|  |  |  |  |  |
|  |  |  |  |  |
|  |  |  |  |  |

### 1.4.3　实验 3　晶体管性能测试与识别

**一、实验目的**

1）理解晶体管的工作原理，能够合理地选用晶体管。
2）能够从外观上简单地判断引脚，并能够运用万用表对晶体管的性能进行测试。
3）可以在一定条件下选用合适的晶体管进行替换。

**二、实验设备与器件**

1）不同型号和外形的晶体管（若干）。
2）万用表（指针式或数字式）。

**三、实验内容与步骤**

**1. 晶体管的选择**

晶体管的分类方法很多，常用的按工作频率分为高频管、低频管、开关管；按功率大小分为大功率管、中功率管、小功率管；从封装形式分为金属封装和塑料封装。在选用时，应当根据实际情况来确定晶体管的种类和具体型号，否则将造成晶体管损坏。

**2. 晶体管的引脚判别**

(1) 从外观上辨识引脚

晶体管的三个引脚是按一定规定进行封装的，通常可以通过引脚的分布情况直接辨识出晶体管的基极、发射极、集电极，如图 1-31 所示为金属封装的晶体管三个引脚的分布，其中，图 1-31b 是超高频小功率晶体管，引脚 D 与外壳相连，用于消除二次谐波，图 1-31d 是低频大功率晶体管，外壳就是集电极的引出端。如图 1-32 所示为塑料封装的晶体管三个引脚的分布。

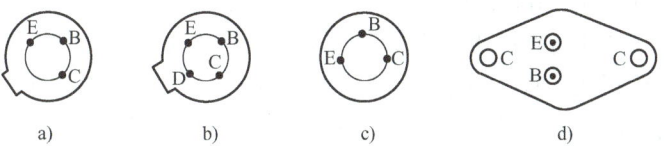

图 1-31　金属封装晶体管三个引脚分布

（2）用万用表判别晶体管的引脚

1）基极及管型的判别。

选用指针式万用表电阻档的 $R \times 100$ 档或 $R \times 1k$ 档，用红表笔接晶体管的任意一个引脚，黑表笔分别与另外两个引脚相接，可以测出两个电阻值，然后用红表笔换接另一个引脚，重复上述测量步骤，得到另一组电阻值，依次测量三次。观察测得

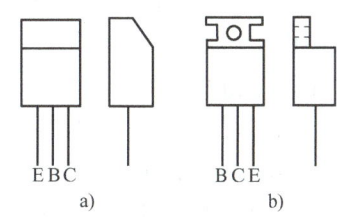

图 1-32　塑料封装晶体管三个引脚分布

的三组数据，会发现其中有一组数据都很小的，由此可以判断出测量这组电阻值的红表笔所接引脚为基极，且晶体管的类型是 PNP 型；如果用黑表笔接一个引脚，重复上述测量方法，也可以得到三组测量数据，其中两个阻值都很小的那次测量黑表笔所接的引脚为基极，但是晶体管的类型是 NPN 型。

2）判别集电极和发射极。

如图 1-33a 所示为 NPN 型晶体管集电极和发射极的判别方法，如图 1-33b 所示为 PNP 型晶体管集电极和发射极的判别方法。在确定了晶体管基极和管型的基础上，假定另外两个引脚中的一个引脚为集电极，用手将基极和假设的集电极捏住，但注意：两个引脚不能接触；选用万用表的电阻档，测量集电极和发射极间的电阻，如果是 NPN 型管，先将假设的集电极接黑表笔，发射极接红表笔，观察指针摆动幅度，然后将两极对调，重复测量操作，观察指针摆动，如果两次摆动一大一小，说明假设正确，且摆动幅度大的那次黑表笔所接的电极是集电极。如果是 PNP 型晶体管，测量方法正好相反，请读者自行分析。

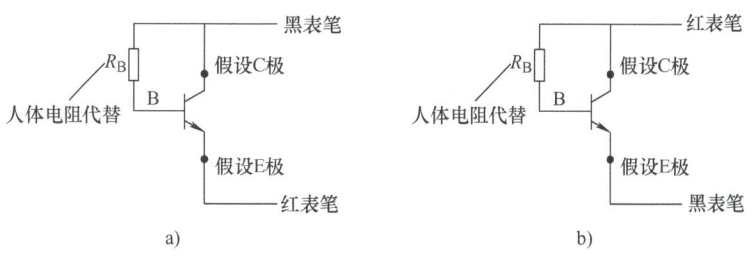

图 1-33　晶体管集电极和发射极判别

a）NPN 型晶体管　b）PNP 型晶体管

（3）用万用表初步判断晶体管的性能

在生产现场，往往不具备晶体管特性图示仪这样的测试设备，但又需要对晶体管的性能进行简单判断，这时可以用万用表测量晶体管的极间电阻的方法。

量程选择：小功率管应当选用 $R \times 1\text{k}$ 档或 $R \times 100$ 档。注意：不能用 $R \times 1$ 档（该档电流较大）或 $R \times 10\text{k}$ 档（该档电压较高），这两档有可能造成晶体管的损坏；大功率锗管则要用 $R \times 1$ 档或 $R \times 10$ 档，用其他档容易发生误判。

测量结果说明：性能良好的中、小功率晶体管，基极与集电极、基极与发射极之间的正向电阻一般是几百欧到几千欧，而基极与集电极、基极与发射极之间的反向电阻和集电极与发射极之间的极间正反向电阻都很高，为几百千欧。硅材料晶体管的极间电阻高于锗材料晶体管。

当晶体管内部断路时，测得的正向电阻近似于无穷大；当晶体管已击穿或短路时，测得的反向电阻很小或为零。

### 3. 晶体管测试操作

由教师准备不同管型、不同封装的晶体管若干，其中有一部分是性能不正常的晶体管（如短路、断路或者性能变坏），由学生运用指针式万用表进行测量，判断晶体管的性能情况，并将测量结果和判断结果填入表 1-10 中。

表 1-10　晶体管性能检测结果

| 晶体管型号 | 封装类型 | 外观辨识引脚（画出引脚分布图） | 基极判别的测量数据 | 管型判断 | 性能判别 |
|---|---|---|---|---|---|
|  |  |  |  |  |  |
|  |  |  |  |  |  |
|  |  |  |  |  |  |
|  |  |  |  |  |  |

## 1.5　思考与练习

1. 如图 1-34 所示的各电路中，已知 $E = 8\text{V}$、$u_i = 16\sin\omega t\text{V}$、二极管 VD 为理想二极管。试分别画出电压 $u_o$ 的波形。

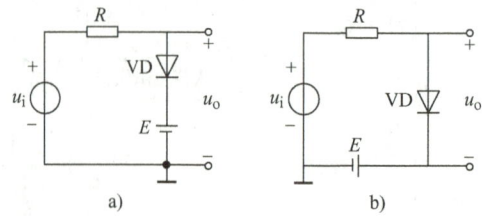

图 1-34　计算 1 题图

2. 某电路如图 1-35a 所示，已知正弦交流电压 $u_i = 9\sin\omega t\text{V}$，三个电阻 $R$ 的数值相同，

且两个二极管 $VD_1$ 和 $VD_2$ 为理想二极管。试在图 1-35b 所示的坐标系中画出电压 $u_o$ 的波形。

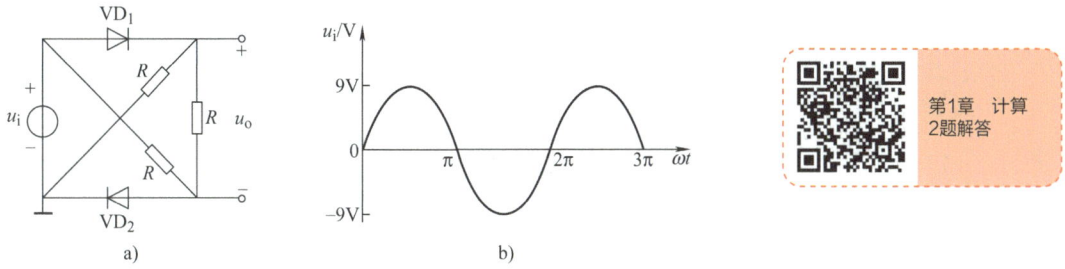

图 1-35　计算 2 题图

3. 电路如图 1-36 所示，已知 $E=5V$、$u_i=10\sin\omega t V$。二极管的正向压降可忽略不计。试分别画出电压 $u_o$ 的波形。

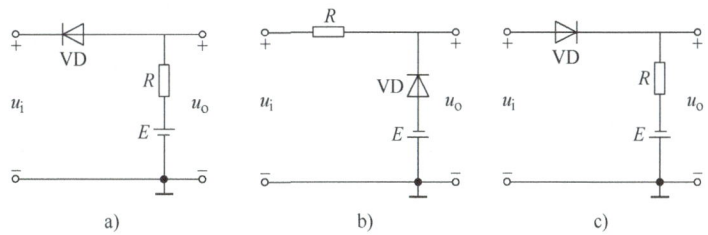

图 1-36　计算 3 题图

4. 电路如图 1-37 所示，已知限流电阻 $R=10k\Omega$，二极管 $VD_1$、$VD_2$ 和 $VD_3$ 为理想的二极管，$E_1=3V$、$E_2=10V$、$E_3=7V$。判断三只二极管的导通状态，并求出流过电阻 $R$ 的电流 $I$ 的大小。

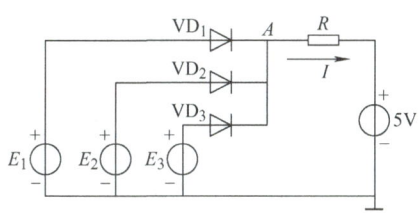

图 1-37　计算 4 题图

5. 电路如图 1-38 所示，已知二极管 $VD_1$、$VD_2$、$VD_3$ 和 $VD_4$ 为理想二极管，电阻 $R=1k\Omega$、正弦交流电压 $u_i=10\sin\omega t V$。试画出 $u_o$ 的波形。

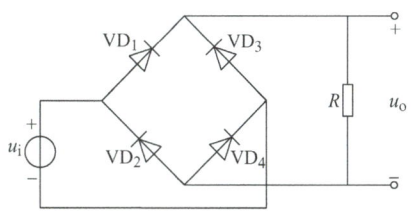

图 1-38　计算 5 题图

6. 电路如图 1-39 所示的电路中，已知 $E=10\text{V}$ 稳压管 $VZ_1$ 和 $VZ_2$ 的稳定电压分别为 5V 和 8V、正向电压降都是 0.7V。则 $A$、$B$ 两点间的电压 $U_o$ 为多少？

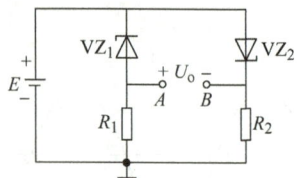

图 1-39　计算 6 题图

7. 分别测得正常工作在放大电路中的两个晶体管各引脚对参考点的电位，如表 1-11 所示。试判断：1）是硅管还是锗管；2）是 NPN 型还是 PNP 型；3）晶体管的三个电极（B、C、E）。

表 1-11　计算 7 题数据参数

| 晶体管 | $VT_1$ | | | $VT_2$ | | |
|---|---|---|---|---|---|---|
| 引脚编号 | 1 | 2 | 3 | 1 | 2 | 3 |
| 电位/V | 5.1 | 10.8 | 4.4 | -2.1 | -2.4 | -7.3 |

# 第2章 基本放大电路

## 教学导航

通过本章节的学习可以达到：
1）了解放大电路的基本概念和基本组成；理解并掌握共发射极放大电路静态分析。
2）掌握晶体管的微变等效模型，运用微变等效电路法求解放大电路的动态性能指标。
3）理解放大电路动态性能指标（放大倍数、输入电阻和输出电阻）的意义；能分析放大电路波形失真的原因。
4）了解放大电路的三种组态；理解多级放大器的耦合方式及参数计算。

## 2.1 放大电路的概述

### 2.1.1 放大电路的三种组态

图 2-1 所示为扩音器电路示意图。所谓放大，从表面上看是将小信号变大，其实质是将直流电源的能量转换为负载获取的能量。这里需要注意的是，能量的控制和转换是以不失真为前提的，这样的信号放大才有意义。

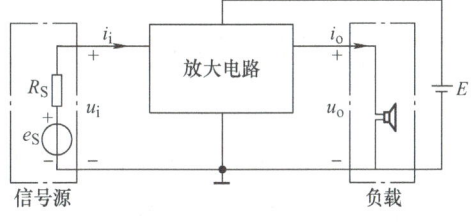

图 2-1 扩音器电路示意图

晶体管有 3 个电极，其对小信号实现放大作用的电路有 3 种不同的连接方式，也称为三种组态。以 NPN 晶体管为例，如图 2-2a 所示的电路以发射极作为输入回路和输出回路的公共端，称为共发射极接法；如图 2-2b 所示的电路以集电极作为输入回路和输出回路的公共端，称为共集电极接法；如图 2-2c 所示基极作为输入回路和输出回路的公共端，称为共基极接法。

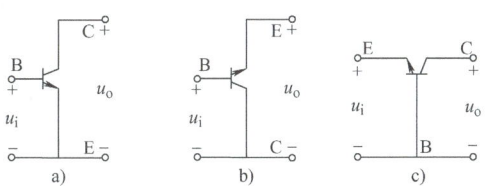

图 2-2 放大电路的三种组态
a）共发射极接法　b）共集电极接法　c）共基极接法

### 2.1.2 放大电路中的符号规定

放大电路中存在着两类性质截然不同的电压源：交流信号源 $e_S$ 和直流电压源。在分析放大电路时,必须将这两类信号各自讨论分析,不能混淆,常采用下述符号规定。

1)直流分量:用大写变量、大写下标表示,如 $I_B$ 表示基极电流的直流分量。

2)交流分量:交流分量的瞬时值用小写变量、小写下标表示,如 $i_b$ 表示基极电流的交流瞬时值;交流分量的有效值用大写变量、小写下标表示,如 $I_b$ 表示基极电流 $i_b$ 的有效值;正弦交流分量的相量用有效值上加一点来表示,如 $\dot{I}_b$ 表示基极正弦交流电 $i_b$ 的相量,但是 $\dot{I}_b \neq i_b$。

3)叠加量:交流分量与直流分量叠加后的瞬时值用小写变量、大写下标表示,如 $i_B$ 表示基极总电流,即 $i_B = I_B + i_b$。表 2-1 列出了本章常用的几个电压和电流符号表示。

表 2-1 放大电路中电压和电流的符号规定

| 名称 | 直流分量 | 交流分量 | | | 叠加量 |
|---|---|---|---|---|---|
| | | 瞬时值 | 有效值 | 相量表示 | |
| 基极电流 | $I_B$ | $i_b$ | $I_b$ | $\dot{I}_b$ | $i_B$ |
| 集电极电流 | $I_C$ | $i_c$ | $I_c$ | $\dot{I}_c$ | $i_C$ |
| 发射极电流 | $I_E$ | $i_e$ | $I_e$ | $\dot{I}_e$ | $i_E$ |
| 集-射极电压 | $U_{CE}$ | $u_{ce}$ | $U_{ce}$ | $\dot{U}_{ce}$ | $u_{CE}$ |
| 基-射极电压 | $U_{BE}$ | $u_{be}$ | $U_{be}$ | $\dot{U}_{be}$ | $u_{BE}$ |

## 2.2 共发射极基本放大电路

### 2.2.1 共发射极放大电路的基本组成

如图 2-3a 所示为共发射极放大电路实际电路图,图中直流电源用 $U_{CC}$ 表示,它给放大电路提供能源,且通过与 $R_B$ 和 $R_C$ 的配合,使晶体管发射结正偏,集电结反偏。习惯上会简化 $U_{CC}$ 的画法,只在放大电路与 $U_{CC}$ 正极相连的一端标出它对地的电压值 $U_{CC}$ 和极性,如图 2-3b 所示。

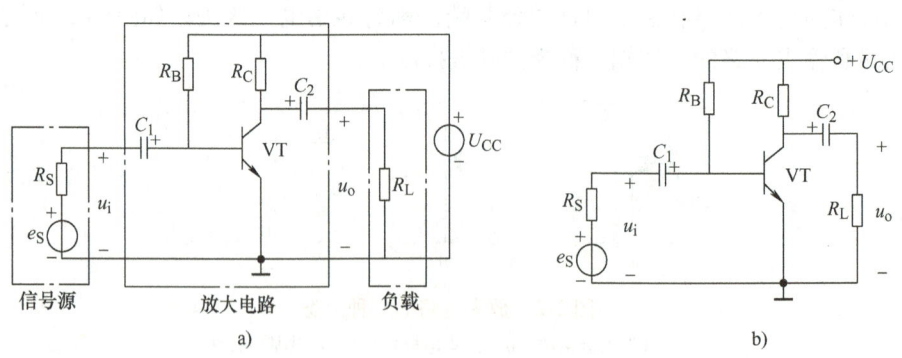

图 2-3 共发射极放大电路
a)实际电路 b)简化 $U_{CC}$ 画法

在放大电路中，通常把公共端接"地"，设其电位为零，作为电路中其他各点电位的参考点；信号源接到放大电路输入端，$e_S$ 是交流信号源，作为待放大信号，$R_S$ 信号源内阻，输入电压为 $u_i$；$u_i$ 经放大后在负载 $R_L$ 两端得到输出电压 $u_o$。

晶体管 VT：被称为放大元件，是放大电路的核心器件，电路工作在放大状态下时，基极电流 $i_B$ 与集电极电流 $i_C$ 的关系为 $i_C = \beta i_B$。

基极偏置电阻 $R_B$：用来调节基极偏置电流 $I_B$，使晶体管有一个合适的工作点，一般为几十千欧到几百千欧。

集电极偏置电阻 $R_C$：将集电极电流 $i_C$ 的变化转换为电压的变化，以获得电压放大，一般为几千欧。

电容 $C_1$ 和 $C_2$：利用电容"隔直通交"作用，一方面用来传递交流信号，起到耦合的作用；另一方面使放大电路和信号源及负载间直流相隔离。$C_1$ 和 $C_2$ 通常选用几微法至几十微法的电解电容器。

### 2.2.2 共发射极放大电路的静态分析

当 $e_S = 0$ 时，放大电路中的输入电压 $u_i = 0$，此时电路中只有直流电压源 $U_{CC}$ 起作用，放大电路中各处电压、电流都是直流分量，这种状态称为放大电路的直流工作状态或静止状态，简称静态。静态分析又称直流分析，用来确定晶体管是否工作在其输出特性曲线的放大区。在实际调试电路时，要确保电路的静态工作正常。

当放大电路处于静态时，电容视为开路，电感视为短路，电路中只有直流流过的路径称为放大电路的直流通路。图 2-4a 所示的共发射极放大电路的直流通路如图 2-4b 所示，图中的电压、电流用直流分量的符号可表示为 $I_B$、$I_C$、$U_{BE}$ 和 $U_{CE}$。

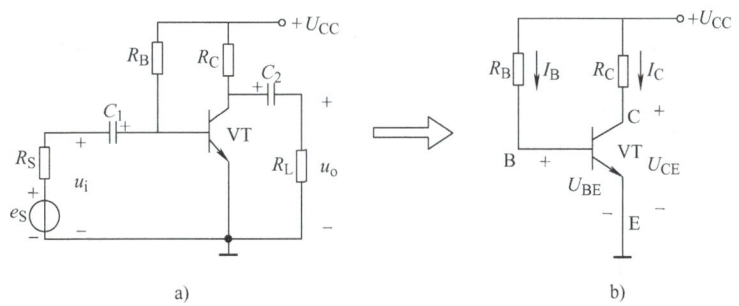

图 2-4 放大电路的直流通路

放大电路中的静态工作点用 Q 表示。在输出特性曲线上，静态工作点 Q 是由 $I_{BQ}$、$I_{CQ}$ 和 $U_{CEQ}$ 确定的，图 2-5 所示为静态工作点 Q 的计算电路。

图 2-5a 所示电路为 $I_{BQ}$ 的计算电路。$I_{BQ}$ 称为基极偏置电流，是流过电阻 $R_B$ 后流入晶体管的基极电流，由基尔霍夫电压定律可知，$U_{CC} = I_{BQ} R_B + U_{BEQ}$，可得

$$I_{BQ} = \frac{U_{CC} - U_{BEQ}}{R_B} \approx \frac{U_{CC}}{R_B} \tag{2-1}$$

式(2-1)中，硅晶体管的 $U_{BE} \approx 0.7V$，锗晶体管的 $U_{BE} \approx 0.3V$，在计算过程中可忽略不计，当 $U_{CC}$ 和 $R_B$ 选定后，$I_{BQ}$ 即固定不变，故图 2-4a 所示的放大电路又称为固定偏置放大电路。

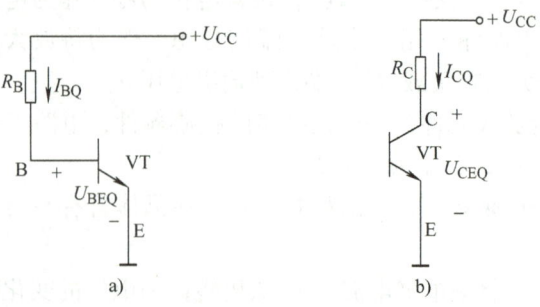

图 2-5 静态工作点 $Q$ 的计算电路

a) $I_{BQ}$ 的计算电路  b) $U_{CEQ}$ 的计算电路

当晶体管处于放大状态,由晶体管的电流放大原理可得流过电阻 $R_C$ 的集电极电流 $I_{CQ}$ 为

$$I_{CQ} = \beta I_{BQ} \tag{2-2}$$

图 2-5b 所示电路为 $U_{CEQ}$ 的计算电路。由基尔霍夫电压定律可知,$U_{CC} = I_{CQ}R_C + U_{CEQ}$,可得

$$U_{CEQ} = U_{CC} - I_{CQ}R_C \tag{2-3}$$

由式(2-3)可知,当 $U_{CE}=0$ 时,$I_C = \dfrac{U_{CC}}{R_C}$;当 $I_C=0$ 时,$U_{CE}=U_{CC}$。

在晶体管输出特性曲线的坐标系中,可以得到一条 $U_{CE}$ 和 $I_C$ 关系的直线,即输出回路的直流负载线,其与横轴的交点坐标为 $(U_{CC}, 0)$,与纵轴的交点坐标为 $(0, \dfrac{U_{CC}}{R_C})$,斜率为 $k = -\dfrac{1}{R_C}$,如图 2-6 所示,它与由 $I_{BQ}$ 确定的输出特性曲线相交于 $Q$,$Q$ 点对应的集电极电流是 $I_{CQ}$,对应的电压值是 $U_{CEQ}$。

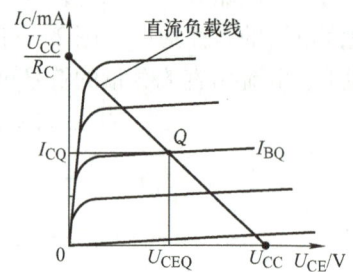

图 2-6 静态工作点 $Q$ 的确定

【例 2-1】图 2-7a 所示的放大电路中,设 $U_{CC}=12\text{V}$、$R_C=3\text{k}\Omega$、$R_B=600\text{k}\Omega$,晶体管 VT 的 $\beta=100$,忽略 $U_{BE}$。求:1)放大电路的静态工作点 $Q$($I_{BQ}$、$I_{CQ}$、$U_{CEQ}$)。2)在输出特性曲线中画出直流负载线。

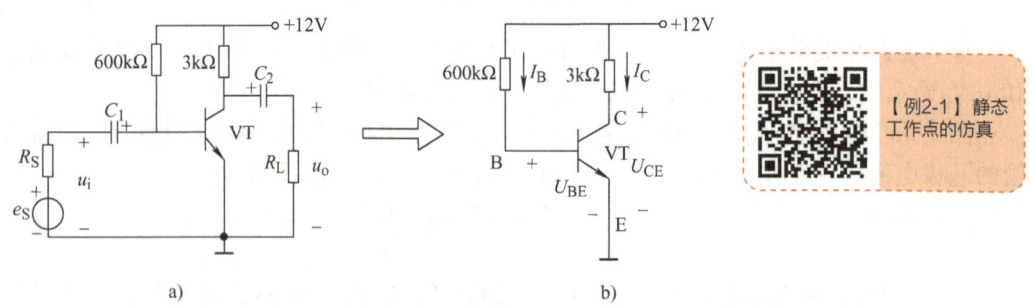

图 2-7 【例 2-1】对应的电路图

**解：**

1）画出放大电路的直流通路如图 2-7b 所示。忽略 $U_{BE}$，即取 $U_{BEQ} \approx 0V$，得

$$I_{BQ} = \frac{U_{CC} - U_{BEQ}}{R_B} \approx \frac{U_{CC}}{R_B} = \frac{12V}{600k\Omega} = 0.02mA = 20\mu A$$

$$I_{CQ} = \beta I_{BQ} = 100 \times 0.02mA = 2mA$$

$$U_{CEQ} = U_{CC} - I_{CQ}R_C = 12V - 2mA \times 3k\Omega = 6V$$

2）由已知条件可知：$U_{CE} = U_{CC} - I_C R_C$。

当 $U_{CE} = 0$ 时，$I_C = \frac{12}{3 \times 10^3}A = 4mA$；当 $I_C = 0$ 时，$U_{CE} = U_{CC} = 12V$。

放大电路输出的直流负载线如图 2-8 所示，这条直线与 $I_{BQ} = 20\mu A$ 的交点就是静态工作点 $Q$，$Q$ 点的 $I_{CQ} = 2mA$、$U_{CEQ} = 6V$。

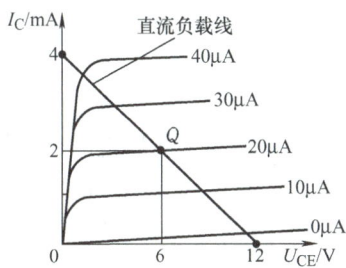

图 2-8　【例 2-1】输出直流负载线和静态工作点

在静态工作点的计算过程中，忽略晶体管 $U_{BE}$ 的取值，对静态工作点的数值是有一定的影响，但在工程应用上是允许的，本书中若不专门强调，均取 $U_{BE} \approx 0V$。

### 2.2.3　共发射极放大电路的动态分析

**1. 共发射极放大电路的交流通路**

在直流电压源 $U_{CC}$ 和信号源 $e_S$ 的共同作用下，放大电路的输入电压 $u_i \neq 0$，晶体管各电极的电流和电压都是叠加量，即在静态值的基础上叠加有交流分量，可得

$$\begin{cases} i_B = I_{BQ} + i_b \\ u_{BE} = U_{BEQ} + u_{be} \\ i_C = I_{CQ} + i_c \\ u_{CE} = U_{CEQ} + u_{ce} \end{cases} \tag{2-4}$$

放大电路的这种状态称为动态，如图 2-9 所示。对放大电路的交流分量 $i_B$、$u_{BE}$、$i_C$ 和 $u_{CE}$ 的分析称为放大电路的交流分析。

为简化问题，便于交流分析，对如图 2-9 所示的共发射极放大电路作如下处理，便可以得到它的交流通路，如图 2-10a 所示，整理后可得到图 2-10b 所示的电路。

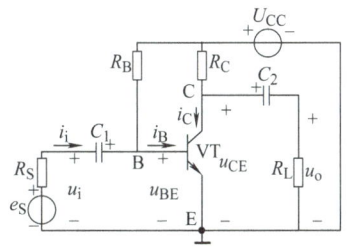

图 2-9　$U_{CC}$ 和 $e_S$ 共同作用时处于动态的电路

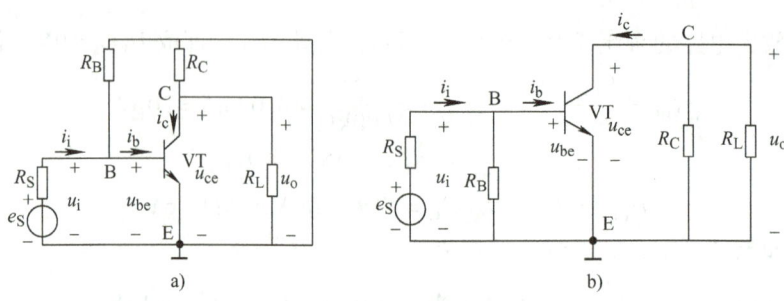

图 2-10  $e_S$ 单独作用时的交流通路

1）由于 $C_1$ 和 $C_2$ 容量通常很大，对中高频交流信号而言，其呈现的容抗就很小，交流分析时，可视为短路。

2）把直流电压源 $U_{CC}$ 视作理想电压源，对交流信号而言，其内阻很小，可视为短路。

**2. 晶体管的微变等效模型**

由于晶体管是非线性元件在进行放大电路的交流分析时，需要将晶体管线性化，等效为一个线性元件，进而将放大电路等效成为一个线性电路，即微变等效电路，这样就可用分析线性电路的方法，来分析晶体管放大电路，计算相关的动态性能指标。

如图 2-11a 所示，虽然晶体管的输入特性曲线是非线性的，但 $U_{BE}$ 在 $Q$ 点附近小范围内变化时，可以得到 $\Delta U_{BE}$ 的微小电压变化量，这个变化量在 $Q_1$ 和 $Q_2$ 之间的输入特性曲线近似为一条直线。当 $U_{CE} = U_{CEQ}$ 时，电压变化量 $\Delta U_{BE}$ 与电流变化量 $\Delta I_B$ 成正比，即

$$r_{be} = \frac{\Delta U_{BE}}{\Delta I_B}\bigg|_{U_{CE} = U_{CEQ}} \tag{2-5}$$

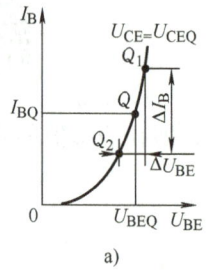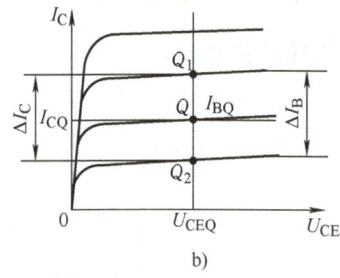

图 2-11  晶体管特性曲线的线性化

$r_{be}$ 称为晶体管输入电阻，低频小功率晶体管的输入电阻常用下式估算：

$$r_{be} \approx 200\Omega + (1+\beta)\frac{26\text{mV}}{I_{EQ}} \tag{2-6}$$

式中，$I_{EQ}$ 为发射极电流的静态值，单位为 mA。它与 $I_{BQ}$ 和 $I_{CQ}$ 存在一定的数量关系，因此 $I_{EQ}$ 也可变换成 $I_{BQ}$ 或者取 $I_{CQ} \approx I_{EQ}$ 进行计算。

在小信号的作用下，$r_{be}$ 是一常数，它是确定交流分量 $u_{be}$ 和 $i_b$ 之间关系的动态电阻。因此，晶体管的输入端口（B 和 E 之间）可用 $r_{be}$ 来等效代替；在晶体管的输出特性曲线组中，放大区内输出特性曲线可近似看作一簇等距离的平行直线。当 $U_{CE} = U_{CEQ}$ 时，在 $\Delta U_{BE}$ 的作

用下,会产生的电流变化量 $\Delta I_B$ 和 $\Delta I_C$,变化量 $\Delta I_B$ 和 $\Delta I_C$ 之比即为晶体管的电流放大系数 $\beta$。在小信号的作用下,$\beta$ 是一常数,它表明 $i_c$ 受 $i_b$ 的控制,即可等效成一个受 $i_b$ 控制的受控电流源,如图 2-12a 所示。

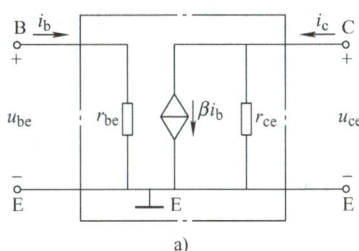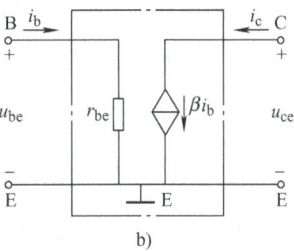

图 2-12  晶体管的微变等效电路

在图 2-12a 中,晶体管 C 和 E 两端的电阻 $r_{ce}$ 称为晶体管的输出电阻。在小信号作用下,$r_{ce}$ 是一个常数,相当于受控电流源 $\beta i_b$ 的动态电阻。$r_{ce}$ 的阻值很高,约为几十千欧到几百千欧,在实际分析过程中可以忽略不计,所造成的误差是在工程估算的允许范围内。未特别说明,本书都采取忽略 $r_{ce}$ 的微变等效电路,如图 2-12b 所示。

**3. 用微变等效电路法分析动态工作情况**

在晶体管的微变等效模型的基础上,就可以把图 2-13a 转换成如图 2-13b 所示的晶体管共发射极放大电路的微变等效电路。晶体管放大电路的动态性能指标主要有:输入电阻 $r_i$、输出电阻 $r_o$ 和电压放大倍数 $A_u$。

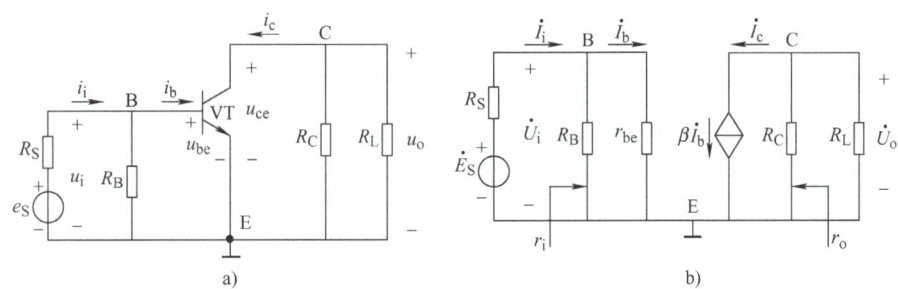

图 2-13  整理后的共射极放大电路的交流通路

(1) 输入电阻 $r_i$

对信号源而言,放大电路是一个负载,如图 2-13b 所示。从输入信号 $\dot{U}_i$ 两端看进去,放大电路可以等效为一个电阻,这就是放大电路输入电阻 $r_i$,可得

$$r_i = \frac{\dot{U}_i}{\dot{I}_i} = \frac{\dot{U}_i}{\frac{\dot{U}_i}{R_B} + \frac{\dot{U}_i}{r_{be}}} = \frac{1}{\frac{1}{R_B} + \frac{1}{r_{be}}} = R_B // r_{be}$$

因为 $R_B \gg r_{be}$,所以可得

$$r_i \approx r_{be} \tag{2-7}$$

输入电压 $\dot{U}_i$ 与信号源电压 $\dot{E}_S$ 的关系为

$$\dot{U}_i = \frac{r_i}{r_i + R_S} \dot{E}_S \tag{2-8}$$

由式（2-8）可知，输入电阻的大小决定了放大电路输入端从信号源获得的信号电压的大小，关系到对信号源电压 $\dot{E}_S$ 是否有效利用。为减小信号源在其内阻 $R_S$ 上的损失，一般要求放大电路的输入电阻 $r_i$ 越大越好。

（2）输出电阻 $r_o$

如图 2-13b 所示，对负载而言，放大电路可等效为一个信号源，其内阻即为放大电路的输出电阻 $r_o$，它就是从放大电路输出端看进去的等效电阻。

由图 2-14a 可得，去掉负载电阻 $R_L$ 后，$R_C$ 两端的开路电压 $\dot{U}_{oc} = -\beta \dot{I}_b R_C$，由图 2-14b 可得短路电流 $\dot{I}_{sc} = -\beta \dot{I}_b$，所以输出电阻 $r_o$ 为

$$r_o = \frac{\dot{U}_{oc}}{\dot{I}_{sc}} = \frac{-\beta \dot{I}_b R_C}{-\beta \dot{I}_b} = R_C \tag{2-9}$$

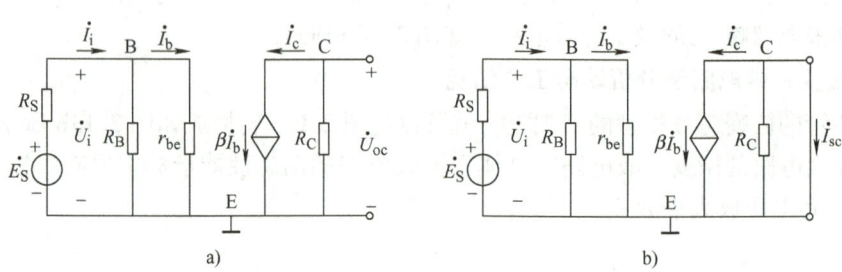

图 2-14　输出电阻 $r_o$ 的计算电路

此外，若电压信号 $\dot{E}_S$ 短路，如图 2-15 所示，流过动态电阻 $r_{be}$ 上的电流为零，即 $\dot{I}_b = 0$，故受控电流源 $\beta \dot{I}_b = 0$，等同于受控电流源开路。从 $R_L$ 两端向左看进去，也可得放大电路的输出电阻 $r_o = R_C$。

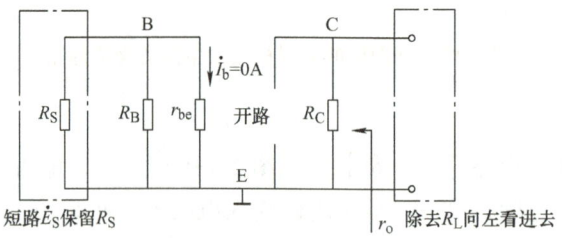

图 2-15　除源观察法求输出电阻 $r_o$

（3）电压放大倍数 $A_u$

在如图 2-13 所示的共射极放大电路的微变等效电路中，电压放大倍数 $A_u$ 为输入信号与输出信号之比，在这里要提醒读者注意，晶体管放大电路的带载情况对电路的放大倍数是有影响的，首先来分析晶体管放大电路空载（即电路无 $R_L$ 的情况）。设信号源电压 $e_S$ 的输入信号为正弦电压信号，则微变等效电路的输入回路 $\dot{U}_i$ 为

$$\dot{U}_i = \dot{I}_b r_{be} \tag{2-10}$$

由输出回路 $\dot{U}_o$ 为

$$\dot{U}_o = -\dot{I}_c R_C = -\beta \dot{I}_b R_C \tag{2-11}$$

则

$$A_u = \frac{\dot{U}_o}{\dot{U}_i} = \frac{-\beta \dot{I}_b R_C}{\dot{I}_b r_{be}} = -\beta \frac{R_C}{r_{be}} \tag{2-12}$$

当电路接入负载电阻时，输入信号不受影响，而交流负载电阻 $R'_L$ 为 $R_C$ 与 $R_L$ 并联，即

$$R'_L = R_C // R_L \tag{2-13}$$

此时，输出回路有 $\dot{U}_o$ 为

$$\dot{U}_o = -\dot{I}_c (R_C // R_L) = -\beta \dot{I}_b R'_L \tag{2-14}$$

则

$$A_u = \frac{\dot{U}_o}{\dot{U}_i} = -\beta \frac{R'_L}{r_{be}} \tag{2-15}$$

由 $A_u$ 的计算公式可知，$A_u$ 与 $\beta$、$R_C$、$R_L$ 和 $r_{be}$ 有关，式（2-12）和式（2-15）中的负号表示输出电压与输入电压反向。

【例2-2】如图2-16a所示的放大电路中，设 $U_{CC}=12V$、$R_C=3k\Omega$、$R_B=300k\Omega$，晶体管VT的 $\beta=50$、$R_L=3k\Omega$，忽略发射结正向压降，信号源 $e_S=40\sin314t\,mV$，其内阻 $R_S=510\Omega$。试求：1）放大电路的静态工作点 $Q$（$I_{BQ}$、$I_{CQ}$、$U_{CEQ}$）。2）晶体管的输入电阻 $r_{be}$。3）放大电路的输入电阻 $r_i$、输出电阻 $r_o$ 和电压放大倍数 $A_u$。4）输入电压 $u_i$ 和输出电压 $u_o$。

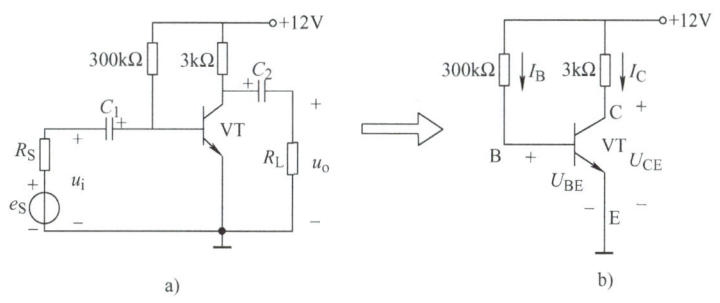

图2-16 【例2-2】对应的电路图

**解：** 1）首先画出放大电路的直流通路如图2-16b所示。
忽略发射结正向压降 $U_{BE}$，即取 $U_{BEQ} \approx 0V$，得

$$I_{BQ} = \frac{U_{CC} - U_{BEQ}}{R_B} \approx \frac{U_{CC}}{R_B} = \frac{12V}{300k\Omega} = 0.04mA = 40\mu A$$

$$I_{CQ} = \beta I_{BQ} = 50 \times 0.04mA = 2mA$$

$$U_{CEQ} = U_{CC} - I_{CQ} R_C = 12V - 2mA \times 3k\Omega = 6V$$

2）取 $I_{EQ} \approx I_{CQ} = 2mA$，得

$$r_{be} = 200\Omega + (1+\beta)\frac{26mV}{I_{EQ}(mA)} = 200\Omega + 51 \times \frac{26mV}{2mA} \approx 863\Omega$$

3) 放大电路的输入电阻为

$$r_i = R_B // r_{be} \approx r_{be} = 0.863\text{k}\Omega$$

放大电路的输出电阻为

$$r_o \approx R_C = 3\text{k}\Omega$$

放大电路的电压放大倍数为

$$A_u = -\beta \frac{R_C // R_L}{r_{be}} \approx -50 \times \frac{1.5\text{k}\Omega}{0.863\text{k}\Omega} = -86.9$$

4) 输入电压为

$$u_i = \frac{r_i}{r_i + R_S} e_S = \frac{0.863\text{k}\Omega}{0.863\text{k}\Omega + 0.51\text{k}\Omega} e_S \approx 25.1\sin314t(\text{mV})$$

输出电压为

$$u_o = A_u u_i \approx -86.9 \times 25.1\sin314t(\text{mV}) = -2.18\sin314t(\text{V})$$

综上所述可得:共发射极放大电路的输入端从信号源 $e_S$ 获得按正弦规律变化的输入电压 $u_i$,经电容 $C_1$ 耦合到晶体管的基极,与静态基极电流叠加成 $i_B$,$i_B$ 的变化使集电极电流 $i_C$ 随之变化,进而在集电极电阻 $R_C$ 上产生压降,集电极电压 $u_{CE} = U_{CC} - i_C R_C$,$u_{CE}$ 的变化与 $i_C$ 的变化相反。$u_{CE}$ 中的交流分量经过 $C_2$ 耦合到输出端获得与输入电压 $u_i$ 反向的输出电压 $u_o$。共发射极放大电路中各点的电压电流波形如图 2-17 所示。

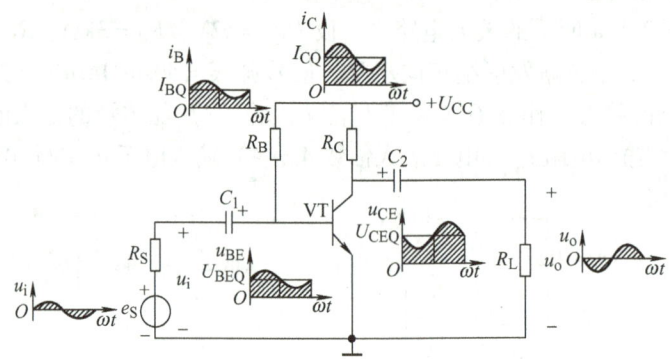

图 2-17 放大电路中电压电流波形图

## 2.2.4 共发射极放大电路的非线性失真

正常工作的放大电路要求输出信号不能失真。所谓失真是指输出信号偏离输入信号的波形。当放大电路的静态工作点 Q 设置不合适或者当信号源电压 $e_S$ 过大,就会使输出信号超出了晶体管的线性放大区,产生非线性失真,放大电路的失真包括饱和失真和截止失真两种情况。

失真现象是在电路动态状态下出现的,在这里需要提到的是交流负载线的概念。当电路有信号源输入,并带有负载电阻 $R_L$ 时,电路动态状态下的 $i_C$ 和 $u_{CE}$ 的关系是一条经过 Q 点的斜率为 $-\frac{1}{R'_L}$ 的一条直线,称为交流负载线,如图 2-18 所示中的直线 MN。

当静态工作点 Q 设置过低,在信号源 $e_S$ 的正半周可以正常工作,但在信号源 $e_S$ 的负半周时,输入信号电压的波形进入了截止区,导致输出电压 $u_o$ 的正半周波形失真,称为截止失真，如图 2-18 所示。

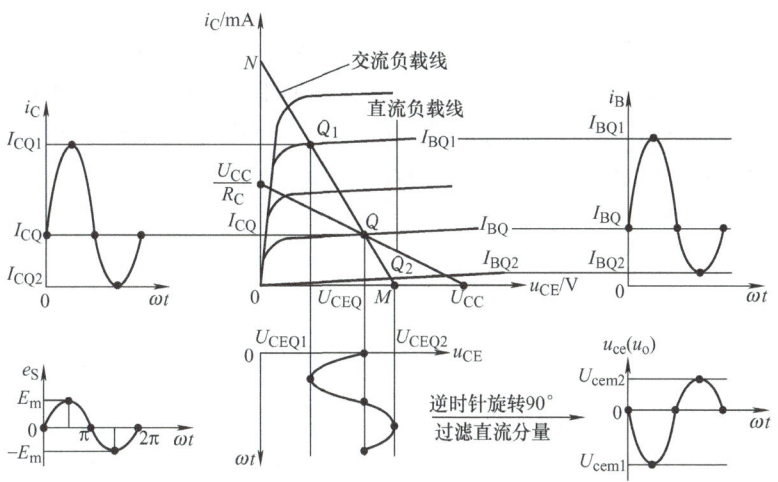

图 2-18　截止失真

当静态工作点 $Q$ 设置过高时，就会出现与截止失真完全相反的现象。在信号源 $e_S$ 的正半周，有些工作点已进入饱和区，引起输出电压 $u_o$ 的负半周波形失真，称为饱和失真，如图 2-19 所示。

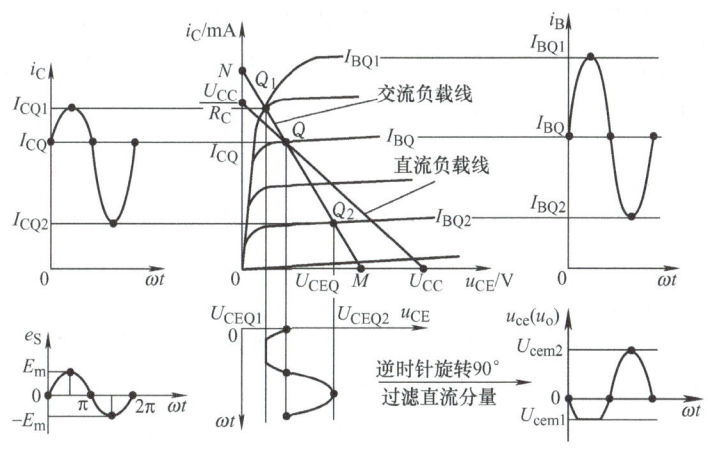

图 2-19　饱和失真

此外，当信号源 $e_S$ 的电压过大时也会导致截止失真和饱和失真的情况，请读者自行分析。

## 2.3　分压式固定偏置放大电路

晶体管的温度特性较差，温度上升会使晶体管的反向饱和电流 $I_{CBO}$ 和电流放大系数 $\beta$ 增大，同时使发射结电压 $U_{BE}$ 减小，这样的变化会影响到静态工作点的稳定，严重的会使输出信号失真，电路无法正常工作。为了稳定静态工作点，可以采用分压式固定偏置放大电路。

### 2.3.1 分压式固定偏置放大电路的基本组成

分压式固定偏置放大电路如图 2-20 所示。电路中，$R_{B1}$ 为上偏置电阻，$R_{B2}$ 为下偏置电阻，直流电压源 $U_{CC}$ 经 $R_{B1}$ 和 $R_{B2}$ 分压后与晶体管的基极相连；$R_C$ 是集电极电阻；$R_E$ 是发射极电阻，其两端并联的大电容 $C_E$ 称为射极旁路电容。利用 $C_E$ "隔直通交"的功能，使 $R_E$ 在交流通路中不起作用，从而使交流信号的放大能力不受影响。

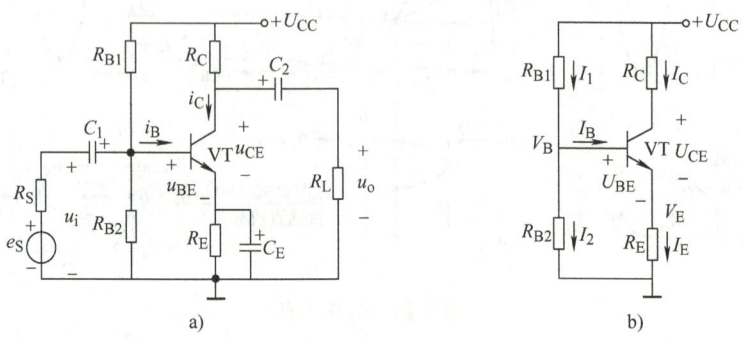

图 2-20 分压式固定偏置放大电路

### 2.3.2 分压式固定偏置放大电路静态工作点的稳定

如图 2-20b 所示电路是分压式固定偏置放大电路的直流通路。选择合适的 $R_{B1}$ 和 $R_{B2}$ 使晶体管正常工作时满足 $I_1 \gg I_B$（通常情况下，基极电流 $I_B$ 是几十微安，电流 $I_1$ 在毫安数量级），这样就认为 $I_B \approx 0$、$I_1 \approx I_2$，忽略 $I_B$ 对 $I_1$ 的分流作用，则晶体管基极的电位 $V_B = \dfrac{R_{B2}}{R_{B1} + R_{B2}} U_{CC}$ 基本恒定。

当环境温度 $T$ 升高时，电路中的集电极电流 $I_C$ 增大，发射极电流 $I_E$ 随之增大（因为 $I_E = I_B + I_C \approx I_C$），发射极的电位 $V_E = I_E R_E$ 也随之升高。因为 $V_B$ 基本不变，所以晶体管的输入电压 $U_{BE} = V_B - V_E$ 降低，导致 $I_B$ 减小（因为 $U_{BE}$ 和 $I_B$ 正相关，同增同减），从而使 $I_C = \beta I_B$ 减小。温度下降时的自动调节过程与温度上升时相反，请读者自行分析。

上述 $I_C$ 受温度影响后的稳定过程可简单表示如下。

$$T\uparrow \longrightarrow I_C\uparrow \longrightarrow I_E\uparrow \longrightarrow V_E\uparrow \longrightarrow U_{BE}\downarrow \longrightarrow I_B\downarrow$$
$$I_C\downarrow \longleftarrow$$

通过以上分析可以看出，分压式固定偏置放大电路具有自动稳定静态工作点的能力，即当放大电路的环境温度变化时，该电路能够实现晶体管集电极电流 $I_C$ 基本保持不变。

需要说明的是，虽然分压式固定偏置放大电路必须满足条件：$I_1 \gg I_B$、$V_B \gg U_{BE}$，但并不是 $I_1$ 和 $V_B$ 越大越好。因为 $I_1$ 增大不仅会增加电路的功率损耗，而且降低放大电路的输入电阻，减小放大电路输入电压 $u_i$。因此一般选取原则为：硅晶体管应为 $I_1 = (5\sim10)I_B$，锗晶体管应为 $I_1 = (10\sim20)I_B$。

同样，基极电位 $V_B$ 也不能太高，否则由于发射极电位 $V_E = V_B - U_{BE}$ 的升高，会使 $U_{CE} = U_{CC} - I_C R_C - V_E$ 减小，从而减小了放大电路输出电压的变化范围，因此一般选取硅晶体管应为 $V_B = (3\sim5)U_{BE}$；锗晶体管应为 $V_B = (1\sim3)U_{BE}$。

### 2.3.3 分压式固定偏置放大电路的分析

**1. 静态分析**

分析分压式固定偏置放大电路的静态工作点时，应先求 $V_B$，然后按照 $V_E$、$I_{EQ}$、$I_{CQ}$、$I_{BQ}$ 和 $U_{CEQ}$ 的顺序求解。

在如图 2-20b 所示分压式固定偏置放大电路的直流通路中，$I_1 \gg I_B$，所以可得

$$V_B \approx \frac{R_{B2}}{R_{B1}+R_{B2}} U_{CC} \tag{2-16}$$

$$V_E = V_B - U_{BE} \tag{2-17}$$

$$I_{EQ} = \frac{V_E}{R_E} \tag{2-18}$$

$$I_{CQ} \approx I_{EQ} \tag{2-19}$$

$$I_{BQ} = \frac{I_{CQ}}{\beta} \tag{2-20}$$

$$U_{CEQ} = U_{CC} - I_{CQ}R_C - I_{EQ}R_E \approx U_{CC} - I_{CQ}(R_C + R_E) \tag{2-21}$$

**2. 动态分析**

分压式固定偏置放大电路的交流通路如图 2-21a 所示，图 2-21b 为其微变等效电路。

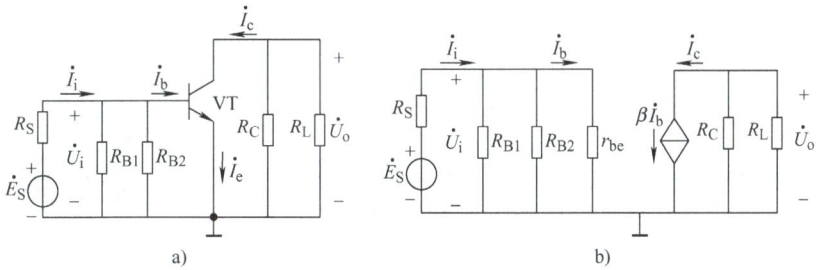

图 2-21 分压式固定偏置放大电路的交流通路和微变等效电路

如果将图 2-21b 中的 $R_{B1}//R_{B2}$ 看成一个电阻 $R_B$，则图 2-21b 与图 2-13b 共射极放大电路的微变等效电路完全相同，所以动态参数为

$$\begin{cases} r_i = \dfrac{\dot{U}_i}{\dot{I}_i} = R_{B1}//R_{B2}//r_{be} \approx r_{be} \\ r_o = R_C \\ A_u = \dfrac{\dot{U}_o}{\dot{U}_i} = \dfrac{-\dot{I}_c(R_C//R_L)}{\dot{I}_b r_{be}} = \dfrac{-\beta \dot{I}_b(R_C//R_L)}{\dot{I}_b r_{be}} = -\dfrac{\beta(R_C//R_L)}{r_{be}} \end{cases} \tag{2-22}$$

**【例 2-3】** 在图 2-20a 所示分压式固定偏置电路中，已知 $U_{CC}=12V$、$R_{B1}=70k\Omega$、$R_{B2}=30k\Omega$、$R_C=2k\Omega$、$R_E=2k\Omega$、$R_L=6k\Omega$，晶体管的电流放大系数 $\beta=50$、$U_{BEQ}=0.6V$。求：1）静态工作点的静态值 $I_{BQ}$、$I_{CQ}$ 和 $U_{CEQ}$。2）放大电路的电压放大倍数 $A_u$、输入电阻 $r_i$ 和输出电阻 $r_o$。

**解：** 1）利用放大电路的直流通路，如图 2-20b 所示。

$$V_B \approx \frac{R_{B2}}{R_{B1}+R_{B2}}U_{CC} = \frac{30\text{k}\Omega}{30\text{k}\Omega+70\text{k}\Omega}\times 12\text{V} = 3.6\text{V}$$

$$I_{CQ} \approx I_{EQ} = \frac{V_B - U_{BEQ}}{R_E} = \frac{3.6\text{V}-0.6\text{V}}{2\text{k}\Omega} = 1.5\text{mA}$$

$$I_{BQ} = \frac{I_{CQ}}{\beta} = \frac{1.5\text{mA}}{50} = 30\mu\text{A}$$

$$U_{CEQ} \approx U_{CC} - I_{CQ}(R_C + R_E) = 12\text{V} - 1.5\text{mA}\times(2\text{k}\Omega+2\text{k}\Omega) = 6\text{V}$$

2）晶体管的输入电阻为

$$r_{be} = 200\Omega + (1+\beta)\frac{26\text{mV}}{I_{EQ}(\text{mA})} = 200\Omega + 51\times\frac{26\text{mV}}{1.5\text{mA}} = 1.084\text{k}\Omega$$

$$R_C//R_L = \frac{R_C R_L}{R_C+R_L} = \frac{2\times 6}{2+6}\text{k}\Omega = 1.5\text{k}\Omega$$

根据如图 2-21b 所示的放大电路的微变等效电路，可得电压放大倍数为

$$A_u = -\frac{\beta(R_C//R_L)}{r_{be}} = -\frac{50\times 1.5}{1.084} \approx -69.2$$

输入电阻为

$$r_i = R_{B1}//R_{B2}//r_{be} \approx r_{be} = 1.084\text{k}\Omega$$

输出电阻为

$$r_o = R_C = 2\text{k}\Omega$$

### 2.3.4 发射极旁路电容 $C_E$ 对电路的影响

如果发射极电阻 $R_E$ 旁没有并联 $C_E$，$R_E$ 就会对放大电路的动态性能指标产生影响，尤其是对放大倍数的影响。如图 2-22a 所示为无旁路电容 $C_E$ 时分压式固定偏置电路的交流通路，图 2-22b 所示为无旁路电容 $C_E$ 时分压式固定偏置电路的微变等效电路。

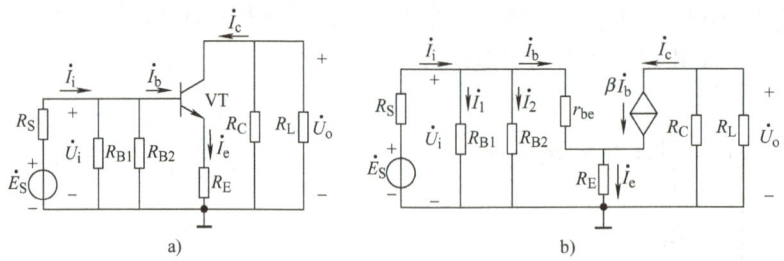

图 2-22 无旁路电容 $C_E$ 的交流通路和微变等效电路

无旁路电容 $C_E$ 时电压放大倍数为

$$A_u = \frac{\dot{U}_o}{\dot{U}_i} = \frac{-\dot{I}_c(R_C//R_L)}{\dot{I}_b r_{be} + \dot{I}_e R_E} = -\frac{\beta\dot{I}_b(R_C//R_L)}{\dot{I}_b r_{be}+(1+\beta)\dot{I}_b R_E} = -\frac{\beta(R_C//R_L)}{r_{be}+(1+\beta)R_E}$$

$$= -\frac{50\times 1.5\text{k}\Omega}{1.084\text{k}\Omega + 51\times 2\text{k}\Omega} \approx -0.73$$

由以上的计算分析可知，如果电阻 $R_E$ 旁没有并联旁路电容 $C_E$，会使电压放大倍数 $A_u$ 大大下降。输入电阻和输出电阻的分析不再赘述，请读者自行分析。

## 2.4 共集电极放大电路

### 2.4.1 电路的基本组成

共集电极放大电路如图 2-23a 所示，其中 $R_B$ 是基极偏置电阻，$R_E$ 为发射极电阻。图 2-23c 所示为共集电极放大电路的交流通路，从图中可以看出，输入信号是从基极和集电极输入，输出信号是从发射极和集电极送出，也就是说，集电极是输入与输出电路的公共端，因此被称为共集电极放大电路。由于负载电阻 $R_L$ 是接在发射极的，输出信号从晶体管发射极取出，所以共集电极放大电路也称为"射极输出器"。

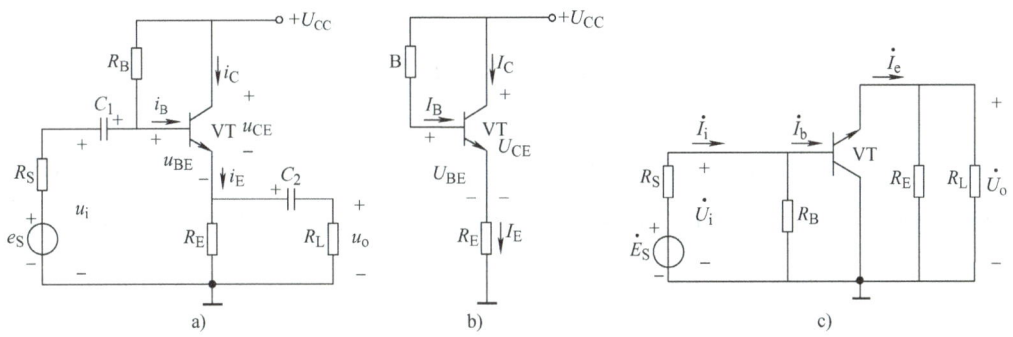

图 2-23 共集电极放大电路

### 2.4.2 电路的静态分析

如图 2-23b 所示为共集电极放大电路的直流通路，根据基尔霍夫电压定律可得

$$U_{CC} = I_{BQ}R_B + U_{BEQ} + I_{EQ}R_E = I_{BQ}R_B + U_{BEQ} + (1+\beta)I_{BQ}R_E$$

所以可得

$$I_{BQ} = \frac{U_{CC} - U_{BEQ}}{R_B + (1+\beta)R_E} \tag{2-23}$$

$$I_{CQ} = \beta I_{BQ} \tag{2-24}$$

$$U_{CEQ} = U_{CC} - I_{EQ}R_E \approx U_{CC} - I_{CQ}R_E \tag{2-25}$$

### 2.4.3 电路的动态分析

如图 2-24 所示为共集电极放大电路的微变等效电路。

**1. 输入电阻 $r_i$**

如图 2-24 所示，可知 $\dot{I}_i = \dot{I}_1 + \dot{I}_b$，且在 $\dot{I}_b$ 回路中可知

$$\dot{U}_i = \dot{I}_b r_{be} + \dot{I}_e(R_E // R_L) = \dot{I}_b r_{be} + (1+\beta)\dot{I}_b(R_E // R_L) \tag{2-26}$$

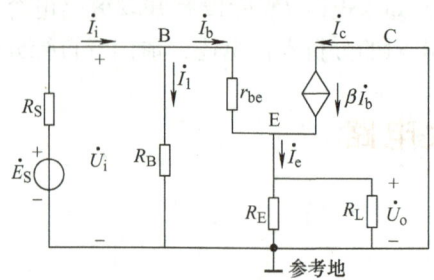

图 2-24 共集电极放大电路的微变等效电路

所以可得

$$r_i = \frac{\dot{U}_i}{\dot{I}_i} = \frac{\dot{U}_i}{\dot{I}_1 + \dot{I}_b} = \frac{\dot{U}_i}{\dfrac{\dot{U}_i}{R_B} + \dfrac{\dot{U}_i}{r_{be} + (1+\beta)(R_E /\!/ R_L)}} \tag{2-27}$$

$$= R_B /\!/ [r_{be} + (1+\beta)(R_E /\!/ R_L)]$$

**2. 输出电阻 $r_o$**

如果要计算输出电阻，需要对共集电极放大电路的微变等效电路进行处理，即将图 2-24 中的负载电阻 $R_L$ 去掉后，在 $R_E$ 两端并联一个假想的电压源 $\dot{U}_o$，由 $\dot{U}_o$ 所产生的电流 $\dot{I}_o$ 的方向如图 2-25 所示；同时将信号源 $\dot{E}_S$ 短路，但保留 $R_S$。经过变换的计算输出电阻 $r_o$ 电路图如图 2-25 所示。注意：在图 2-25 中，各电流的方向已经发生了改变。

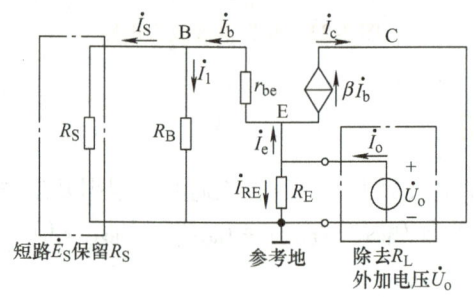

图 2-25 输出电阻 $r_o$ 的计算电路

在图 2-25 中，如果从电阻 $R_E$ 两端向左看进去，不难发现 $R_E$ 与其他电阻的关系

$$R_E /\!/ [r_{be} + (R_S /\!/ R_B)] \tag{2-28}$$

由此可知，$R_E$ 两端的电压与 $r_{be} + (R_S /\!/ R_B)$ 两端的电压是相等的，所以可得

$$\dot{U}_o = \dot{I}_{RE} R_E = \dot{I}_b r_{be} + \dot{I}_b (R_S /\!/ R_B) \tag{2-29}$$

整理上式可得

$$\dot{I}_b = \frac{\dot{U}_o}{r_{be} + R_S /\!/ R_B} \tag{2-30}$$

又因为 $\dot{I}_o = \dot{I}_e + \dot{I}_{RE}$,且 $\dot{I}_e = (1+\beta)\dot{I}_b$,$\dot{I}_{RE} = \dfrac{\dot{U}_o}{R_E}$,所以可得

$$\dot{I}_o = \dot{I}_e + \dot{I}_{RE} = (1+\beta)\dot{I}_b + \dfrac{\dot{U}_o}{R_E} = \dfrac{(1+\beta)\dot{U}_o}{r_{be} + R_S//R_B} + \dfrac{\dot{U}_o}{R_E} \quad (2\text{-}31)$$

根据输出电阻 $r_o$ 的定义有

$$r_o = \dfrac{\dot{U}_o}{\dot{I}_o} = \dfrac{\dot{U}_o}{\dfrac{(1+\beta)\dot{U}_o}{r_{be}+R_S//R_B} + \dfrac{\dot{U}_o}{R_E}} = \dfrac{1}{\dfrac{1}{\dfrac{r_{be}+R_S//R_B}{1+\beta}} + \dfrac{1}{R_E}} \quad (2\text{-}32)$$

$$= R_E // \left[\dfrac{r_{be}+R_S//R_B}{1+\beta}\right]$$

**3. 电压放大倍数 $A_u$**

$$A_u = \dfrac{\dot{U}_o}{\dot{U}_i} = \dfrac{(1+\beta)\dot{I}_b(R_E//R_L)}{\dot{I}_b r_{be} + (1+\beta)\dot{I}_b(R_E//R_L)} = \dfrac{(1+\beta)(R_E//R_L)}{r_{be} + (1+\beta)(R_E//R_L)} \quad (2\text{-}33)$$

### 2.4.4 共集电极放大电路的特点

1. 共集电极放大电路的放大倍数近似为 1,即 $\dot{U}_i \approx \dot{U}_o$,且相

射极输出器输入与输出关系仿真

位相同,表明 $\dot{U}_o$ 跟随 $\dot{U}_i$ 的变化而变化,所以射极输出器又称为射极跟随器,简称射随器。

2. 共集电极放大电路的输入电阻高,可以用作多级放大电路的输入级,使电路的输入信号与信号源信号基本相等。

3. 共集电极放大电路的输出电阻低,可以用作多级放大电路的输出级,以提高电路的带负载能力。

【**例 2-4**】 电路如图 2-26a 所示,负载 $R_L$ 开路,试根据图中所示已知条件计算放大电路的静态工作点、电压放大倍数、输入电阻、输出电阻。

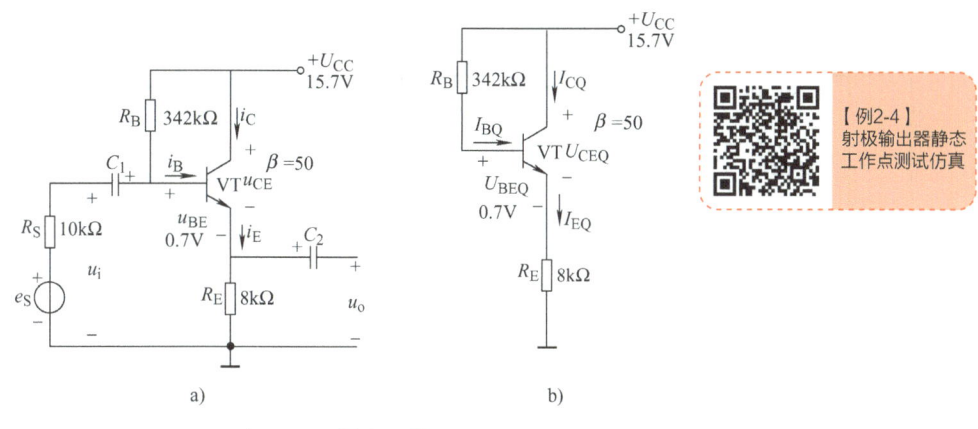

图 2-26 【例 2-4】题图

**解**：1）画出电路的直流通路如图 2-26b 所示，计算静态工作点

$$I_{BQ} = \frac{U_{CC} - U_{BEQ}}{R_B + (1+\beta)R_E} = \frac{15.7\text{V} - 0.7\text{V}}{342\text{k}\Omega + 51 \times 8\text{k}\Omega} \approx 0.02\text{mA} = 20\mu\text{A}$$

$$I_{CQ} = \beta I_{BQ} = 50 \times 0.02\text{mA} = 1\text{mA}$$

$$U_{CEQ} = U_{CC} - I_{EQ}R_E = 15\text{V} - 1\text{mA} \times 8\text{k}\Omega = 7\text{V}$$

2）晶体管的输入电阻

$$r_{be} = 200\Omega + (1+\beta)\frac{26\text{mV}}{I_{EQ}} = 200\Omega + 51 \times \frac{26\text{mV}}{1\text{mA}} = 1.526\text{k}\Omega$$

3）电压放大倍数

$$A_u = \frac{\dot{U}_o}{\dot{U}_i} = \frac{(1+\beta)R_E}{r_{be} + (1+\beta)R_E} = \frac{51 \times 8\text{k}\Omega}{1.526\text{k}\Omega + 51 \times 8\text{k}\Omega} \approx 0.996$$

4）由于负载 $R_L$ 开路，即 $R_L = \infty$，得输入电阻

$$r_i = R_B // [r_{be} + (1+\beta)R_E] = 342\text{k}\Omega // [1.526\text{k}\Omega + 51 \times 8\text{k}\Omega] \approx 186\text{k}\Omega$$

5）输出电阻

$$r_o = R_E // \frac{(R_B // R_S) + r_{be}}{1+\beta} = 8\text{k}\Omega // 0.22\text{k}\Omega \approx 0.21\text{k}\Omega$$

## 2.5 共基极放大电路

### 2.5.1 共基极放大电路的基本组成

如图 2-27a 所示为共基极放大电路，其中 $R_{B1}$ 和 $R_{B2}$ 为基极偏置电阻，$R_C$ 是集电极电阻，$R_E$ 是发射极偏置电阻，大电容 $C_E$ 使基极对地交流短路。图 2-27c 所示为共基极放大电路的交流通路，从图中可以看出，共基组态放大电路是把基极作为输入回路与输出回路的公共端。

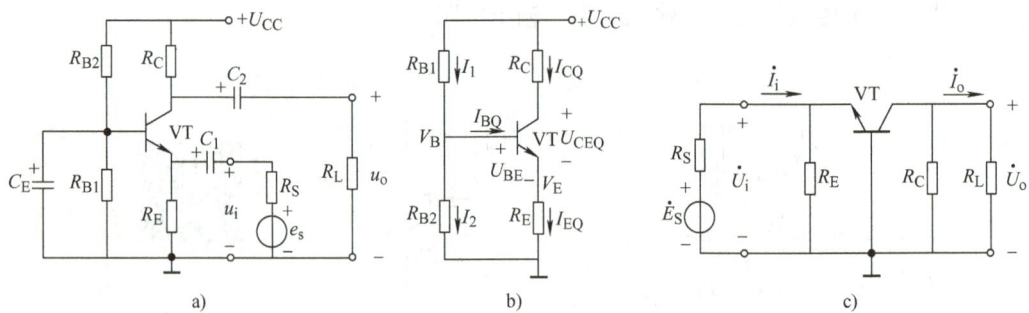

图 2-27 共基组态放大电路

### 2.5.2 电路的静态分析

如图 2-27b 所示为共基极放大电路的直流通路，可得出

$$V_B = \frac{R_{B1}}{R_{B1}+R_{B2}}U_{CC} \qquad (2\text{-}34)$$

$$I_{CQ} \approx I_{EQ} = \frac{V_B - U_{BEQ}}{R_E} \approx \frac{V_E}{R_E} \qquad (2\text{-}35)$$

$$I_{BQ} = \frac{I_{CQ}}{\beta} \qquad (2\text{-}36)$$

$$U_{CEQ} = U_{CC} - I_{CQ}R_C - I_{EQ}R_E \approx U_{CC} - I_{CQ}(R_C+R_E) \qquad (2\text{-}37)$$

### 2.5.3 电路的动态分析

如图 2-28 所示为共基极放大电路的微变等效电路。

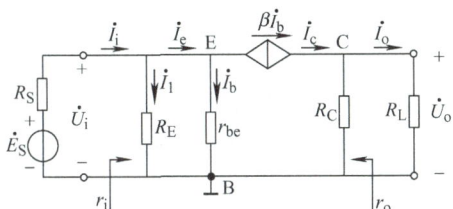

图 2-28 共基极放大电路微变等效电路

**1. 输入电阻 $r_i$ 的计算**

在图 2-28 中，可以看出 $\dot{I}_i = \dot{I}_1 + \dot{I}_e$、$\dot{I}_e = \dot{I}_b + \beta\dot{I}_b = (1+\beta)\dot{I}_b$，且 $\dot{I}_1 = \dfrac{\dot{U}_i}{R_E}$、$\dot{I}_b = \dfrac{\dot{U}_i}{r_{be}}$，所以可得输入电阻 $r_i$ 为

$$r_i = \frac{\dot{U}_i}{\dot{I}_i} = \frac{\dot{U}_i}{\dot{I}_1 + \dot{I}_e} = \frac{\dot{U}_i}{\dfrac{\dot{U}_i}{R_E} + (1+\beta)\dfrac{\dot{U}_i}{r_{be}}} = R_E // \left[\frac{r_{be}}{1+\beta}\right] \qquad (2\text{-}38)$$

**2. 输出电阻 $r_o$ 计算**

将图 2-28 中的负载电阻 $R_L$ 去掉，在 $R_C$ 两端并联一个假想的电压源 $\dot{U}_o$，将信号源 $\dot{E}_S$ 短路，保留 $R_S$，电路变换后的电流 $\dot{I}_o$ 及其他各支路电流的大小和方向如图 2-29 所示。

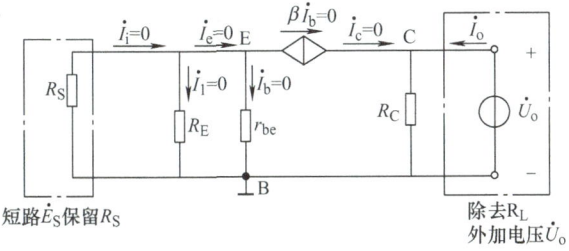

图 2-29 输出电阻 $r_o$ 的计算电路

由于信号源电压 $\dot{E}_\mathrm{S}$ 被短路，保留内阻 $R_\mathrm{S}$，且晶体管 C 和 E 之间的动态电阻 $r_\mathrm{ce} \gg R_\mathrm{C}$，可知

$$\dot{I}_\mathrm{i} = \dot{I}_1 = \dot{I}_\mathrm{e} = \dot{I}_\mathrm{b} = \beta \dot{I}_\mathrm{b} = \dot{I}_\mathrm{c} \approx 0$$

所以

$$r_\mathrm{o} = \frac{\dot{U}_\mathrm{o}}{\dot{I}_\mathrm{o}} = \frac{\dot{U}_\mathrm{o}}{\dfrac{\dot{U}_\mathrm{o}}{R_\mathrm{C}}} = R_\mathrm{C} \tag{2-39}$$

**3. 电压放大倍数 $A_\mathrm{u}$ 和电流放大倍数 $A_\mathrm{i}$ 的计算**

根据图 2-28 所示的微变等效电路可得电压放大倍数为

$$A_\mathrm{u} = \frac{\dot{U}_\mathrm{o}}{\dot{U}_\mathrm{i}} = \frac{\dot{I}_\mathrm{c}(R_\mathrm{C}//R_\mathrm{L})}{\dot{I}_\mathrm{b} r_\mathrm{be}} = \frac{\beta(R_\mathrm{C}//R_\mathrm{L})}{r_\mathrm{be}} \tag{2-40}$$

$A_\mathrm{u}$ 为正，说明放大电路输入与输出信号相位相同。

在共基极放大电路中往往要计算电流放大倍数 $A_\mathrm{i}$，$A_\mathrm{i} = \dfrac{\dot{I}_\mathrm{o}}{\dot{I}_\mathrm{i}}$。如图 2-28 所示，$R_\mathrm{L}$ 与 $R_\mathrm{C}$ 是并联关系，由并联电路的分流公式可求得输出电流 $\dot{I}_\mathrm{o}$ 为

$$\dot{I}_\mathrm{o} = \frac{R_\mathrm{C}}{R_\mathrm{C}+R_\mathrm{L}} \dot{I}_\mathrm{c} = \frac{R_\mathrm{C}}{R_\mathrm{C}+R_\mathrm{L}} \beta \dot{I}_\mathrm{b} \tag{2-41}$$

在电路的输入端，由于 $\dot{I}_\mathrm{i} = \dot{I}_1 + \dot{I}_\mathrm{e}$，由 $\dot{U}_\mathrm{i} = R_\mathrm{E} \dot{I}_1 = r_\mathrm{be} \dot{I}_\mathrm{b}$，可以求得 $\dot{I}_1 = \dfrac{r_\mathrm{be}}{R_\mathrm{E}} \dot{I}_\mathrm{b}$；且 $\dot{I}_\mathrm{e} = (1+\beta)\dot{I}_\mathrm{b}$，所以可以求出输入电流为

$$\dot{I}_\mathrm{i} = \dot{I}_1 + \dot{I}_\mathrm{e} = \frac{r_\mathrm{be}}{R_\mathrm{E}} \dot{I}_\mathrm{b} + (1+\beta)\dot{I}_\mathrm{b} = \left(1+\beta+\frac{r_\mathrm{be}}{R_\mathrm{E}}\right)\dot{I}_\mathrm{b} \tag{2-42}$$

故放大电路的电流放大倍数 $A_\mathrm{i}$ 为

$$A_\mathrm{i} = \frac{\dot{I}_\mathrm{o}}{\dot{I}_\mathrm{i}} = \frac{\dfrac{R_\mathrm{C}}{R_\mathrm{C}+R_\mathrm{L}}\beta \dot{I}_\mathrm{b}}{\left(1+\beta+\dfrac{r_\mathrm{be}}{R_\mathrm{E}}\right)\dot{I}_\mathrm{b}} = \frac{\dfrac{\beta R_\mathrm{C}}{R_\mathrm{C}+R_\mathrm{L}}}{1+\beta+\dfrac{r_\mathrm{be}}{R_\mathrm{E}}} \tag{2-43}$$

由放大电路的电流放大倍数 $A_\mathrm{i}$ 的公式可知：当电路中 $R_\mathrm{C} \gg R_\mathrm{L}$、$R_\mathrm{E} \gg r_\mathrm{be}$ 时，$A_\mathrm{i}$ 接近于 1，但小于 1，即虽没有电流放大作用，但有良好的恒流输出特性，所以共基放大电路又称为电流跟随器，适合作高频、宽带放大或恒流源。

## 2.6 多级放大电路

### 2.6.1 多级放大电路的耦合方法

用一个晶体管构成的放大电路，称为单级放大电路。实际运用时常常要把多个单级放大

电路级联起来，组成多级放大电路。多级放大电路的第一级称为输入级，对输入级的要求往往与输入信号有关；中间级的用途是进行信号放大，提供足够大的放大倍数，常由几级放大电路组成；多级放大电路的最后一级是输出级，它与负载相接，因此对输出级的要求要考虑负载的性质。

信号源和放大器之间，放大器中各级之间，放大器与负载之间的连接方式称为耦合方式。常用的耦合方式有 3 种：阻容耦合、直接耦合和变压器耦合。变压器耦合在放大电路中的应用逐渐减少，本书将不再具体分析，请读者需要时参考相关书籍。

阻容耦合应用于分立元件多级交流放大电路，不能放大缓慢变化信号和直流信号，也不便于集成化。在如图 2-30a 所示的阻容耦合多级放大电路中，级与级之间通过电容 $C_3$ 耦合，各级的直流通路各不相通，各级的静态工作点相互独立。

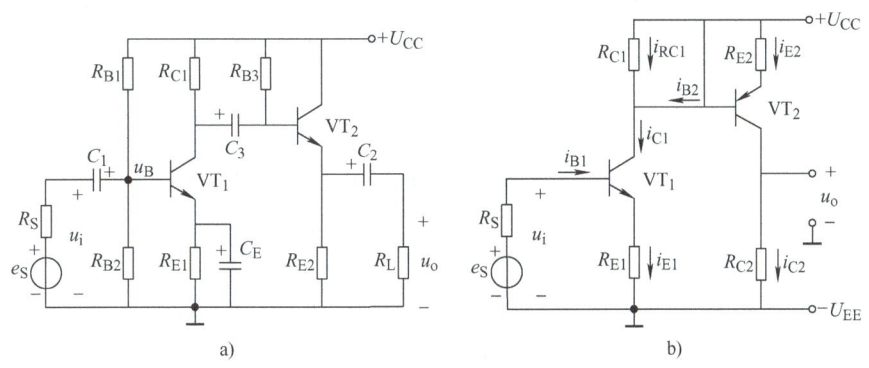

图 2-30　阻容耦合多级放大电路

如图 2-30b 所示为直接耦合多级放大电路，这种电路既能放大交流信号，也能放大变化缓慢的直流信号，便于集成化。直接耦合多级放大电路前后级之间存在着直流通路，各级静态工作点相互影响，存在零点漂移问题，这部分内容将在后面章节涉及时再进行具体分析。

## 2.6.2　多级放大电路的分析

**1. 电压放大倍数**

图 2-31 所示方框图为 $n$ 级放大电路的交流等效电路。由图可知，放大电路中前级的输出电压就是后级的输入电压，即 $\dot{U}_{o1} = \dot{U}_{i2}$、$\dot{U}_{o2} = \dot{U}_{i3}$、$\cdots$、$\dot{U}_{o(n-1)} = \dot{U}_{in}$。根据放大电路电压放大倍数的定义，可得

$$A_u = \frac{\dot{U}_o}{\dot{U}_i} = \frac{\dot{U}_{o1}}{\dot{U}_{i1}} \times \frac{\dot{U}_{o2}}{\dot{U}_{i2}} \times \cdots \times \frac{\dot{U}_o}{\dot{U}_{in}} = A_{u1} A_{u2} \cdots A_{un} \tag{2-44}$$

上式表明，多级放大电路的电压放大倍数等于组成它的各级放大电路电压放大倍数之积。

**2. 输入电阻和输出电阻**

根据放大电路输入电阻和输出电阻的定义，多级放大电路的输入电阻就是输入级（即第一级）的输入电阻，而多级放大电路的输出电阻就是输出级（即最后一级）的输出电阻。在具体计算输入电阻或输出电阻时，有时它们不仅仅决定于本级参数，也与后级或前级的参

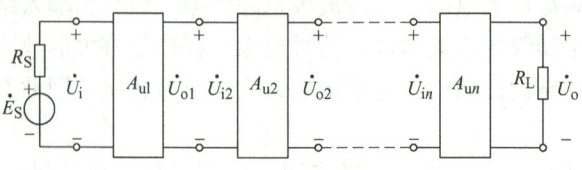

图 2-31 多级放大电路方框图

数有关。

【例 2-5】电路如图 2-32 所示的阻容耦合两级放大电路中，其中 $\beta_1 = 100$、$\beta_2 = 60$、$U_{CC} = 24V$、$R_{B11} = 36k\Omega$、$R_{B12} = 24k\Omega$、$R_{C1} = 2k\Omega$、$R_{E1} = 2.2k\Omega$、$R_{B21} = 33k\Omega$、$R_{B22} = 10k\Omega$、$R_{C2} = 3.3k\Omega$、$R_{E2} = 1.5k\Omega$、$r_{be1} = 0.96k\Omega$、$r_{be2} = 0.8k\Omega$、$R_S = 360\Omega$、$R_L = 5.1k\Omega$。求：1) 各级的输入电阻和输出电阻。2) 放大器的放大倍数 $A_u$。3) 放大电路的输入电阻 $r_i$ 和输出电阻 $r_o$。

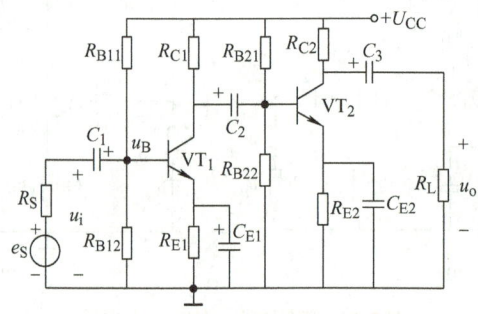

图 2-32 【例 2-5】题图

**解**：微变等效电路如图 2-33 所示。

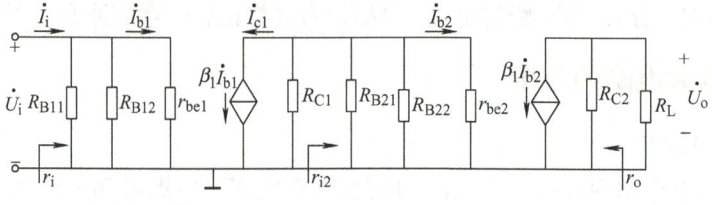

图 2-33 【例 2-5】微变等效电路

1) 分别求两级的输入电阻和输出电阻。

第一级：
$$r_{i1} = R_{B11} // R_{B12} // r_{be1} \approx r_{be1} = 0.96k\Omega,\ r_{o1} = R_{C1} = 2k\Omega$$

第二级：
$$r_{i2} = R_{B21} // R_{B22} // r_{be2} \approx r_{be2} = 0.8k\Omega,\ r_{o2} = R_{C2} = 3.3k\Omega$$

2) 两级的放大倍数和放大器对信号源的放大倍数 $A_u$。

第一级：
$$R'_{L1} = r_{o1} // r_{i2} = \frac{2k\Omega \times 0.8k\Omega}{2k\Omega + 0.8k\Omega} \approx 0.57k\Omega,\ A_{u1} = -\beta_1 \frac{R'_{L1}}{r_{be1}} = -100 \times \frac{0.57k\Omega}{0.96k\Omega} \approx -59.4$$

第二级：

$$R'_{L2} = r_{o2}//R_L = \frac{3.3\text{k}\Omega \times 5.1\text{k}\Omega}{3.3\text{k}\Omega + 5.1\text{k}\Omega} \approx 2\text{k}\Omega \text{、} A_{u2} = -\beta_2 \frac{R'_{L2}}{r_{be2}} = -60 \times \frac{2\text{k}\Omega}{0.8\text{k}\Omega} = -150$$

则放大器对信号源的放大倍数 $A_u$ 为

$$A_u = A_{u1}A_{u2} = (-59.4) \times (-150) = 8910$$

3）放大电路的输入电阻 $r_i$ 和输出电阻 $r_o$ 为

$$r_i = r_{i1} = 0.96\text{k}\Omega \text{、} \quad r_o = r_{o2} = 3.3\text{k}\Omega$$

【例 2-6】 电路如图 2-34 所示的阻容耦合放大电路中，其中 $\beta_1 = 100$、$\beta_2 = 100$，忽略 $U_{BEQ1}$ 和 $U_{BEQ2}$，请根据图中所标注的参数试计算各级静态工作点。

**解：** 根据要求画出直流通路，如图 2-35 所示，并计算两级的静态工作点。

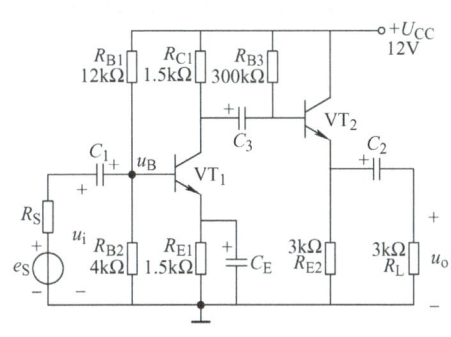

图 2-34 【例 2-6】题图

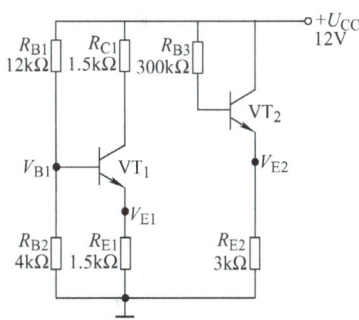

图 2-35 【例 2-6】放大电路的直流通路

第一级为共发射极放大电路，静态工作点的计算为

$$V_{B1} = \frac{R_{B2}}{R_{B1} + R_{B2}} U_{CC} = \frac{4\text{k}\Omega}{12\text{k}\Omega + 4\text{k}\Omega} \times 12\text{V} = 3\text{V}$$

$$I_{EQ1} = \frac{V_{B1} - U_{BEQ1}}{R_{E1}} \approx \frac{V_{B1}}{R_{E1}} = \frac{3\text{V}}{1.5\text{k}\Omega} = 2\text{mA}$$

$$I_{BQ1} = \frac{I_{EQ1}}{1 + \beta_1} \approx \frac{2\text{mA}}{100} = 20\mu\text{A}$$

取：$I_{EQ1} \approx I_{CQ1}$

$$U_{CEQ1} \approx U_{CC} - I_{EQ1}(R_{E1} + R_{C1}) = 12\text{V} - 2\text{mA} \times (1.5\text{k}\Omega + 1.5\text{k}\Omega) = 6\text{V}$$

第二级为共集电极放大电路，静态工作点的计算为

$$I_{BQ2} = \frac{U_{CC} - U_{BEQ2}}{R_{B3} + (1 + \beta_2)R_{E2}} \approx \frac{U_{CC}}{R_{B3} + (1 + \beta_2)R_{E2}} = \frac{12\text{V}}{300\text{k}\Omega + (1 + 100) \times 3\text{k}\Omega} = 20\mu\text{A}$$

$$I_{EQ2} = (1 + \beta_2)I_{BQ2} = (1 + 100) \times 20\mu\text{A} \approx 2\text{mA}$$

$$U_{CEQ2} = U_{CC} - I_{EQ2}R_{E2} = 12\text{V} - 2\text{mA} \times 3\text{k}\Omega = 6\text{V}$$

## 2.7 实验

### 2.7.1 实验1 晶体管共射极单管放大电路静态工作点和放大倍数的测量

**一、实验目的**

1）掌握共发射极单管放大电路静态工作点的测量方法，能够判断晶体管共发射极放大

电路的直流工作状态是否正常。

2）理解共发射极单管放大电路放大特性，掌握电压放大倍数的测量方法。

3）理解静态工作点对电压放大倍数的影响。

4）进一步熟悉和掌握常用仪器仪表的使用方法。

**二、实验设备与器件**

模拟电路实验箱（或电路板）、示波器、函数信号发生器、万用表、直流稳压电源、交流毫伏表。

**三、实验内容与步骤**

（1）静态工作点的测量

如图 2-36a 所示为晶体管共发射极放大电路的实验原理图，按照图中所示接好线路。

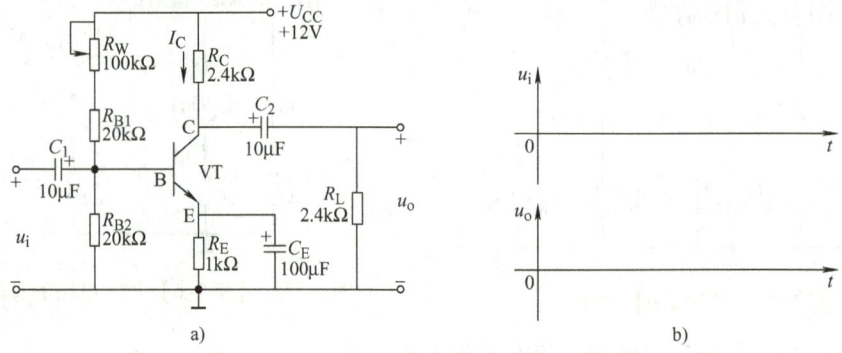

图 2-36　晶体管共发射极放大电路的实验原理图及输入输出波形绘制

1）输入信号 $u_i$ 暂不接入电路，直流稳压电源调整输出 +12V 接到晶体管共发射极放大电路的直流电源端，为电路提供 $U_{CC} = 12V$ 的稳定电压。

2）万用表选择直流电压档，测量晶体管 C、E 两端的电压。调节电位器 $R_W$，使 C、E 两端的电压 $U_{CE}$ 为 6V 左右。注意：由于测量误差的存在，每位操作者的测量值有所不同，可在 6V 左右变化，但不应偏离过大。

3）静态稳定后用万用表直流电压档分别测量晶体管的 B、C、E 引脚对参考地的直流电压值 $U_B$、$U_C$、$U_E$ 和晶体管发射结电压 $U_{BE}$，将数据计入表 2-2 中。

4）根据实验原理图中的已知条件计算出 $I_B$、$I_C$、$I_E$、$U_B$、$U_C$、$U_E$、$U_{BE}$ 和 $U_{CE}$ 的值填入表 2-2 中。

表 2-2　静态工作点的测量

| 待测参数 | $U_{CE}$ | $U_B$ | $U_C$ | $U_E$ | $U_{BE}$ | $I_B$ | $I_C$ | $I_E$ |
|---|---|---|---|---|---|---|---|---|
| 测量值 | | | | | | — | — | — |
| 计算值 | | | | | | | | |

（2）电压放大倍数的测量

1）实验电路图如图 2-36a 所示。调整好合适的静态工作点，一般情况下，可调节 $R_W$ 使得 $U_{CE} = 6V$。

2）将函数信号发生器的输出信号调整为 $f = 1kHz$、$U_{in} = 10mV$ 的正弦交流信号，将该信号作为实验电路的输入信号 $u_i$，接入实验电路的信号输入端。

3）同时用示波器观测放大电路输入信号 $u_i$ 和输出信号 $u_o$ 的波形，将测量的波形记录在图 2-36b 所示的坐标中。

4）按照表 2-3 所规定的数值调整 $R_C$ 和 $R_L$ 的大小，保持输入信号 $u_i$（$f=1\text{kHz}$，$U_{in}=10\text{mV}$）不变，用示波器观察输出信号 $u_o$ 的波形变化情况，并记录 $u_i$ 和 $u_o$ 的波形，注意它们的相位关系。

5）按照表 2-3 所规定的数值调整 $R_C$ 和 $R_L$ 的大小，保持输入信号 $u_i$（$f=1\text{kHz}$，$U_{in}=10\text{mV}$）不变，交流毫伏表分别测量输入信号 $u_i$ 和输出信号 $u_o$ 的有效值 $U_i$ 和 $U_o$ 的大小，将测量结果填入表 2-3 中。

6）根据测量的 $U_i$ 和 $U_o$ 的数值，计算对应的电压放大倍数 $A_u$，并经计算结果填入表 2-3 中。

表 2-3　电压放大倍数的测量

| 参数变化量 | | 测量值 | | 计算值 |
| --- | --- | --- | --- | --- |
| $R_C/\text{k}\Omega$ | $R_L/\text{k}\Omega$ | $U_i/\text{V}$ | $U_o/\text{V}$ | $A_u$ |
| 2.4 | ∞（$R_L$ 开路） | | | |
| 1.2 | ∞（$R_L$ 开路） | | | |
| 2.4 | 2.4 | | | |

（3）观察静态工作点对电压放大倍数的影响

1）置 $R_C=2.4\text{k}\Omega$、$R_L=\infty$（$R_L$ 开路）状态下，调节 $R_W$ 大小，使 $U_{CE}$ 的大小分别为表 2-4 中要求的数值。注意：调整 $U_{CE}$ 大小的时候，要先将函数信号发生器输出旋钮旋至零。

2）在不同数值 $U_{CE}$ 的条件下，将放大电路输入信号 $u_i$ 设为频率为 $f=1\text{kHz}$ 的正弦信号，调整输入信号 $u_i$ 的大小，用示波器观测放大电路输出电压 $u_o$ 的波形，使输出信号 $u_o$ 得到不失真信号，测量输入信号 $u_i$ 和输出信号 $u_o$ 的有效值 $U_i$ 和 $U_o$ 的数值，并将测量结果填入表 2-4 中。

3）根据测量结果计算电路的放大倍数 $A_u$。

表 2-4　静态工作点对电压放大倍数的影响

| 参数变化量 | $U_{CE}/\text{V}$ | 4 | 5 | 6 | 7 | 8 |
| --- | --- | --- | --- | --- | --- | --- |
| 测量值 | $U_i/\text{V}$ | | | | | |
| | $U_o/\text{V}$ | | | | | |
| 计算值 | $A_u$ | | | | | |

**四、实验注意事项**

1）实验中输入信号和输出信号的有效值要用交流毫伏表测量，有的示波器只能粗略地读取峰值，不能读取有效值。

2）注意表 2-4 中数据的测量是在波形不失真的前提下测量的。

3）为避免干扰，放大器与每个电子仪器、仪表的连接应"共地"，即把所有的"地"与放大器的"地"连在一起。

## 2.7.2 实验2 晶体管共射极单管放大电路波形失真的测试

### 一、实验目的
1)研究放大电路静态工作点的设置与输出波形失真之间的关系。
2)掌握判断电路失真情况的方法。
3)正确使用电子测量仪器仪表。

### 二、实验设备与器件
模拟电路实验箱、示波器、函数信号发生器、万用表、直流稳压电源。

### 三、实验内容与步骤
如图2-37所示为晶体管共射极单管放大电路波形失真的测试实验电路原理图,按照图中所示接好线路。电路的输入信号由函数信号发生器提供,输入信号 $u_i$ 调整 $f = 1\text{kHz}$、$U_{in} = 10\text{mV}$。观察静态工作点对输出波形失真的影响。

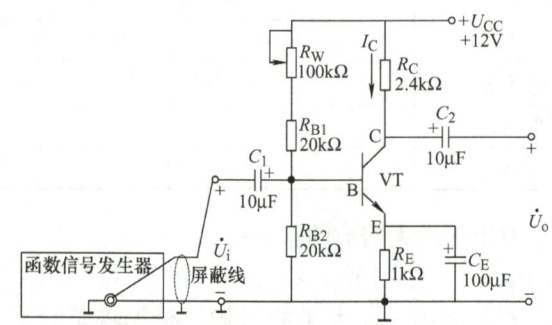

图2-37 静态工作点对放大电路波形失真影响的实验电路

1)输入信号 $u_i$ 暂不接入电路,直流稳压电源调整 +12V 晶体管共发射极放大电路的直流电源端,为电路提供 $U_{CC} = 12\text{V}$ 的稳定电压,置 $R_C = 2.4\text{k}\Omega$、$R_L = \infty$。

2)万用表选择直流电压档,测量晶体管C、E两端的电压。调节电位器 $R_W$,使C、E两端的电压 $U_{CE}$ 为6V左右。注意:由于测量误差的存在,每位操作者的测量值有所不同,可在6V左右变化,但不应偏离过大。

3)将函数信号发生器送出的输出信号作为实验电路的输入信号 $u_i$,接入实验电路的信号输入端,并通过示波器测量输出波形 $u_o$,将测量结果填入表2-5中。

4)将输入信号 $u_i$ 置零,调节 $R_W$,使 $U_{CE} = 1\text{V}$,调整函数信号发生器使 $u_i$ 为 $f = 1\text{kHz}$、$U_{in} = 10\text{mV}$,通过示波器测量输出波形 $u_o$,将测量结果填入表2-5中。

5)重复第4)步,分别用示波器测量当 $U_{CE} = 3\text{V}$、8V、10V 时的输出波形 $u_o$,将测量结果填入表2-5中。

6)根据上述步骤的测量结果,判断输出电压 $u_o$ 的失真情况,将结果填入表2-5中。

表2-5 静态工作点对输出波形失真的影响

| 实验条件 $U_{CE}$/V | 观察记录 $u_o$ 的波形 | 失真情况判别 |
| --- | --- | --- |
| 1 | ![u_o-t波形] | ( )饱和失真;( )截止失真;( )无失真 |

（续）

| 实验条件 $U_{CE}$/V | 观察记录 $u_o$ 的波形 | 失真情况判别 |
| --- | --- | --- |
| 3 | 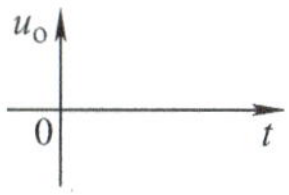 | （  ）饱和失真；（  ）截止失真；（  ）无失真 |
| 6 | 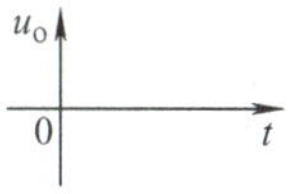 | （  ）饱和失真；（  ）截止失真；（  ）无失真 |
| 8 | 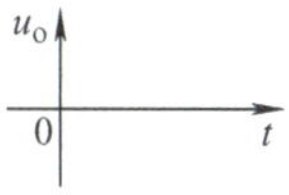 | （  ）饱和失真；（  ）截止失真；（  ）无失真 |
| 10 | 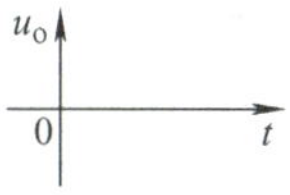 | （  ）饱和失真；（  ）截止失真；（  ）无失真 |

#### 四、实验注意事项

1）注意实验中静态分析时，电压的测量使用万用表，而动态分析时，电压的测量使用交流毫伏表。

2）晶体管的截止失真并非突变过程，因此所谓截止失真，并不像饱和失真那样有明显分界（削底）可供判断，测量过程中请注意观察。

### 2.7.3 实验3 晶体管共射极单管放大电路输入电阻和输出电阻的测试

#### 一、实验目的

1）掌握放大电路输入电阻和输出电阻的测试方法。
2）能够理解理论值和测量值之间的关系。

#### 二、实验设备与器件

模拟电路实验箱、示波器、函数信号发生器、万用表、直流稳压电源、交流毫伏表。

#### 三、实验内容与步骤

1）如图2-38所示为晶体管共射极单管放大电路波形失真及输入电阻和输出电阻的测试实验电路原理图，按照图中所示接好线路。电路的输入信号由函数信号发生器提供，输入信号 $u_i$ 调整 $f=1$kHz、$U_{in}=10$mV。在交流信号源和电容 $C_1$ 之间串联一个电阻 $R$（电阻值的大小已知）；置 $R_C=2.4$kΩ、$R_L=2.4$kΩ；按照前述的方法，调节 $R_W$ 获得合适的静态工作点（$U_{CE}=6$V左右）；用示波器观测放大电路输出电压 $u_o$ 的波形不失真。

2）用交流毫伏表分别测量信号源两端电压 $U_S$ 和电容 $C_1$ 左边点对参考地电压 $U_i$，以及断开负载电阻 $R_L$ 时的输出电压 $U_o$ 和接入负载电阻 $R_L$ 后的输出电压 $U_{OL}$，数据记录入表2-6中。

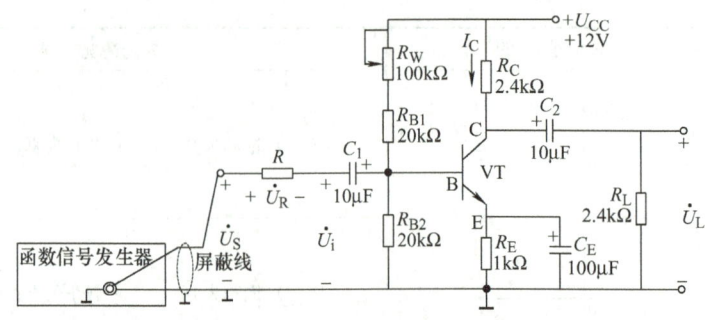

图 2-38 输入电阻和输出电阻的测量电路

表 2-6 输入电阻和输出电阻的测量

| 已知电阻 | 测量值 | | | | 计算值 | | 理论值 | |
|---|---|---|---|---|---|---|---|---|
| $R/\text{k}\Omega$ | $U_S/\text{mV}$ | $U_i/\text{mV}$ | $U_{OL}/\text{V}$ | $U_o/\text{V}$ | $r_i/\text{k}\Omega$ | $r_o/\text{k}\Omega$ | $r_i/\text{k}\Omega$ | $r_o/\text{k}\Omega$ |
| | | | | | | | | |

3）根据交流毫伏表测出 $U_S$ 和 $U_i$ 的数据，运用公式 $r_i = \dfrac{U_i}{I_i} = \dfrac{U_i}{U_R/R} = \dfrac{U_i}{U_S - U_i} R$，计算出输入电阻 $r_i$，将计算结果填入表 2-6 的"计算值"中相应的位置。

4）运用理论公式计算输入电阻 $r_i$，将计算结果填入表 2-6 的"理论值"中相应的位置，并与"计算值"中的 $r_i$ 对比。

5）根据交流毫伏表分别测出不接负载 $R_L$ 的输出电压 $U_o$ 和接入负载 $R_L$ 后的输出电压 $U_{OL}$ 的数值，由公式 $U_{OL} = \dfrac{R_L}{R_L + r_o} U_o$ 可知，输出电阻 $r_o = \left( \dfrac{U_o}{U_L} - 1 \right) R_L$，将结果填入表 2-6 的"计算值"中相应的位置。

6）运用理论公式计算输出电阻 $r_o$，将计算结果填入表 2-6 的"理论值"中相应的位置，并与"计算值"中的 $r_o$ 对比。

**四、实验注意事项**

1）注意实验中静态分析时，电压的测量使用万用表，而动态分析时，电压的测量使用交流毫伏表。

2）测量输入电阻 $r_i$ 时，电阻 $R$ 的选择应与 $r_i$ 为同一数量级，如果 $R$ 的阻值过大容易引入干扰，而 $R$ 的阻值过小则容易引起较大的测量误差。

3）测量输出电阻 $r_o$ 时，必须保持 $R_L$ 接入前后输入信号大小不变。

## 2.8　思考与练习

1. 试画出如图 2-39 所示的各放大电路的直流通路和微变等效电路图，并比较它们有何不同。

2. 晶体管放大电路如图 2-40a 所示，已知 $U_{CC} = 15\text{V}$、$R_C = 3\text{k}\Omega$、$R_B = 300\text{k}\Omega$，忽略 $U_{BE}$，晶体管的 $\beta = 50$。试求：1）画出直流通路，计算 $I_{BQ}$、$I_{CQ}$ 和 $U_{CEQ}$。2）晶体管的输出特性如图 2-40b 所示，画出直流负载线和放大电路静态工作点。

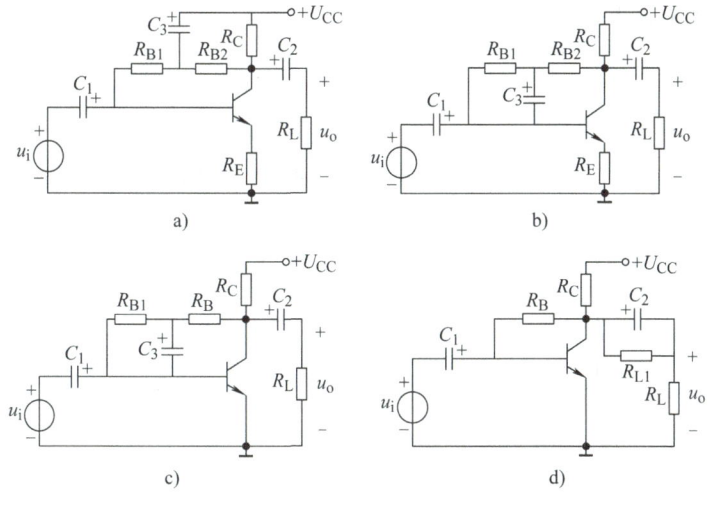

图 2-39 计算 1 题图

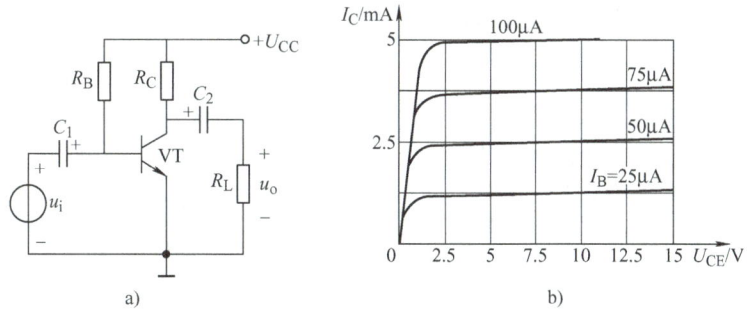

图 2-40 计算 2 题图

3. 在图 2-41 中，设 $R_B=300\text{k}\Omega$、$R_C=2\text{k}\Omega$、$R_L=10\text{k}\Omega$，忽略 $U_{BE}$ 大小，$\beta=50$、$U_{CC}=12\text{V}$。试求：1）该电路电压放大倍数 $A_u$。2）如逐渐增大正弦输入信号 $u_i$ 的幅值，电路的输出电压 $u_o$ 将首先出现哪一种形式的失真？

4. 某分压式偏置放大电路如图 2-42 所示，已知 $U_{CC}=15\text{V}$、$R_C=3\text{k}\Omega$、$R_L=2\text{k}\Omega$、$R_{B1}=80\text{k}\Omega$、$R_{B2}=30\text{k}\Omega$、$R_E=2\text{k}\Omega$，晶体管的电流放大系数 $\beta=50$，忽略 $U_{BE}$。试求：1）画出该电路的直流通路，求出静态工作点的静态值 $I_{BQ}$、$I_{CQ}$、$U_{CEQ}$。2）画出微变等效电路。3）求晶体管的 $r_{be}$、输入电阻 $r_i$、输出电阻 $r_o$、电压放大倍数 $A_u$。

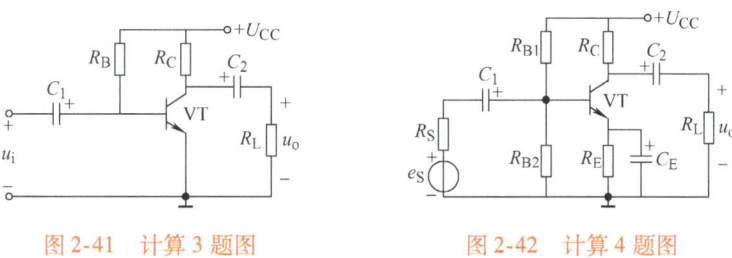

图 2-41 计算 3 题图    图 2-42 计算 4 题图

5. 在调试放大电路过程中，对于如图 2-43a 所示放大电路和正弦输入电压 $u_i$，负载 $R_L$ 上的输出电压 $u_o$ 曾出现过如图 2-43b、c、d 所示 3 种不正常波形。试判断 3 种情况分别产生什么失真？应如何调节才能消除失真？

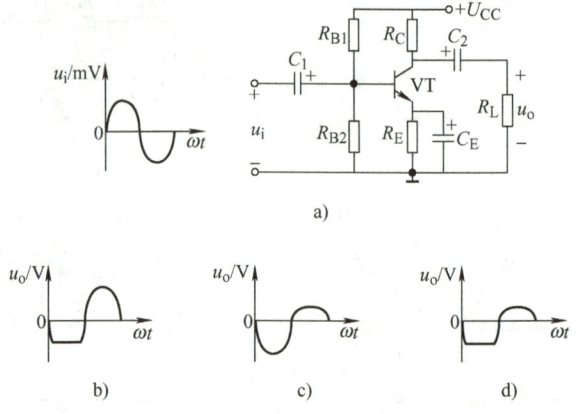

图 2-43 计算 5 题图

6. 电路如图 2-44a 所示，负载 $R_L$ 开路，试根据图中所示已知条件计算放大电路的静态工作点、电压放大倍数、输入电阻、输出电阻。

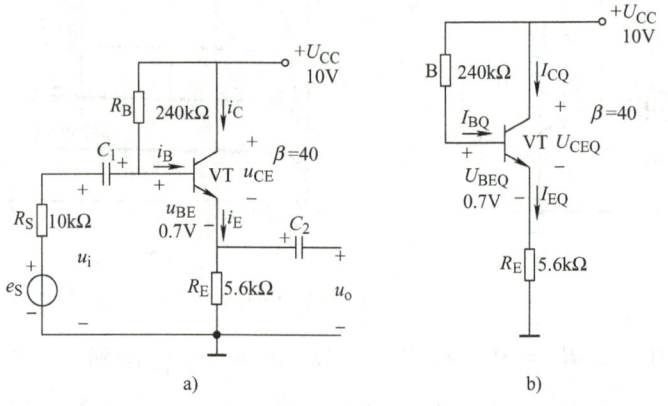

图 2-44 计算 6 题图

7. 两级阻容耦合放大电路如图 2-45 所示，已知：$\beta_1 = \beta_2 = 50$、$U_{CC} = 20V$、$R_{B11} = 30k\Omega$、$R_{B12} = 10k\Omega$、$R_{C1} = 4k\Omega$、$R_{E1} = 4k\Omega$、$R_{B21} = 33k\Omega$、$R_{B22} = 8.2k\Omega$、$R_{C2} = 5.6k\Omega$、$R_{E2} = 3.4k\Omega$、$R_L = 3k\Omega$。求：1）静态工作点。2）画出微变等效电路。3）电路总的放大倍数。4）放大器的输入电阻。5）放大器的输出电阻。

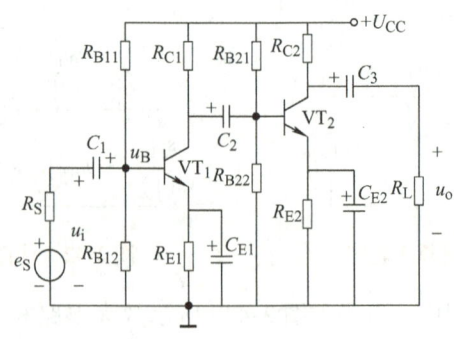

图 2-45 计算 7 题图

# 第3章 功率放大和场效应管放大电路

## 教学导航

通过本章节的学习可以达到:
1) 理解功率放大器的分类。
2) 理解无输出电容(Output Condensert Less,OCL)功率放大器的工作原理,掌握电路的分析方法。
3) 理解无输出变压器(Output Transformer Less,OTL)功率放大器的工作原理,掌握电路的分析方法。
4) 了解绝缘栅场效应晶体管的结构,理解绝缘栅场效应晶体管结构的工作原理,能够正确运用晶体管的参数。
5) 理解场效应管放大电路的连接方式,掌握场效应管放大电路的静态和动态分析方法。

## 3.1 功率放大电路

### 3.1.1 功率放大电路的要求

1) 在实际应用的电子电路中,有很多的大功率负载,如扬声器、伺服电机、指示表头、记录器等,这就要求放大电路的输出要有足够大的功率。
2) 功率放大器简称功放,是要求能给负载提供足够大功率的不失真输出信号以驱动负载,并能高效率地实现能量转换的放大电路。
3) 功率放大器一般设置在多级放大电路的最后一级,又称输出级。
4) 功率放大器通常工作于大电压、大电流状态,晶体管的损耗功率和发热都会很严重,所以在使用时不仅要选用大功率晶体管,而且要按照规定要求加装散热装置。

### 3.1.2 功率放大电路的分类

如图3-1所示,按照静态工作点设置位置不同,可以将功率放大器的工作状态分为甲类、乙类和甲乙类放大等形式。

甲类工作状态的静态工作点 $Q$ 处于晶体管的放大区内,基本选在负载线的中点,如图3-1a所示。其优点是非线性失真小,缺点是整个周期内晶体管中都有电流流过,管耗大,在理想情况下功放管的效率也仅仅为50%,除了对保真度要求非常高的场合外已经很少应用。

如图3-1b所示为乙类工作状态,它是将静态工作点设置在放大区和截止区的交界处

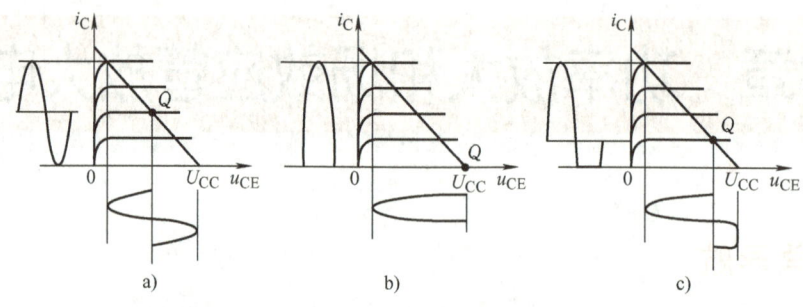

图 3-1 不同类型功放的静态工作点设置
a) 甲类 b) 乙类 c) 甲乙类

($I_{BQ}=0$)，静态时电流 $I_{CQ}\approx 0$，管耗低，效率高。从图 3-1b 中可以看出，在乙类工作状态下，输出信号只有输入信号的半个周期，另外半个周期被截止了。因此在实际应用中，往往选用两个不同管型的晶体管，在输入信号的正、负半周交替导通，然后在负载上合成一个完整的输出信号，称为乙类互补对称功率放大电路。

如图 3-1c 所示为甲乙类工作状态。在此状态下，功率放大器的静态工作点的位置设置低于甲类，高于乙类，静态时 $I_{CQ}$ 稍大于零，管耗不大，效率高。

本书将重点讨论功率放大器的乙类工作状态和甲乙类工作状态。由于甲类工作状态的应用范围较少，在此不再赘述，请读者参考相关资料自行分析。

### 3.1.3 双电源互补对称功率放大电路

**1. 乙类双电源互补对称 OCL 电路的工作原理**

在如图 3-2 所示的电路中，晶体管 $VT_1$ 是 NPN 管型，晶体管 $VT_2$ 是 PNP 管型，两只晶体管的性能参数完全相同，均接成共集电极状态。电路由双电源供电（$+U_{CC}$ 和 $-U_{EE}$），无输出电容，所以又称为 OCL 电路。

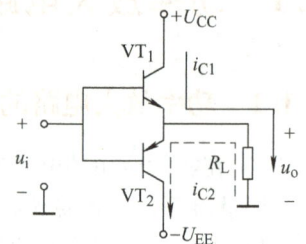

图 3-2 乙类双电源互补对称 OCL 电路

静态时，输入信号 $u_i=0$，$VT_1$ 和 $VT_2$ 零偏置截止，静态电流为零。此时，电源和两只晶体管均对称，所以输出端的静态输出电压为零。

当输入信号 $u_i>0$ 时，晶体管 $VT_1$ 正偏导通，晶体管 $VT_2$ 反偏截止，负载电流有电源 $+U_{CC}$ 供电，电流 $i_{C1}$ 如图 3-2 中实线所示，由于晶体管 $VT_1$ 和负载 $R_L$ 组成了射极跟随器，可知 $u_o=u_i$；同理，当输入信号 $u_i<0$ 时，晶体管 $VT_1$ 反偏截止，晶体管 $VT_2$ 正偏导通，负载电流有电源 $-U_{EE}$ 供电，电流 $i_{C2}$ 如图 3-2 中虚线所示，由于晶体管 $VT_2$ 和负载 $R_L$ 组成了射极跟随器，可知 $u_o=u_i$。在整个输入信号周期内，两只晶体管轮流导通，$+U_{CC}$ 和 $-U_{EE}$ 交替供电，在负载端合成了一个完整的输出信号波形，所以该电路又称为双电源互补对称电路，其输出特性如图 3-3 所示。

**2. 电路的参数分析**

（1）最大输出功率 $P_{om}$

由图 3-3 可知，$I_{om}=I_{cm}$，可得输出功率为

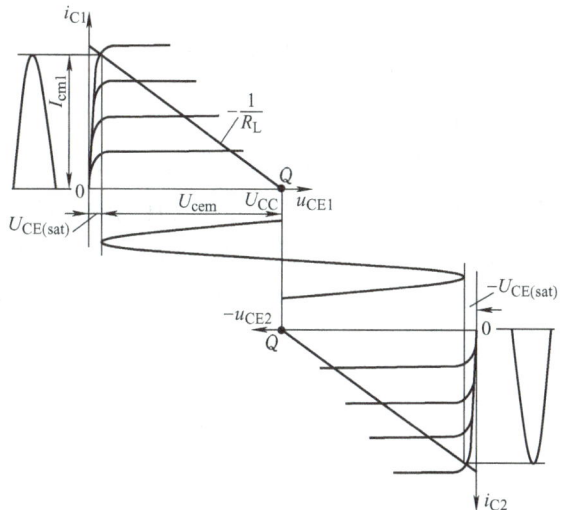

图 3-3 乙类双电源互补对称 OCL 电路的输出特性

$$P_o = U_o I_o = \frac{U_{om}}{\sqrt{2}} \cdot \frac{U_{om}}{\sqrt{2}R_L} = \frac{1}{2} \cdot \frac{U_{om}^2}{R_L} \tag{3-1}$$

当输入信号足够大时，$U_{om} \approx U_{CC}$，此时就可以获得最大功率 $P_{om}$ 为

$$P_{om} = \frac{1}{2} \cdot \frac{U_{CC}^2}{R_L} \tag{3-2}$$

（2）管耗 $P_{VT}$

两只晶体管在一个周期内交替导通 180°，流过晶体管的电路和电压参数也是相等的，所以只要求出其中一个晶体管的管耗，就能够求出总的管耗。设输出电压的瞬时表达式为 $u_o = U_{om}\sin\omega t$，经推导其中一个晶体管的管耗为

$$P_{VT1} = \frac{1}{R_L}\left(\frac{U_{CC}U_{om}}{\pi} - \frac{U_{om}^2}{4}\right) \tag{3-3}$$

由此可得

$$P_{VT} = 2P_{VT1} = \frac{2}{R_L}\left(\frac{U_{CC}U_{om}}{\pi} - \frac{U_{om}^2}{4}\right) \tag{3-4}$$

（3）直流电源供给的功率 $P_V$

直流电源供给的功率为负载上获得的功率与晶体管消耗的功率之和，即 $P_V = P_o + P_{VT}$，当无输入信号时，$P_V = 0$；当 $u_i \neq 0$ 时，可得

$$P_V = P_o + P_{VT} = \frac{1}{2} \times \frac{U_{om}^2}{R_L} + \frac{2}{R_L}\left(\frac{U_{CC}U_{om}}{\pi} - \frac{U_{om}^2}{4}\right) = \frac{2U_{CC}U_{om}}{\pi R_L} \tag{3-5}$$

当输入信号足够大时，$U_{om} \approx U_{CC}$，则可得

$$P_{Vm} = \frac{2U_{CC}^2}{\pi R_L} \tag{3-6}$$

（4）效率 $\eta$

$$\eta = \frac{P_o}{P_V} = \frac{\pi}{4} \times \frac{U_{om}}{U_{CC}} \tag{3-7}$$

当 $U_{om} \approx U_{CC}$，则可得

$$\eta = \frac{P_o}{P_V} = \frac{\pi}{4} \approx 78.5\% \tag{3-8}$$

**3. 甲乙类双电源互补对称 OCL 电路**

在乙类双电源互补对称 OCL 电路中，由于没有直流偏置，当输入信号电压 $u_i$ 小于 $VT_1$ 和 $VT_2$ 的死区电压时，两只晶体管均处于截止状态，只有当输入信号电压 $u_i$ 大于死区电压时，$VT_1$ 和 $VT_2$ 才能导通。由此可见，在乙类工作状态下，两只晶体管轮流导通衔接不好，会使输出信号 $u_o$ 在正弦波过零点时产生了严重的失真现象，这种失真就称为交越失真，如图 3-4 所示。

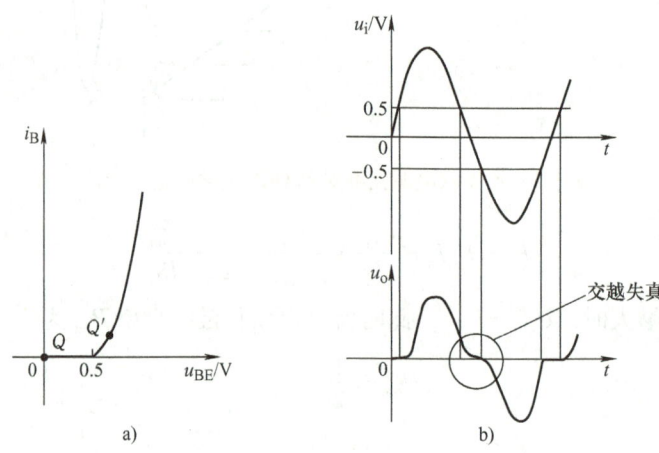

图 3-4 乙类工作状态交越失真

从交越失真产生的原因可知，只要能够解决晶体管"死区"影响，就能克服交越失真。通常给晶体管 $VT_1$ 和 $VT_2$ 的发射结加上较小的正向偏置电压，使静态时晶体管 $VT_1$ 和 $VT_2$ 都工作在微导通的状态，即电路工作在甲乙类状态，如图 3-5 所示。

从图 3-5 中可以看出，$VT_3$ 为前置级，利用 $VT_3$ 集电极电流在二极管 $VD_1$ 和 $VD_2$ 上的压降，为 $VT_1$ 和 $VT_2$ 提供正向偏置电压。$u_i = 0$ 时，电路对称，$VT_1$ 和 $VT_2$ 的静态电流相等，负载 $R_L$ 上的输出电压 $U_o = 0$；当 $u_i \neq 0$ 时，放大器的输出信号在过零点的附近仍然能够得到线性放大，克服了交越失真。

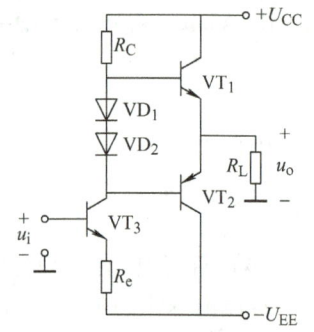

图 3-5 甲乙类双电源互补对称 OCL 电路

### 3.1.4 单电源互补对称功率放大电路

双电源互补对称功率放大电路采用双电源供电，在使用和维护上有许多不便之处，为了克服这个缺点，可采用单电源供电的互补对称电路，这种电路的输出端不连接变压器，通过电容 $C$ 与负载 $R_L$ 耦合，又称为 OTL 电路。如图 3-6a 所示为乙类工作状态单电源互补对称 OTL 放大电路。

图 3-6b 所示为甲乙类工作状态单电源互补对称 OTL 放大电路。图中，单电源 $U_{CC}$ 供电，

# 第3章 功率放大和场效应管放大电路

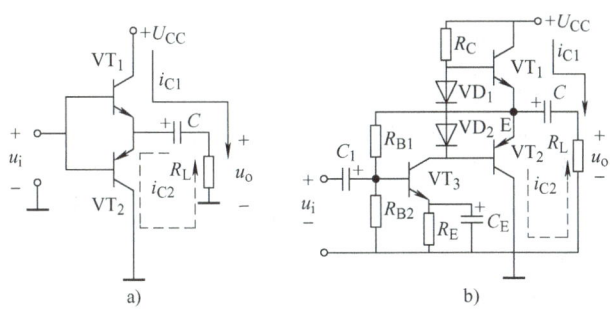

图 3-6 单电源互补对称 OTL 放大电路
a) 乙类　b) 甲乙类

$R_{B1}$ 和 $R_{B2}$ 构成分压式偏置电路，对 E 点电压分压后为 $VT_3$ 提供偏置电压，构成电压并联直流负反馈，稳定静态工作点，同时，$VT_3$ 也是前置放大级，起电压放大作用，$R_C$ 是集电极电阻；$VD_1$ 和 $VD_2$ 为二极管偏置电路，为 $VT_1$ 和 $VT_2$ 提供偏置电压；$VT_1$ 和 $VT_2$ 完全对称，静态时 E 点电位为 $U_{CC}/2$，电容 $C$ 起隔直通交的作用，其电压为 $U_{CC}/2$。

当输入信号 $u_i<0$ 时，输入信号经晶体管 $VT_3$ 放大后倒相，$VT_3$ 集电极电压瞬时极性为"+"，晶体管 $VT_1$ 正偏导通，晶体管 $VT_2$ 反偏截止，放大后的电流经电容 $C$ 流向负载电阻 $R_L$，电容 $C$ 充电，电流方向如图 3-6b 中实线所示，负载电阻 $R_L$ 获得输出电压的正半周。

当输入信号 $u_i>0$ 时，输入信号经晶体管 $VT_3$ 放大后倒相，$VT_3$ 集电极电压瞬时极性为"−"晶体管 $VT_1$ 反偏截止，晶体管 $VT_2$ 正偏导通，放大后的电流经负载电阻 $R_L$ 和电容 $C$ 流回 $VT_2$ 的发射极，电流方向如图 3-6b 中虚线所示，负载电阻 $R_L$ 获得输出电压的负半周。

输出电压 $u_o$ 可以获得幅值为 $U_{CC}/2$ 的正弦信号。与 OCL 电路相比，OTL 电路每只晶体管的实际工作电源电压是 $U_{CC}/2$，所以在计算 OTL 电路的主要性能指标时，只需将 OCL 电路计算公式中的 $U_{CC}$ 替换为 $U_{CC}/2$ 即可。

## 3.2 绝缘栅场效应晶体管

### 3.2.1 绝缘栅场效应晶体管的结构

场效应晶体管（Field Effect Transistor，FET）简称场效应管。具有输入电阻高、噪声小、功耗低、动态范围大、易于集成、没有二次击穿现象、安全工作区域宽等优点，现已成为双极型晶体管和功率晶体管的强大竞争者。

场效应管按照其结构可分为两大类：结型场效应管（Junction Field Effect Transistor）和绝缘栅场效应管（Insulated Gate Field Effect Transistor）。本书只分析讲解绝缘栅场效应管和由绝缘栅场效应管构成的放大电路。

绝缘栅场效应管按照其导电类型的不同，分为 N 沟道和 P 沟道，它们的工作原理相同，只是电源极性相反而已，每种结构的场效应管又可分为增强型和耗尽型两种。

图 3-7a 所示是 N 沟道增强型绝缘栅场效应管的结构示意图，其图形符号如图 3-7b 所示。用一块掺杂浓度较低的 P 型半导体作为衬底，其上扩散两个相互距离很近的高掺杂 N⁺

型区，并在硅片表面生成一层薄薄的二氧化硅绝缘层。在两个 N⁺ 型区之间的二氧化硅的表面以及两个 N⁺ 型区的表面分别安置三个电极，分别为栅极 G、源极 S 和漏极 D。因栅极和其他电极是绝缘的，故称为绝缘栅场效应管。金属栅极和半导体之间的绝缘层用二氧化硅构成，故又称为金属-氧化物-半导体（Metal Oxide Semiconductor，MOS）场效应晶体管，简称 MOS 管。

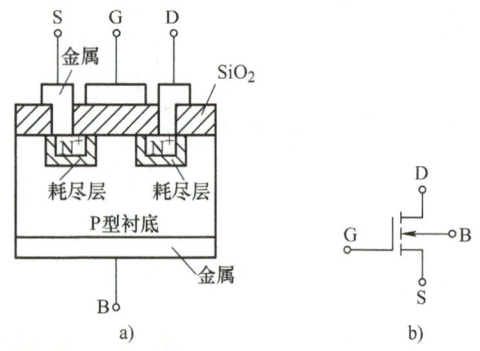

图 3-7　N 沟道增强型 MOS 管结构及图形符号

如果在制造绝缘栅场效应管时，在二氧化硅绝缘层中掺入大量的正离子，则可以制成耗尽型场效应管。两者的主要区别在于：当栅-源电压 $U_{GS}=0$ 时，增强型场效应管的漏极电流为零，而耗尽型场效应管的漏极电流不为零。

## 3.2.2　绝缘栅场效应晶体管工作原理

**1. 增强型场效应晶体管工作原理**

如图 3-8 所示，当栅-源电压 $U_{GS}=0$ 时，在漏极和源极的两个 N⁺ 型区之间是 P 型衬底，因此漏、源极之间相当于两个背靠背的 PN 结。所以无论漏、源极之间加上何种极性的电压，漏极电流 $I_D$ 总是近似为零。

当 $U_{GS}>0$ 时，则在二氧化硅的绝缘层中，产生一个垂直于衬底表面，由栅极指向 P 型衬底的电场，这个电场排斥空穴吸引电子。当 $U_{GS}$ 大于一定值时，在绝缘栅下的 P 型区中形成了一层以电子为主的 N 型层。由于漏极和源极均为 N⁺ 型，故此 N 型层在漏、源极间形成了电子导电的沟道，称为 N 型沟道。$U_{GS}$ 正值越高，导电沟道越宽。形成导电沟道后，在漏、源极电压 $U_{DS}$ 的作用下，则形成漏极电流 $I_D$。

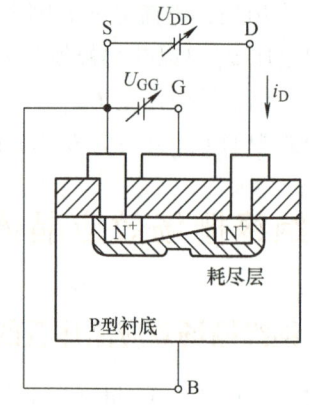

在一定的漏、源电压 $U_{DS}$ 下，使场效应管由不导通变为导通的临界栅-源电压称为开启电压，用 $U_{GS(th)}$ 表示。由于这类场效应管在 $U_{GS}=0$ 时，

图 3-8　N 沟道增强型场效应管的工作过程

$I_D=0$；只有在 $U_{GS}>U_{GS(th)}$ 时，才会出现沟道，形成电流，故称为增强型。

如图 3-9a 所示是 N 沟道增强型场效应管的转移特性曲线，如图 3-9b 所示是 N 沟道增强型场效应管的输出特性曲线，它表示了 $I_D$、$U_{GS}$、$U_{DS}$ 之间的关系。

**2. 耗尽型场效应管工作原理**

由前面介绍知道，N 沟道增强型绝缘栅场效应管必须在 $U_{GS}$ 大于开启电压时才有导电沟道产生。如果在制造场效应管时，在二氧化硅绝缘层中掺入大量的正离子，如图 3-10a 所示。当 $U_{GS}=0$ 时，在这些正离子产生的电场作用下，漏、源极间 P 型衬底表面也能感应出

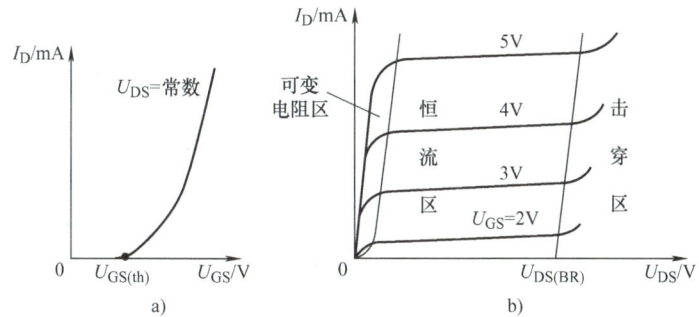

图 3-9　N 沟道增强型场效应管的特性曲线

a) 转移特性曲线　b) 输出特性曲线

N 沟道，只要加上正电压 $U_{DS}$，就能产生电流 $I_D$；当 $U_{GS}>0$ 时，在 N 沟道内感应出更多的电子，使沟道变宽，$I_D$ 增大；当 $U_{GS}<0$ 时，在 N 沟道内感应的电子减少，使沟道变窄，$I_D$ 减小；当 $U_{GS}$ 负向增加到某一数值时，导电沟道消失，$I_D$ 趋于零，场效应管截止，故称为耗尽型。沟道消失时的栅-漏电压称为夹断电压 $U_{GS(off)}$。N 沟道耗尽型 MOS 管的图形符号如图 3-10b 所示。

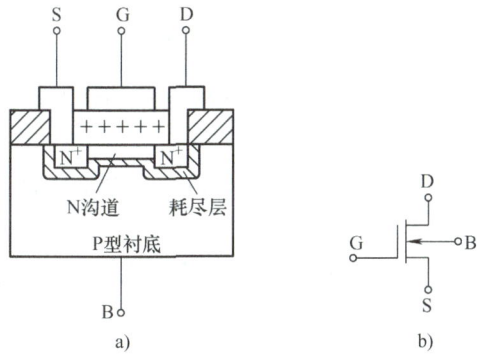

图 3-10　N 沟道耗尽型绝缘栅场效应管工作原理和图形符号

如图 3-11a 所示为 N 沟道耗尽型场效应管转移特性曲线，如图 3-11b 所示为 N 沟道耗尽型场效应管输出特性曲线。从特性曲线中可看出，耗尽型场效应管在 $U_{GS}<0$、$U_{GS}=0$、$U_{GS}>0$ 的情况下都可能工作，这是耗尽型场效应管的一个重要特点。

P 沟道绝缘栅场效应管的结构和工作原理与 N 沟道绝缘栅场效应管相似，它是因在 N 型衬底中生成 P 型反型层而得名。它使用的栅-源和漏-源电压的极性与 N 沟道绝缘栅场效应管的相反。如图 3-12a 所示为 P 沟道耗尽型绝缘栅场效应管的图形符号，P 沟道增强型绝缘栅场效应管的图形符号如图 3-12b 所示。

### 3.2.3　绝缘栅场效应晶体管主要参数

1）夹断电压 $U_{PN}$：是当 $U_{DS}$ 一定时，使 $I_D$ 减小到某一微小电流时所需要的夹断电压 $U_{GS}$ 值。

2）开启电压 $U_{TN}$：是当 $U_{DS}$ 一定时，使 $I_D$ 达到某一数值时所需要的夹断电压 $U_{GS}$ 值。

3）饱和漏极电流 $I_{DSS}$：是在夹断电压 $U_{GS}=0$ 的条件下，$U_{DS}>U_{PN}$ 时的漏极电流。

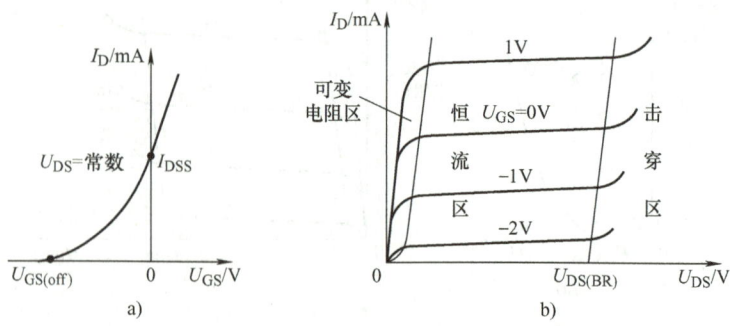

图 3-11　N 沟道耗尽型场效应管转移特性曲线和输出特性曲线
a) 转移特性曲线　b) 输出特性曲线

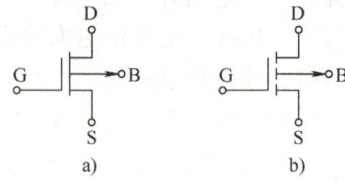

图 3-12　P 沟道耗尽型和增强型绝缘栅场效应管的图形符号
a) 耗尽型　b) 增强型

4）栅-源直流输入电阻 $R_{GS}$：是在漏、源两极短路的情况下，外加栅-源直流电压与栅极直流电流的比值，一般不大于 $10^9 \Omega$。

5）栅-源击穿电压 $U_{GS(BR)}$：是指栅源极间的 PN 结发生反向击穿时的 $U_{GS}$ 值，这时栅极电流由零急剧上升。

6）漏-源击穿电压 $U_{DS(BR)}$：是指场效应管沟道发生雪崩击穿引起 $I_D$ 急剧上升时的 $U_{DS}$ 值。对 N 沟道而言，$U_{GS}$ 的负值越大，则 $U_{DS(BR)}$ 越小。

7）最大漏极电流 $I_{DM}$：是指场效应管工作时允许的最大漏极电流。由于沟道的截面积有限，而沟道的电流密度又不可能过大，故漏极电流不可能大于 $I_{DM}$。

8）最大耗散功率 $P_{DM}$：场效应管的漏极耗散功率 $P_D = I_D U_{DS}$，这一耗散功率变为热能，使场效应管的结温升高。为限制结温，需要限制 $P_D < P_{DM}$，$P_{DM}$ 的大小与环境温度有关。

9）低频跨导 $g_m$：当 $U_{DS}$ 为常数时，漏极电流的微小变化量与栅源电压 $U_{GS}$ 的微小变化之比为低频跨导，即

$$g_m = \frac{\Delta I_D}{\Delta U_{GS}} |_{U_{DS}} \tag{3-9}$$

$g_m$ 反映了栅源电压对漏极电流的控制能力，它的单位是西门子（S），常用毫西（mS）表示。

### 3.2.4　绝缘栅场效应晶体管特点和注意事项

**1. 特点**

1）场效应管是电压控制器件，它通过栅源电压来控制漏极电流。

2）场效应管的控制输入端电流极小，因此它的输入电阻（$10^7 \sim 10^{15} \Omega$）很大。

3）它是利用多数载流子导电，因此它的温度稳定性较好。
4）它组成的放大电路的电压放大系数要小于晶体管组成放大电路的电压放大系数。
5）场效应管的抗辐射能力强。
6）由于它不存在杂乱运动的电子扩散引起的散粒噪声，所以噪声低。

**2. 注意事项**

1）绝缘栅场效应管的输入电阻很高，栅极上很容易积累较高的静电电压将绝缘层击穿，在保存场效应管时应将它的三个电极短接起来，栅极禁止悬空。
2）在电路中，栅、源极间应有固定电阻或稳压管并联，以保证有一定的直流通道。
3）在进行绝缘栅场效应管焊接时，应使电烙铁外壳良好接地，最好能够断电后再焊接。

## 3.3 场效应管放大电路

### 3.3.1 场效应管放大电路的三种接法

虽然场效应管在结构、工作原理和特性曲线与普通晶体管不尽相同，但都能对输出回路电流进行控制。不同的是场效应管是电压控制器件，即用栅源电压 $U_{GS}$ 控制漏极电流 $I_D$；晶体管是电流控制器件，即用基极电流 $I_B$ 控制集电极电流 $I_C$。因此，在用它们组成放大电路时，电路的结构也有相似之处。即场效应管的栅极 G、源极 S 和漏极 D 分别与晶体管的基极 B、发射极 E 和集电极 C 相对应。

由场效应管构成的放大电路必须建立合适的静态工作点，以使场效应管工作在线性放大区。场效应管是电压控制器件，它的偏置电路只需栅极偏压，不需栅极偏流，其转移特性体现了栅极电压 $U_G$ 对漏极电流 $I_D$ 的控制作用。

由场效应管组成的放大电路也有三种组态，即共源放大电路、共漏放大电路和共栅放大电路。本书以共源放大电路分析为主。

### 3.3.2 场效应管放大电路的静态分析

在场效应管中，MOS 管的应用更为广泛，分为增强型和耗尽型两大类，每一类又分为 N 沟道和 P 沟道，下面以 N 沟道耗尽型为例分析 MOS 管放大电路的直流偏置和静态估算。对于 N 沟道增强型 MOS 管，只有当 $U_{GS} > U_{TN}$ 时才有导电沟道形成，对于 N 沟道耗尽型 MOS 管，在 $U_{GS} = 0$ 时已有导电沟道存在，因此常采用自给偏压电路和分压式偏置电路两种。

**1. 自给偏压电路**

图 3-13 所示电路是由 N 沟道耗尽型 MOS 管组成的共源极放大电路，栅极 G 经电阻 $R_G$ 接地，流过 $R_G$ 的电流为 0，故静态时 $U_G = 0$。由于 $U_{GS} = 0$ 时，场效应管导电沟道已经存在，在 $U_{DD}$ 作用下产生漏极电流 $I_D$，场效应管的静态偏置电压 $U_{GS} = -R_S I_D < 0$。图中 $C_1$、$C_2$、$R_D$、$R_S$ 及 $C_S$ 的作用与晶体管共发射极放大电路中相应元件的作用相同。由于偏置电压 $U_{GS}$ 是由电路自身产生的，且 $U_{GS} < 0$，因此称为自给偏压。

对图 3-13 所示电路的静态工作点 $U_{GS}$，$I_D$ 可由下列方程估算。

$$U_{GS} = -R_S I_D \quad (3\text{-}10)$$

$$I_D = I_{DSS}\left(1 - \frac{U_{GS}}{U_{PN}}\right)^2 \quad (3\text{-}11)$$

式中，$I_{DSS}$ 为场效应管的饱和漏电流，$U_{PN}$ 为夹断电压。$I_D$ 求出后，可由输出回路求得

$$U_{DS} = U_{DD} - (R_D + R_S)I_D \quad (3\text{-}12)$$

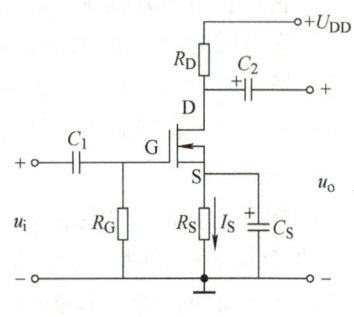

图 3-13　自给偏压共源极放大电路

**2. 分压式偏置电路**

图 3-14 所示电路为 N 沟道增强型 MOS 管组成的共源极放大电路。静态时，$R_{G3}$ 中无电流，$R_{G1}$ 和 $R_{G2}$ 组成的分压器决定了栅极对地电位 $V_G$

$$V_G = \frac{R_{G2}}{R_{G1} + R_{G2}} U_{DD} \quad (3\text{-}13)$$

而源极对地电位则为

$$U_S = R_S I_D \quad (3\text{-}14)$$

静态时，栅源电压为

$$U_{GS} = \frac{R_{G2}}{R_{G1} + R_{G2}} U_{DD} - R_S I_D \quad (3\text{-}15)$$

$$U_{DS} = U_{DD} - I_D(R_D + R_S) \quad (3\text{-}16)$$

由式(3-15) 可见，$U_{GS}$ 可正可负，所以分压式偏置电路既可用于增强型 MOS 管，也可用于耗尽型 MOS 管。

另外，$I_D$ 和 $U_{GS}$ 必须满足场效应管的转移特性方程

$$I_D = I_{DSS}\left(1 - \frac{U_{GS}}{U_{PN}}\right)^2 \quad （耗尽型） \quad (3\text{-}17)$$

联立求解可求得分压式偏置电路的静态值 $I_D$ 和 $U_{GS}$。电路中的 $R_{G3}$ 的取值一般可达到几兆欧，以增大输入电阻。

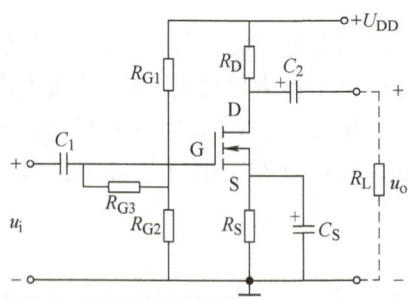

图 3-14　分压式偏置共源极放大电路

### 3.3.3　场效应管放大电路的动态分析

MOS 管放大电路对于小信号放大的动态分析常采用微变等效电路分析法。分析的方法和晶体管放大电路完全一样。

**1. MOS 管的微变等效模型**

实际 MOS 管如图 3-15 所示。MOS 管的栅极 G 和源极 S 间输入电阻很大，可视为开路。当 MOS 管处于其恒流区时，是用 $u_{GS}$ 控制 $i_D$，就是一个电压控制的电流源，故其输出回路与晶体管类似可等效为一受控电流源，用 $g_m u_{gs}$ 表示，其微变等效模型如图 3-15b 所示。

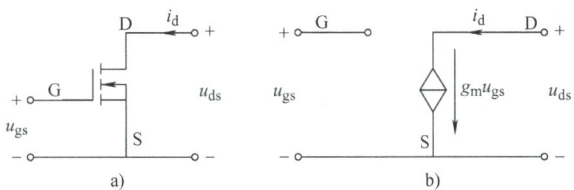

图 3-15　MOS 管及其微变等效模型

a）实际 MOS 管　b）微变等效模型

**2. 利用微变等效电路计算 $A_u$、$r_i$ 和 $r_o$**

把 MOS 管用其微变等效模型代替，就可以得到放大电路的微变等效电路，计算放大电路的性能指标，下面以图 3-14 为例分析计算过程。

接有旁路电容 $C_S$ 时，$C_S$ 对交流分量相当于短路，放大电路的微变等效电路如图 3-16a 所示，由图可知

$$\dot{U}_o = -g_m \dot{U}_{gs}(R_D /\!/ R_L) \tag{3-18}$$

$$\dot{U}_i = \dot{U}_{gs} \tag{3-19}$$

所以电压放大倍数为

$$A_u = \frac{\dot{U}_o}{\dot{U}_i} = -g_m(R_D /\!/ R_L) \tag{3-20}$$

电路的输入电阻为

$$r_i = \frac{\dot{U}_i}{\dot{I}_i} = R_{G3} + (R_{G1} /\!/ R_{G2}) \tag{3-21}$$

令 $\dot{U}_i = 0$，则 $\dot{U}_{gs} = 0$，断开 $R_L$ 后，从输出端看进去的电阻，即电路的输出电阻为

$$r_o = R_D \tag{3-22}$$

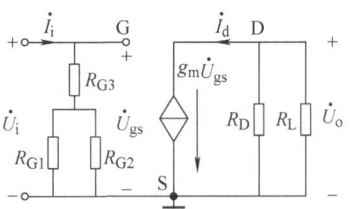

图 3-16　图 3-14 的微变等效电路

图 3-17 是源极输出器的电路，是一个共漏极放大电路，与晶体管构成的射极输出器类似，具有电压放大倍数小于 1，但接近 1，高输入电阻和低输出电阻的特点。

【例】在图 3-14 所示放大电路中，已知 $U_{DD} = 20V$、$R_D = 10k\Omega$、$R_S = 10k\Omega$、$R_{G1} = 200k\Omega$、$R_{G2} = 50k\Omega$、$R_{G3} = 1M\Omega$、$R_L = 10k\Omega$。所用的 MOS 管为 N 沟道耗尽型，其参数为：$I_{DSS} = 0.9mA$、$U_{PN} = -4V$、$g_m = 1.5mA/V$。试求 1）静态值；2）动态参数 $A_u$，$r_i$ 和 $r_o$。

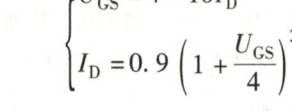

图 3-17 源极输出器

解：1）由图 3-14 可知

$$V_G = \frac{R_{G2}}{R_{G1}+R_{G2}}U_{DD} = \frac{50}{200+50} \times 20V = 4V$$

因此，静态工作点可由下列方程组求得

$$\begin{cases} U_{GS} = 4 - 10I_D \\ I_D = 0.9\left(1+\dfrac{U_{GS}}{4}\right)^2 \end{cases}$$

解得

$$\begin{cases} U_{GS} = -1.01V \\ I_D = 0.5mA \end{cases} \quad 或者 \quad \begin{cases} U_{GS} = -8.76V \\ I_D = 1.27mA \end{cases}$$

由于 $U_{GS}$ 不可能小于 $U_{PN}$，因此 $U_{GS}$、$I_D$ 的合理值为 $U_{GS} = -1.01V$、$I_D = 0.5mA$。
由此得：$U_{DS} = U_{DD} - (R_D + R_S)I_D = 20V - (10k\Omega + 10k\Omega) \times 0.5mA = 10V$。

2）电压放大倍数 $A_u = -g_m(R_D//R_L) = -1.5 \times \dfrac{10 \times 10}{10+10} = -7.5$。

输入电阻 $r_i = R_{G3} + R_{G1}//R_{G2} \approx R_{G3} = 1M\Omega$。

输出电阻 $r_o = R_D = 10k\Omega$。

## 3.4 思考与练习

**一、判断题**

1. （　　）根据功率放大电路中晶体管静态工作点在交流负载线上的位置不同，功率放大电路可分为两种。
2. （　　）电源电压为 +12V 的 OCL 电路，输出端的静态电压应该调整到 6V。
3. （　　）OTL 功率放大器输出端的静态电压应调整为电源电压的一半。
4. （　　）乙类功率放大器电源提供的功率与输出功率的大小无关。

**二、单项选择题**

1. 根据功率放大电路中晶体管（　　）在交流负载线上的位置不同，功率放大电路可分为三种。
   A. 静态工作点　　　　　　　　B. 基极电流
   C. 集电极电压　　　　　　　　D. 集电极电流
2. 乙类功率放大器电源提供的功率（　　）。
   A. 随输出功率增大而增大　　　B. 随输出功率增大而减小
   C. 与输出功率的大小无关　　　D. 是一个设计者确定的恒定值
3. 甲类功率放大器电源提供的功率（　　）。

A. 随输出功率增大而增大　　　　　　B. 随输出功率增大而减小
C. 与输入功率的大小有关　　　　　　D. 是一个设计者确定的恒定值

4. 电源电压为 +9V 的 OCL 电路，输出端的静态电压应该调整到（　　）。
A. +9V　　　　B. −9V　　　　C. 4.5V　　　　D. 0V

5. 电源电压为 12V 的 OTL 电路，输出端的静态电压应该调整到（　　）。
A. 12V　　　　B. 9V　　　　C. 6V　　　　D. 0V

### 三、思考题

1. 按照静态工作点设置位置不同，可以将功率放大器的工作状态分为哪几种形式？
2. 什么是乙类互补对称功率放大电路？
3. 场效应管与晶体管的区别主要体现在哪几个方面？
4. 由场效应管组成的放大电路有哪三种组态？
5. MOS 场效应管的静态偏置电路有哪几种？对于增强型 MOS 管能否采用自给偏压偏置电路？
6. 场效应管是电压控制器件，还是电流控制器件？其控制方法是什么？

# 第4章 集成运算放大器

**教学导航**

通过本章节的学习可以达到：
1）理解零点漂移的现象；掌握差动放大电路的工作原理及放大作用。
2）理解集成运算放大器的基本组成，掌握理想集成运算放大器的特性。
3）掌握集成运算放大器在线性区的基本运算电路。
4）理解集成运算放大器非线性应用。

## 4.1 差动放大电路

### 4.1.1 差动放大电路的结构

在实际的电子线路中，经常采用直接耦合的放大电路来传递一些变化缓慢的交流信号和直流信号，直接耦合也存在着一些问题。首先，直接耦合方式前后级之间静态工作点相互影响；其次，直接耦合电路存在零点漂移的问题。

零点漂移是指当输入信号为零时，在放大器的输出端出现缓慢而无规则的电压波动。这主要是由于晶体管的参数受温度影响较大，或者电源电压不稳定等因素造成的。差动放大电路也称差分放大电路，能够有效地抑制零点漂移。

如图4-1a所示是基本差动放大电路的原理图。图中，晶体管 $VT_1$ 和 $VT_2$ 是两个特性相同的晶体管，由发射极电阻 $R_E$ 耦合成对称的共射极电路，左右两边 $R_C$ 相等；电路由正负电源（$+U_{CC}$ 和 $-U_{EE}$）供电，且 $U_{CC} = U_{EE}$；电路具有两个输入端，输入信号从两个基极与地之间输入；两个输出端，输出信号从两个集电极输出，所以又称为双端输入双端输出。

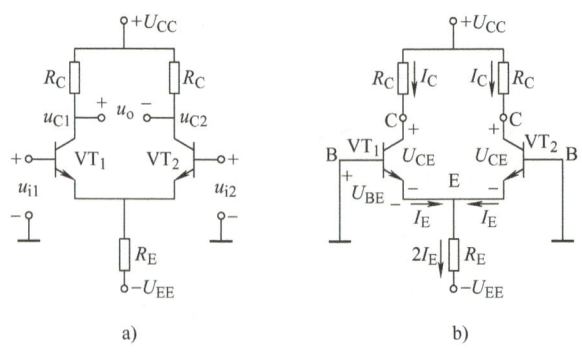

图4-1 基本差动放大电路

## 4.1.2 双端输入双端输出差动放大电路的静态分析

如图 4-1b 所示为双端输入双端输出差动放大电路的直流通路。静态时,即 $u_{i1} = u_{i2} = 0$。因电路结构对称,两边的静态工作点必然相同,所以可得

$$U_{BEQ} + 2I_{EQ}R_E = U_{EE}$$

$$I_{EQ} = \frac{U_{EE} - U_{BEQ}}{2R_E} \approx \frac{U_{EE}}{2R_E} \approx I_{CQ} \tag{4-1}$$

$$I_{BQ} = \frac{I_{EQ}}{(1+\beta)} \approx \frac{U_{EE}}{2(1+\beta)R_E} \tag{4-2}$$

$$U_{CEQ} = U_{CC} + U_{EE} - I_{CQ}R_C - 2I_{EQ}R_E = U_{CC} - I_{CQ}R_C + U_{BEQ} \approx U_{CC} - I_{CQ}R_C \tag{4-3}$$

由于 $U_{CEQ1} = U_{CEQ2}$,所以可得

$$u_o = U_{CEQ1} - U_{CEQ2} = 0$$

由此可见,理想的双端输出差动放大电路在零输入状态可以实现零输出,抑制了零点漂移。

## 4.1.3 双端输入双端输出差动放大电路的动态分析

### 1. 共模信号输入及共模放大倍数

如图 4-2 所示为双端输入双端输出差动放大电路共模信号输入时的交流通路。共模输入信号是指差动放大器两个输入端的输入信号 $u_{i1}$ 和 $u_{i2}$ 是大小相等、极性相同,即 $u_{i1} = u_{i2}$,用 $u_{ic}$ 表示。在共模输入信号的作用下,差动放大器的输出信号称为共模输出信号 $u_{oc}$,此时的电压放大倍数用 $A_{uc}$ 表示,称为共模放大倍数。

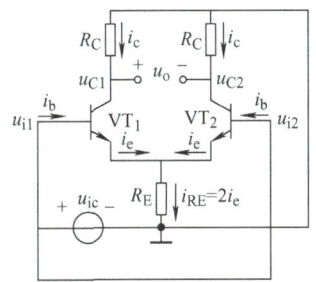

图 4-2 共模信号输入时的交流通路

$$A_{uc} = \frac{u_{oc}}{u_{ic}} \tag{4-4}$$

如果电路参数完全对称,$u_{C1} = u_{C2} = -i_c R_C$,所以输出电压 $u_{oc} = u_{C1} - u_{C2} = 0$,则共模放大倍数 $A_{uc}$ 为 0。由此可见,在理想状态下,基本差动放大电路对共模信号没有放大作用。

### 2. 差模信号输入和差模放大倍数

图 4-3 所示为双端输入双端输出差动放大电路差模信号输入时的交流通路。差模输入信号是指差动放大器两个输入端的输入信号 $u_{i1}$ 和 $u_{i2}$ 是大小相等、极性相反,即 $u_{i1} = -u_{i2}$,用 $u_{id}$ 表示。差模电压放大倍数用 $A_{ud}$ 表示,其值为输出电压 $u_{od}$ 和输入电压的差值($u_{i1} - u_{i2}$)之比。因为 $u_{od} = u_{C1} - u_{C2} = 2u_{C1} = -2i_c R_C$,且 $u_{i1} - u_{i2} = 2u_{id}$,所以在电路空载状态下

可得 $A_{ud}$ 为

$$A_{ud} = \frac{u_{od}}{u_{i1}-u_{i2}} = \frac{-2i_c R_C}{2u_{id}} = \frac{-2i_c R_C}{2i_b r_{be}} = \frac{-2\beta i_b R_C}{2i_b r_{be}} = -\frac{\beta R_C}{r_{be}} \quad (4-5)$$

**3. 双端输入双端输出差动放大电路的共模抑制比**

一般情况下，差动放大器两边的参数不可能完全对称，共模放大倍数也不等于零。为了表征差动放大电路对共模信号的抑制能力，引入共模抑制比 $K_{CMRR}$，定义为：差动放大电路的差模电压放大倍数 $A_{ud}$ 与共模电压放大倍数 $A_{uc}$ 的比值，即

$$K_{CMRR} = \left| \frac{A_{ud}}{A_{uc}} \right| \quad (4-6)$$

通过上式可以得到：共模抑制比越大，电路对共模信号（零点漂移）的抑制能力越强。理想情况下，双端输入双端输出的差动放大电路的共模抑制比 $K_{CMRR} \to \infty$。

**4. 双端输入双端输出差动放大电路的差模输入电阻和差模输出电阻**

如图 4-4 所示，双端输入双端输出差动放大电路差模输入电阻的定义为

$$r_{id} = \frac{u_{i1}-u_{i2}}{i_b} = \frac{2u_{id}}{i_b} = \frac{2i_b r_{be}}{i_b} = 2r_{be} \quad (4-7)$$

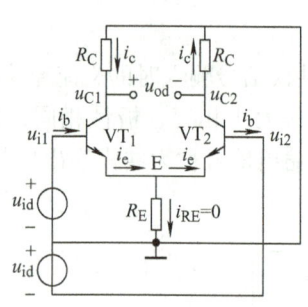

图 4-3　差模信号输入时的交流通路

图 4-4　差模输入电阻的计算

经推导可得，双端输入双端输出差动放大电路的差模输出电阻 $r_o$ 为

$$r_o = 2R_C \quad (4-8)$$

**5. 比较信号**

在实际的差动放大电路中，加在输入端的信号是比较信号，它包含了共模分量 $u_{ic}$ 和差模分量 $u_{id}$，如图 4-5a 所示为比较输入时的交流通路，已知 $u_{i1}$ 和 $u_{i2}$ 是一对比较输入信号，将输入信号分解后的线性叠加等价变换电路如图 4-5b 所示，则有

$$\begin{cases} u_{i1} = u_{ic} + u_{id} \\ u_{i2} = u_{ic} - u_{id} \end{cases} \quad 或 \quad \begin{cases} u_{id} = \dfrac{u_{i1}-u_{i2}}{2} \\ u_{ic} = \dfrac{u_{i1}+u_{i2}}{2} \end{cases} \quad (4-9)$$

此时，差动放大器的输出信号 $u_o$ 为差模输出信号 $u_{od}$ 与共模输出信号 $u_{oc}$ 的叠加。理想状态下，差动放大电路对共模分量起抑制作用，$u_{oc}=0$，则可得：$u_o = u_{od}$，电路的放大倍数为

$$A_u = \frac{u_o}{u_{i1}-u_{i2}} = \frac{u_{od}}{2u_{id}} = -\frac{\beta R_C}{r_{be}} \quad (4-10)$$

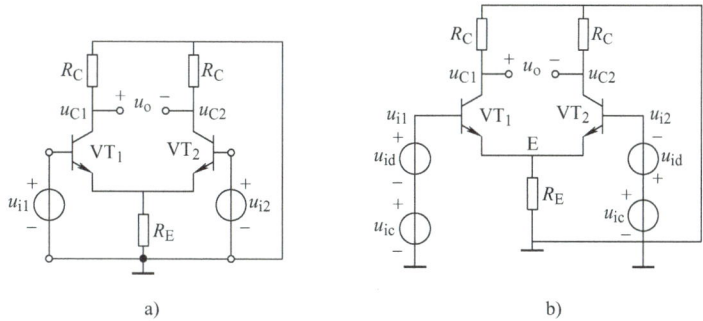

图 4-5　比较输入时的交流通路及输入信号等效变换

## 4.1.4　差动放大电路其他输入方式的动态分析

差动放大电路除了双端输入双端输出方式外，还可以采用单端输入双端输出、双端输入单端输出和单端输入单端输出三种工作状态。

**1. 单端输入双端输出**

单端输入双端输出差动放大电路的交流通路如图 4-6a 所示，其中 $u_{i2}=0$。将单端输入双端输出差动放大电路的输入信号进行等价变换，可以得到一对差模信号 $\pm\dfrac{u_{i1}}{2}$ 和一对共模信号 $\dfrac{u_{i1}}{2}$，如图 4-6b 所示。这样就可以采用双端输入双端输出差动放大电路的分析方法。

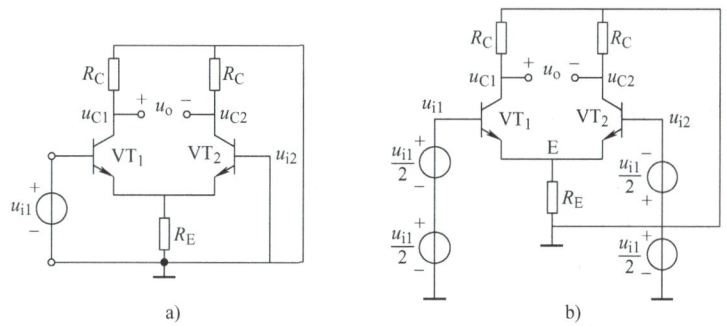

图 4-6　单端输入双端输出差动放大电路的交流通路及信号变换

**2. 双端输入单端输出**

如图 4-7a 所示为双端输入单端输出差动放大电路的交流通路电路，设电路的输入信号 $u_{i1}$ 和 $u_{i2}$ 是一对比较输入信号，将信号分解成共模信号与差模信号线性叠加的等效变换电路如图 4-7b 所示。

图 4-7b 可知，在差模分量单独作用下，输入信号为 $u_{i1}-u_{i2}=2u_{id}$、$u_o=u_{C2}$；共模分量单独作用时，输入信号为 $u_{iC}$、$u_o=u_{C2}$。则差模电压放大倍数 $A_{ud}$ 和共模电压放大倍数 $A_{uc}$ 为

$$\begin{cases} A_{ud}=\dfrac{u_o}{u_{i1}-u_{i2}}=\dfrac{u_{C2}}{2u_{id}}=-\dfrac{i_c R_C}{2i_b r_{be}}=-\dfrac{\beta i_b R_C}{2i_b r_{be}}=-\dfrac{\beta R_C}{2r_{be}} \\ A_{uc}=\dfrac{u_o}{u_{ic}}=\dfrac{u_{C2}}{u_{ic}}=\dfrac{-\beta i_b R_C}{i_b r_{be}+2(1+\beta)i_b R_E}=-\dfrac{\beta R_C}{r_{be}+2(1+\beta)R_E} \end{cases} \quad (4\text{-}11)$$

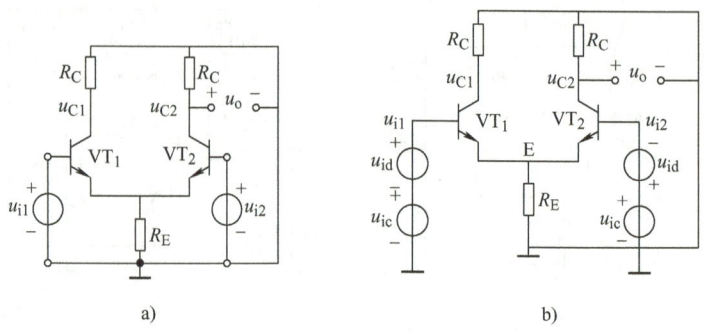

图4-7 基本差动放大电路双端输入单端输出的交流通路及信号变换电路

差模输入电阻 $r_{id}$ 和共模输入电阻 $r_{ic}$ 为

$$\begin{cases} r_{id} = \dfrac{u_{i1} - u_{i2}}{i_b} = \dfrac{2u_{id}}{i_b} = 2r_{be} \\ r_{ic} = \dfrac{u_{ic}}{2i_b} = \dfrac{i_b r_{be} + 2i_e R_E}{2i_b} = \dfrac{r_{be} + 2(1+\beta)R_E}{2} \end{cases} \quad (4\text{-}12)$$

输出电阻为

$$r_o = R_C \quad (4\text{-}13)$$

**3. 单端输入单端输出**

在分析单端输入单端输出差动放大电路时,先将输入端的输入信号分解成一对差模信号和一对共模信号,然后再进行性能指标的分析,就可以得出相应的结论了,请读者自行分析。

## 4.2 集成运算放大器

集成运算放大器(简称集成运放)是模拟集成电路中的一种,产生于20世纪60年代以后,具有可靠性高、功耗低、体积小和使用方便等特点,在信号的放大、测量、运算、处理等各种领域具有广泛的应用。

### 4.2.1 集成运算放大器的基本结构

图4-8是典型集成运放的原理框图,它主要由输入级、中间级、输出级和偏置电路四个环节构成。

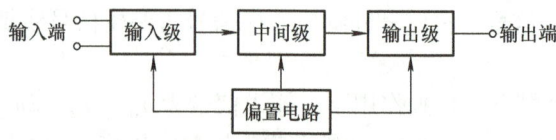

图4-8 集成运放的原理框图

输入级通常采用差动放大电路,有同相和反相两个输入端。要求其输入电阻高、抑制干扰、减小零点漂移。它是集成运算放大器的关键环节。

中间级主要是完成电压放大任务,要求有较高的电压增益,一般采用共发射极电压放大器。

输出级的作用是驱动负载,要求其输出电阻低、带负载能力强、能够提供一定的功率,一般采用互补对称的功率放大器。

偏置电路是给上述各级电路提供稳定、合理的偏置电流,使各级电路有合适的静态工作点,一般由各种恒流源电路构成。

### 4.2.2 集成运算放大器的主要参数

集成运放的参数是评价其性能好坏的主要指标,是正确选择和使用各种不同类型的集成运放的依据,常用的参数如下。

1)开环电压放大倍数 $A_{uo}$。$A_{uo}$ 是指在集成运放的输出端与输入端之间无外加回路时,输出电压与两输入端之间的信号电压之比,常用分贝(dB)表示,定义为

$$A_{uo} = 20\lg \frac{U_o}{U_i} (\text{dB})$$

常用集成运放的开环电压放大倍数 $A_{uo}$ 一般为 80~140dB。

2)输入失调电压 $U_{IO}$。$U_{IO}$ 是指为使输出电压为零而在输入端加入的补偿电压。它的大小反映了输入级电路的对称程度和电位配合情况,一般为几毫伏。

3)输入失调电流 $I_{IO}$。$I_{IO}$ 是指当输入信号为零时,两个输入端静态基极电流之差,即

$$I_{IO} = |I_{B1} - I_{B2}|$$

$I_{IO}$ 一般在零点零几到零点几微安级,其值越小越好。

4)输入偏置电流 $I_{IB}$。$I_{IB}$ 是指当集成运放输出为零时,两个输入端静态基极电流的平均值,即

$$I_{IB} = \frac{1}{2}(I_{B1} + I_{B2})$$

$I_{IB}$ 一般在零点几微安级。

除上述介绍的几项主要技术指标外,集成运算放大器的参数还包括:最大共模输入电压、最大差模输入电压、差模输入电阻、差模输出电阻、最大输出电压、共模抑制比、温度漂移等,读者可自行查阅手册。

### 4.2.3 理想集成运算放大器的特性

**1. 理想集成运算放大器的符号和特点**

集成运算放大器是一种高放大倍数的多级直接耦合放大电路,其电路符号通常如图 4-9 所示,其中 $u_+$、$u_-$、$u_o$ 均是相对"地"而言。$u_o$ 是输出端,$u_+$ 是同相输入端,标有"+"号,表示输入信号从该端送入时,输出信号与输入信号极性相同;$u_-$ 是反相输入端,标有"-"号,表示输入信号从该端送入时,输出信号与输入信号极性相反。

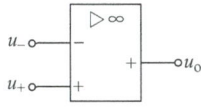

图 4-9 集成运算放大器的符号

理想运算放大器的主要特点如下。
- 开环电压放大倍数 $A_{uo} \to \infty$。
- 差模输入电阻 $r_{id} \to \infty$。
- 开环输出电阻 $r_o \to 0$。
- 共模抑制比 $K_{CMRR} \to \infty$。
- 没有失调现象,即当输入信号为零时,输出信号也为零。

**2. 电压传输特性**

集成运算放大器的电压传输特性是描述输出电压 $u_o$ 与两个输入端电压差($u_+ - u_-$)的关系曲线,图 4-10a 所示为理想运放的电压传输特性,实际运算放大器的电压传输特性如图 4-10b 所示,它分为线性区和非线性区。当两个输入电压之差($u_+ - u_-$)满足 $|u_+ - u_-| \leqslant U_{Im}$ 时,运放工作在线性区;当两个输入电压之差($u_+ - u_-$)满足 $|u_+ - u_-| > U_{Im}$ 时,运放工作在非线性区(饱和区)。

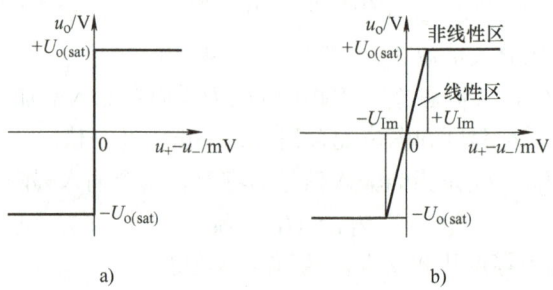

图 4-10 运算放大器的电压传输特性
a)理想运放 b)实际运放

**3. 运算放大器的重要特性**

在实际应用中,运算放大器需要引入深度负反馈才能使其工作在线性区。此时,输出电压 $u_o$ 与两输入端之间电压($u_+ - u_-$)呈线性关系,即
$$u_o = A_{uo}(u_+ - u_-)$$

由于理想运放的 $A_{uo} \to \infty$,而输出电压 $u_o$ 为有限值,所以 $u_+ - u_- = \dfrac{u_o}{A_{uo}} \to 0$,即

$$u_+ \approx u_- \tag{4-14}$$

理想运算放大器同相输入端与反相输入端电位相等称为"虚短"。

同时,由于理想运放的差模输入电阻 $r_{id} \to \infty$,因此流入集成运放两个输入端的电流均近似为零,即

$$i_+ = i_- \approx 0 \tag{4-15}$$

此结论称为"虚断"。值得注意的是,"虚断"只能说明 $i_+$ 和 $i_-$ 都很小,近似为零,实际上并未真正断开。

如果集成运算放大器处于开环状态或者引入了正反馈时,集成运放就工作在非线性区,此时微小的输入电压 $u_i$ 变化都会使运算放大器的输出电压 $u_o$ 达到饱和,即:

$$\begin{cases} u_+ > u_- \text{时}, u_o = +U_{o(sat)} \\ u_+ < u_- \text{时}, u_o = -U_{o(sat)} \end{cases} \tag{4-16}$$

在非线性区中,理想运放 $i_+ = i_- \approx 0$ 依然成立,即"虚断"现象仍然成立。

## 4.3 集成运算放大器的线性应用

### 4.3.1 集成运算放大器的比例运算电路

反相比例运算电路仿真

将输入信号按比例放大的电路,称为比例运算电路,包括反相比例运算电路和同相比例运算电路。

**1. 反相比例运算电路**

反相比例运算电路如图 4-11 所示。图中输入信号 $u_i$ 经电阻 $R_1$ 与运算放大器的反向输入端相连,$R_F$ 为反馈电阻,运算放大器的同向输入端经过 $R_2$ 接地。电阻 $R_2$ 是平衡电阻,取值为 $R_2 = R_1 // R_F$,它可以保证运放的输入级差分放大电路的对称性。

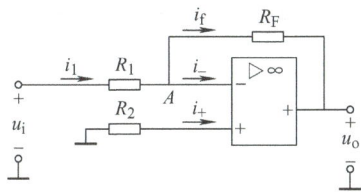

图 4-11 反相比例运算电路

在如图 4-11 所示的电路中,由基尔霍夫电流定律可得 A 点的电流方程为:$i_1 = i_- + i_f$;由于"虚断"$i_+ = i_- \approx 0$ 和"虚短"$u_+ \approx u_- = 0$,可得

$$i_1 \approx i_f$$

且

即

$$i_1 = \frac{u_i - u_-}{R_1} = \frac{u_i}{R_1} \quad i_f = \frac{u_- - u_o}{R_F} = -\frac{u_o}{R_F}$$

$$\frac{u_i}{R_1} = -\frac{u_o}{R_F} \tag{4-17}$$

从而可推导出

$$u_o = -\frac{R_F}{R_1} u_i \text{ 或 } A_{uf} = \frac{u_o}{u_i} = -\frac{R_F}{R_1} \tag{4-18}$$

式(4-18)表明,反向比例运算电路的输入信号 $u_i$ 与输出信号 $u_o$ 成反比例关系,可以通过改变 $R_1$ 和 $R_F$ 比值来改变比例放大倍数,而与运算放大器本身的参数无关。如果图4-11中 $R_1 = R_F$,则可得到 $A_{uf} = \frac{u_o}{u_i} = -1$,就构成了一个反相器,即

$$u_o = -u_i \tag{4-19}$$

**2. 同相比例运算电路**

同相比例运算电路仿真

同相比例运算电路如图 4-12a 所示。图中输入信号 $u_i$ 经电阻 $R_2$ 与运算放大器的同向输入端相连,电阻 $R_1$ 与电阻 $R_F$ 为电压串联负反馈电路,平衡电阻是 $R_2$,则

$$R_2 = R_1 // R_F$$

由于运算放大器的虚短和虚断可得出

$$u_- \approx u_+ = u_i \quad i_1 = i_f$$

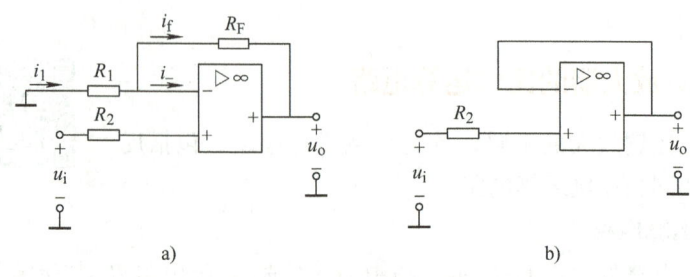

a)                      b)

图 4-12 同相比例运算电路和电压跟随器

又因为

$$i_1 = \frac{0 - u_-}{R_1} = \frac{0 - u_i}{R_1} = -\frac{u_i}{R_1} \quad i_f = \frac{u_- - u_o}{R_F} = \frac{u_i - u_o}{R_F}$$

可得

$$-\frac{u_i}{R_1} = \frac{u_i - u_o}{R_F}$$

整理得：

$$u_o = \left(1 + \frac{R_F}{R_1}\right) u_i \quad 或 \quad A_{uf} = \frac{u_o}{u_i} = 1 + \frac{R_F}{R_1} \tag{4-20}$$

由以上分析可知，输出信号 $u_o$ 和输入信号 $u_i$ 相位相同。当 $R_1 = \infty$ 或 $R_F = 0$ 时就构成电压跟随器，如图 4-12b 所示，电压跟随器的电压放大倍数为

$$A_{uf} = \frac{u_o}{u_i} = 1 \tag{4-21}$$

### 4.3.2 集成运算放大器的加法运算电路

**1. 反相输入加法运算电路**

如图 4-13 所示为反相输入加法运算电路，它可以实现多个模拟量的求和运算。图中运算放大器反向输入端接有两个输入信号 $u_{i1}$、$u_{i2}$，平衡电阻 $R_2$ 则有

$$R_2 = R_{11} // R_{12} // R_F$$

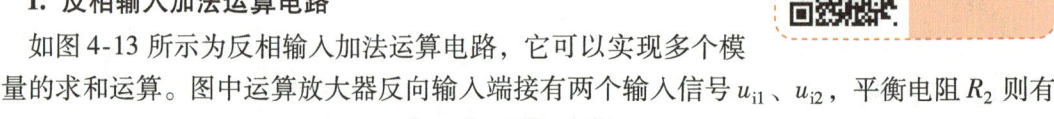

图 4-13 反相输入加法运算电路

因为 $u_- \approx u_+ = 0$ 且 $i_- = i_+ \approx 0$，可得 $i_f = i_{11} + i_{12}$
又因为

$$i_{11} = \frac{u_{i1} - u_-}{R_{11}} = \frac{u_{i1}}{R_{11}}; \quad i_{12} = \frac{u_{i2} - u_-}{R_{12}} = \frac{u_{i2}}{R_{12}};$$

$$i_f = \frac{u_- - u_o}{R_F} = -\frac{u_o}{R_F}$$

可得

$$-\frac{u_o}{R_F} = \frac{u_{i1}}{R_{11}} + \frac{u_{i2}}{R_{12}}$$

整理得

$$u_o = -R_F\left(\frac{u_{i1}}{R_{11}} + \frac{u_{i2}}{R_{12}}\right) \tag{4-22}$$

当 $R_{11} = R_{12} = R_F$ 时，式(4-22) 为

$$u_o = -(u_{i1} + u_{i2}) \tag{4-23}$$

**2. 同相输入加法运算电路**

同相输入加法运算电路如图 4-14 所示。图中运算放大器同向输入端接有两个输入信号 $u_{i1}$、$u_{i2}$。

该电路运放的反相输入端电压为

$$u_- = \frac{R_1}{R_1 + R_F} u_o$$

同相输入端电压满足关系式

$$\frac{u_+ - 0}{R_2} = \frac{u_{i1} - u_+}{R_{11}} + \frac{u_{i2} - u_+}{R_{12}}$$

由 $u_- \approx u_+$ 可得

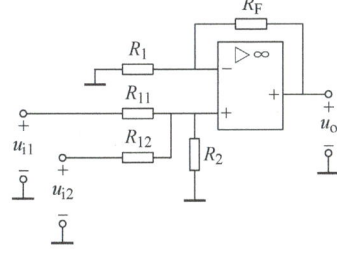

图 4-14 同相输入加法运算电路

$$u_o = \left(1 + \frac{R_F}{R_1}\right) \frac{1}{\frac{1}{R_2} + \frac{1}{R_{11}} + \frac{1}{R_{12}}} \left(\frac{u_{i1}}{R_{11}} + \frac{u_{i2}}{R_{12}}\right)$$

式中，当 $R_2 = R_{11} = R_{12}$ 时，则有

$$u_o = \left(\frac{1}{3} + \frac{R_F}{3R_1}\right)(u_{i1} + u_{i2}) \tag{4-24}$$

由同相输入加法运算电路的推导过程可以看出，该电路的电阻阻值调整比较麻烦，实际使用中不如反相输入加法运算电路方便。

## 4.3.3 集成运算放大器的减法运算电路

减法运算电路仿真

减法运算电路如图 4-15 所示，输入信号 $u_{i1}$ 经电阻 $R_1$ 接入运算放大器的反向输入端，输入信号 $u_{i2}$ 经 $R_2$ 和 $R_3$ 分压后接入运算放大器的正向输入端。在电路中，运算放大器的两个输入端都有信号输入，也称为差分输入放大器。

由图 4-15 可得

$$u_+ = \frac{R_3}{R_3 + R_2} u_{i2}$$

$$u_- = u_{i1} - i_1 R_1 = u_{i1} - \frac{R_1}{R_1 + R_F}(u_{i1} - u_o)$$

因为 $u_+ \approx u_-$，所以可得

$$u_o = \left(1 + \frac{R_F}{R_1}\right)\frac{R_3}{R_2 + R_3}u_{i2} - \frac{R_F}{R_1}u_{i1}$$

当 $\dfrac{R_F}{R_1} = \dfrac{R_3}{R_2} = K$ 时，上式为

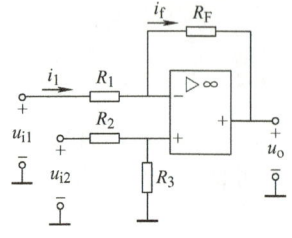

图 4-15 减法运算电路

$$u_o = \frac{R_F}{R_1}(u_{i2} - u_{i1}) = K(u_{i2} - u_{i1}) \tag{4-25}$$

当 $R_F = R_1$ 时，$K = 1$，则得

$$u_o = u_{i2} - u_{i1} \tag{4-26}$$

由上述推导可知，图 4-15 所示电路的输出信号 $u_o$ 与输入信号的差值 $u_{i2} - u_{i1}$ 成正比，可以实现减法运算。

**【例 4-1】** 电路如图 4-16 所示为有运算放大器构成的两级电路，试求输出电压 $u_o$。

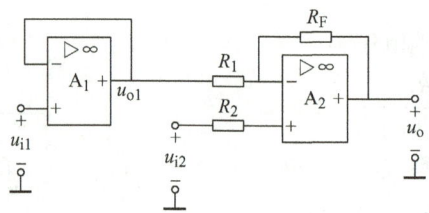

图 4-16 【例 4-1】电路图

**解：** 第一级 $A_1$ 是电压跟随器，可得

$$u_{o1} = u_{i1}$$

第二级 $A_2$ 是减法运算电路，可得

$$u_o = \left(1 + \frac{R_F}{R_1}\right)u_{i2} - \frac{R_F}{R_1}u_{o1} = \left(1 + \frac{R_F}{R_1}\right)u_{i2} - \frac{R_F}{R_1}u_{i1}$$

### 4.3.4 集成运算放大器的积分和微分运算电路

**1. 积分运算电路**

如图 4-17a 所示的电路为积分运算电路，电容 $C_F$ 代替 $R_F$ 作为反馈元件，其中平衡电阻 $R_2 = R_1$。

根据电路可知：

$$u_- \approx u_+ = 0$$

$$i_1 = i_f = \frac{u_i}{R_1} \quad 且 \quad i_f = C_F \frac{du_C}{dt}$$

所以

$$u_o = -u_C = -\frac{1}{C_F}\int i_f dt = -\frac{1}{R_1 C_F}\int u_i dt \tag{4-27}$$

上式表明 $u_o$ 与 $u_i$ 的积分成比例。当 $u_i$ 为阶跃信号时，输出电压 $u_o$ 为

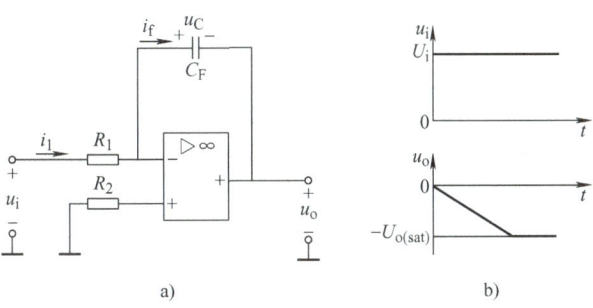

图 4-17 积分运算电路

$$u_o = -\frac{1}{R_1 C_F}\int_0^t u_i \mathrm{d}t = -\frac{U_i}{R_1 C_F}t \tag{4-28}$$

由运算放大器构成的积分电路的输入信号 $u_i$ 和输出信号 $u_o$ 的波形如图 4-17b 所示，最后达到运放的负饱和值 $-U_{o(sat)}$。

在简单 RC 积分电路中，当 $u_i$ 一定时，$u_o$ 随着电容的充电呈指数规律增长，线性度较差。而由理想运放组成的积分电路，输出电压 $u_o$ 是时间的一次函数，按线性规律变化。在实际电路中，为了防止低频信号电压放大倍数过大，常在电容两端并联一个电阻加以限制。

【例 4-2】 电路如图 4-18 所示，电路中 $R_1 = 10\mathrm{k}\Omega$，$C_F = 0.005\mu\mathrm{F}$，输入电压 $u_i$ 波形如图 4-19a 所示，在 $t=0$ 时，电容器 $C$ 的初始电压为 $u_C(0) = 0$，试画出输出电压 $u_o$ 的波形。

解：在 $t=0$ 时，$u_o(0) = 0$；$t_1 = 20\mu\mathrm{s}$ 时，

$$u_o(t_1) = -\frac{u_i}{R_1 C_F}t_1 = -\frac{-10\mathrm{V} \times 20\mu\mathrm{s}}{10\mathrm{k}\Omega \times 0.005\mu\mathrm{F}} = 4\mathrm{V}$$

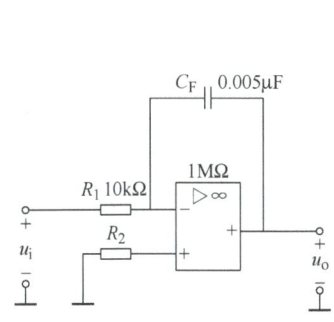

图 4-18 【例 4-2】积分电路

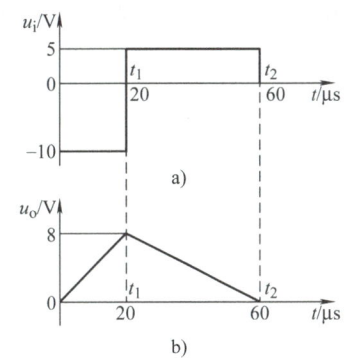

图 4-19 【例 4-2】输入和输出波形

当 $t_2 = 60\mu\mathrm{s}$ 时，

$$u_o(t_2) = u_o(t_1) - \frac{u_i}{R_1 C_F}(t_2 - t_1) = 4\mathrm{V} - \frac{5\mathrm{V} \times (60-20)\mu\mathrm{s}}{10\mathrm{k}\Omega \times 0.005\mu\mathrm{F}} = 0\mathrm{V}$$

输出电压的波形如图 4-19b 所示。

**2. 微分运算电路**

如图 4-20a 所示电路为微分运算电路，由图可得

$$u_- \approx u_+ = 0; \quad i_1 = C_1 \frac{\mathrm{d}u_C}{\mathrm{d}t} = C_1 \frac{\mathrm{d}u_i}{\mathrm{d}t}$$

$$u_o = -i_f R_F = -i_1 R_F = -R_F C_1 \frac{\mathrm{d}u_i}{\mathrm{d}t} \tag{4-29}$$

上式表明输出电压 $u_o$ 与输入电压 $u_i$ 的微分成比例。当 $u_i$ 为阶跃信号时，$u_o$ 为尖脉冲电压输出，如图 4-20b 所示。

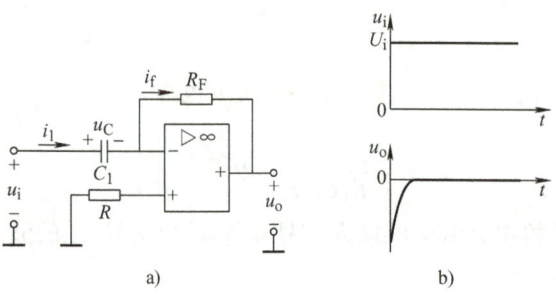

图 4-20　微分运算电路

## 4.4　集成运算放大器构成的比较电路

### 4.4.1　电压比较器与过零比较器

图 4-21a 所示为电压比较器电路。其中，在运算放大器的同相输入端接入参考电压 $U_R$，输入电压 $u_i$ 加在反相输入端。运算放大器在没有负反馈的状态下，将工作于非线性区，其开环差模电压放大倍数很大，即使输入端有微小差值信号也会使运算放大器饱和输出。

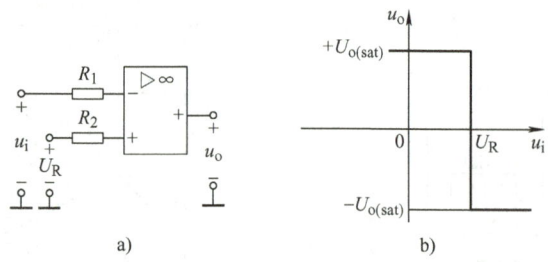

图 4-21　电压比较器及其电压传输特性

电压比较器的电压传输特性当如图 4-21b 所示。由于输入信号是从反向端输入的，电压比较器的输出信号与输入信号相反，即

$$\begin{cases} u_i < U_R \Rightarrow u_o = +U_{o(\mathrm{sat})} \\ u_i > U_R \Rightarrow u_o = -U_{o(\mathrm{sat})} \end{cases} \tag{4-30}$$

当电压比较器的参考电压 $U_R = 0$ 时，输入信号 $u_i$ 与零电平比较，就构成了一个过零比较器，电路如图 4-22a 所示，电压传输特性如图 4-22b 所示。

图 4-23a 所示电路为带限幅输出的过零比较器。把双向稳压管 VZ 接在比较器的输出端

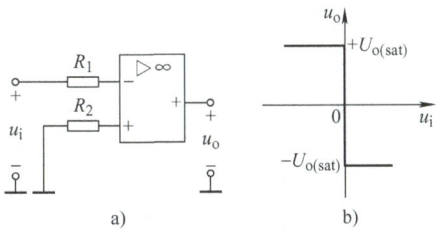

图 4-22 过零比较器及其电压传输特性

与"⊥"之间，双向稳压管的稳压值为 $\pm U_Z$，这样输出电压 $u_o$ 就被限制在 $+U_Z$ 或 $-U_Z$，电压传输特性如图 4-23b 所示。

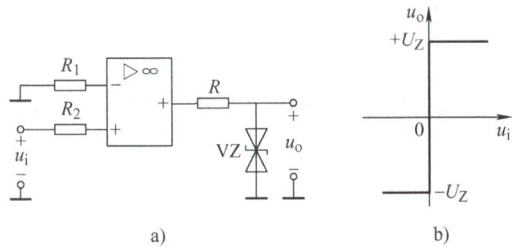

图 4-23 带限幅输出的过零比较器及其电压传输特性

## 4.4.2 滞回比较器

电压比较器工作灵敏，但是抗干扰能力差，输出信号受输入信号影响较大，尤其是在参考电压附近，输入信号的任何微小变化都会引起输出信号的跃变。滞回比较器具有一定的滞回效应，即具有惯性，抗干扰能力较强。

图 4-24a 所示电路是带限幅输出的滞回比较器电路，输入信号 $u_i$ 从运算放大器的反向端输入，滞回比较器电路中引入了正反馈。图 4-24b 所示为其电压传输特性。

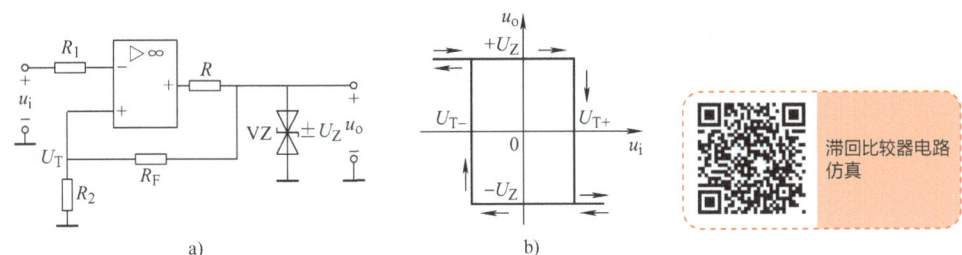

图 4-24 滞回比较器及其电压传输特性

滞回比较器电路中的集成运算放大器工作在非线性区，从图 4-24a 中可知，电路的输出电压为 $u_o = \pm U_Z$，同相输入端电压分别如下。

当 $u_o = +U_Z$ 时，$u_+ = U_{T+} = \dfrac{R_2}{R_2 + R_F} u_o = \dfrac{R_2}{R_2 + R_F} U_Z$

当 $u_o = -U_Z$ 时，$u_+ = U_{T-} = \dfrac{R_2}{R_2 + R_F} u_o = -\dfrac{R_2}{R_2 + R_F} U_Z$

设电路的初始状态：电路的输出信号 $u_o = +U_Z$，$U_T = U_{T+}$，输入信号 $u_i \leq U_{T-}$。当输入信号 $u_i$ 持续增大到 $u_i \geq U_{T+}$ 时，输出信号 $u_o$ 跳变到 $u_o = -U_Z$，即发生负向跃变，$U_T = U_{T-}$ 也同时变化；然后减小输入信号，只有当输入电压 $u_i$ 减小直到 $u_i \leq U_{T-}$ 时，输出电压 $u_o$ 才能跳变到 $u_o = +U_Z$，即发生正向跃变，$U_T = U_{T+}$ 同时变化。由此可见，滞回比较器输出信号发生负向跃变和正向跃变的电压比较值不相等，把 $U_{T+}$ 称为正向阈值电压，$U_{T-}$ 称为负向阈值电压，两者之差 $U_{T+} - U_{T-}$ 称为回差 $\Delta U$，即

$$\Delta U = U_{T+} - U_{T-} = \frac{2R_2}{R_2 + R_F} U_Z \tag{4-31}$$

调节正、负向阈值电压和回差可以通过改变正反馈系数 $\dfrac{R_2}{R_2 + R_F}$ 实现，回差的存在使滞回比较器电路具有较强的抗干扰能力。

## 4.5 实验 集成运算放大器线性运算电路的测试与分析

### 一、实验目的

1）掌握集成运算放大器的线性运用，包括反相比例运算电路、反相加法器、差动运算放大电路的基本接线和测试方法。

2）掌握集成运算放大器的非线性运用——积分器电路的基本接线和测试方法。

3）通过实验进一步理解运算放大器"虚短""虚断"概念和具体电路的运算关系。

### 二、实验设备与器件

模拟电路实验箱、示波器、函数信号发生器、万用表、直流稳压电源、芯片 LM324。

### 三、实验内容与步骤

（1）运算放大器性能检测

1）如图 4-25a 所示为集成运算放大器 LM324 芯片的引脚图，其中，引脚 4 为 "V+"，引脚 11 为 "V-"，这两个引脚在实际使用中分别接直流电源 $\pm U_{CC}$，需要注意的是：在电路图中，运算放大器的直流电源往往是不画出来的，但实际使用时是必须接的，否则电路不能工作。

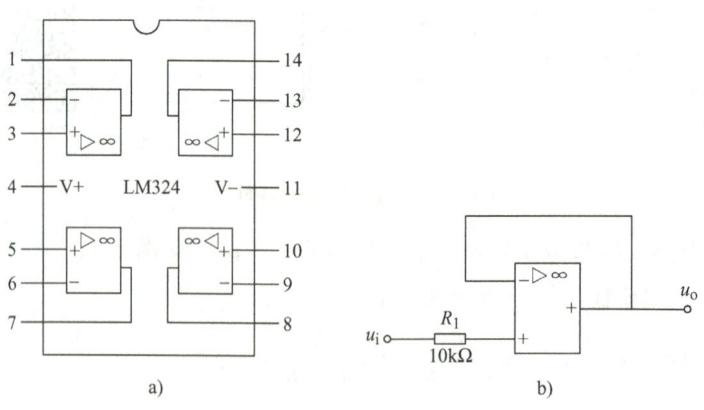

图 4-25 运放引脚和电压跟随器

2)以图 4-25b 所示电路为电压跟随器电路,将直流电源 ±15V 接入运算放大器的引脚 4 和引脚 11 上;选择 LM324 芯片上的一个运放(如引脚 1、引脚 2、引脚 3),按图 4-25b 所示接线;用直流稳压电源在输入端加入输入信号 $u_i$,用示波器检测输出信号 $u_o$;调节输入信号的大小,观测输出信号跟随输入信号的变化情况,从而判断运算放大器好坏;用同样的方法检测 LM324 芯片上的其他三个运放的功能。在有运算放大器的电路中,运算放大器在安装使用之前都需要进行测试以确定能否正常使用。

(2)反相比例运算放大电路的测试

测试反相比例运算放大电路的实验电路图如图 4-26 所示。

按照电路图选择好元器件,按图接好实验线路,包括直流电源及输入信号;按照表 4-1 所给出的 $u_i$ 的数值,调节输入电信号大小;用万用表测量对应输出信号 $u_o$ 的大小(注意正负),将测量结果填入表 4-1 中,根据测量结果计算放大倍数 $A_f$ 并与理论值计算出的放大倍数 $A_{uf}$ 比较。

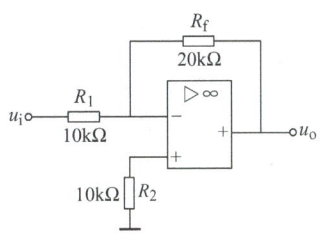

图 4-26 反相比例运放电路

表 4-1 反相比例运算实验测试数据

| | $u_i$/V | -5 | -3 | -1 | 0 | +1 | +3 | +5 |
|---|---|---|---|---|---|---|---|---|
| 测量值 | $u_o$/V | | | | | | | |
| | $A_f$ | | | | | | | |
| 理论值 | $A_{uf}$ | | | | | | | |

(3)反相加法运算电路的测试

1)测试反相加法运算电路的实验电路图如图 4-27 所示。按照电路图选择元器件,并完成线路的接线。

2)任取输入信号值 $u_{i1}$ 和 $u_{i2}$(可正可负),测量对应的输出信号 $u_o$,将结果填入表 4-2 中,并与理论值比较。

3)可适当改变 $u_{i1}$ 和 $u_{i2}$ 的数值,运算放大器进入饱和区,观测输出信号 $u_o$ 的变化,选取两组实验数据填入表 4-2 中。

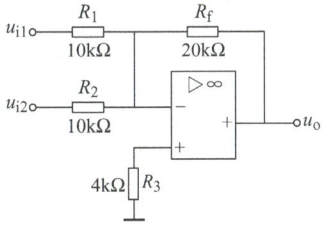

图 4-27 反相加法运放电路

表 4-2 反相加法运算实验测试数据

| 测量值 | | | 理论值 |
|---|---|---|---|
| $u_{i1}$/V | $u_{i2}$/V | $u_o$/V | $u_o$/V |
| | | | |
| | | | |
| | | | |

(4)减法运算电路的测试

1)测试减法运算电路的实验电路图如图 4-28 所示。按照电路图选择元器件,并完成线路的接线。

2)任取四组输入信号值 $u_{i1}$ 和 $u_{i2}$,测量对应的输出信号 $u_o$,将结果填入表 4-3 中,并与理论值比较。

表 4-3 减法运算实验测试数据

| 测量值 | | | 理论值 |
|---|---|---|---|
| $u_{i1}$/V | $u_{i2}$/V | $u_o$/V | $u_o$/V |
|  |  |  |  |
|  |  |  |  |
|  |  |  |  |
|  |  |  |  |

（5）积分运算电路的测试

1）测试积分运算电路的实验电路图如图 4-29 所示，按照电路图选择元器件，并完成线路的接线。

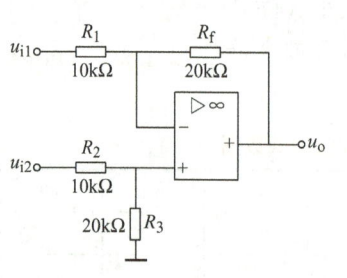

图 4-28 减法运算放大电路

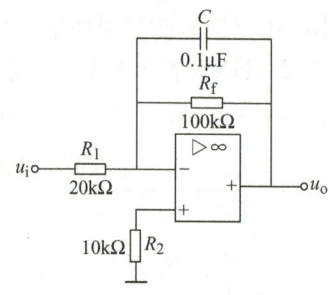

图 4-29 积分运算电路

2）调整函数信号发生器的输出信号为频率 500Hz、幅值 1V 方波信号，接入图 4-29 所示电路的输入端作为积分电路的输入信号 $u_i$，用示波器双踪测量并显示出积分运算电路的输入信号 $u_i$ 和输出信号 $u_o$ 的波形，测试结果记录于表 4-4 中。

3）将万用表接至电路的输出端，测量并记录积分饱和电压值 $U_{om}$；用示波器测量并记录积分开始至饱和的时间 $t$，验证 $u_o = -\dfrac{u_i t}{R_1 C}$ 关系（注意两路信号在时间上的对应关系）。

4）将输入信号变为三角波、正弦波，其幅值频率不变，观察输出 $u_o$ 的波形，记录于表 4-4 中。

表 4-4 积分运算电路输入、输出波形

| 输入信号参数 | 输入信号类型 | $u_i$ 和 $u_o$ 双踪测量波形关系 |
|---|---|---|
| 频率为 500Hz、幅值为 1V | 方波 |  |
|  | 三角波 |  |

（续）

| 输入信号参数 | 输入信号类型 | $u_i$ 和 $u_o$ 双踪测量波形关系 |
|---|---|---|
| 频率为500Hz、幅值为1V | 正弦波 | |

### 四、实验注意事项

1) 实验过程注意用电安全，运放芯片 LM324 必须接上直流稳压电源后才能正常工作，运放芯片与电源连接时注意电源的正负极性。

2) 积分运算电路中的电容应选择漏电小的电容。

3) 为了保证集成芯片的安全，电源与输入信号的连接方法应该是：接入时先接电源，再加入输入信号；改接或拆除时，正好相反，先去掉输入信号后再断开电源。

## 4.6 思考与练习

1. 如图 4-30 所示，当输入电压 $u_i = 100\text{mV}$ 时，要求输出电压 $u_o = -5\text{V}$，求电阻 $R$ 的大小。

2. 电路如图 4-31 所示，集成运放输出电压的最大幅值为 $\pm 15\text{V}$，求输入电压 $u_i$ 分别为 100mV 和 1V 时输出电压 $u_o$ 的值。

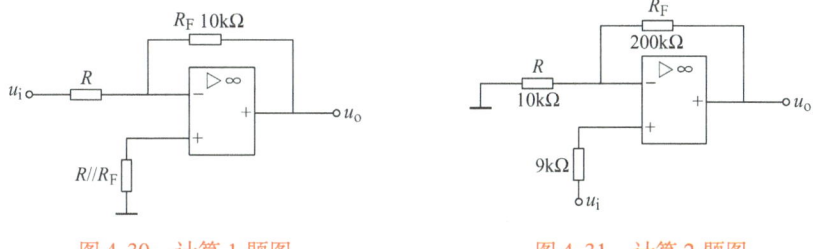

图 4-30　计算 1 题图　　　　图 4-31　计算 2 题图

3. 某运算放大器构成的电路如图 4-32 所示，$R_{11} = 6\text{k}\Omega$、$R_{12} = R_2 = 3\text{k}\Omega$。试求输出电压 $u_o$ 与 $u_{i1}$、$u_{i2}$ 的关系表达式。

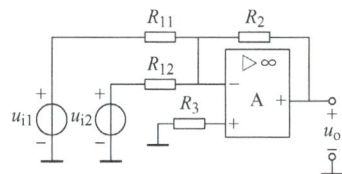

图 4-32　计算 3 题图

4. 某运放电路如图 4-33 所示，已知 $R_1 = R_2 = 2\text{k}\Omega$、$R_F = 18\text{k}\Omega$、$R_3 = 18\text{k}\Omega$、$u_i = 1\text{V}$，求 $u_o$。

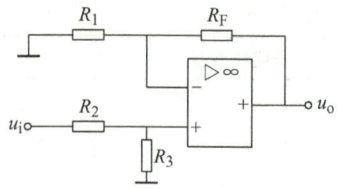

图 4-33 计算 4 题图

5. 电路如图 4-34 所示为有运算放大器构成的两级电路,已知 $R_1 = 20\text{k}\Omega$、$R_F = 120\text{k}\Omega$、$u_{i1} = 10\text{mV}$、$u_{i2} = 8\text{mV}$。求输出电压 $u_o$ 的大小。

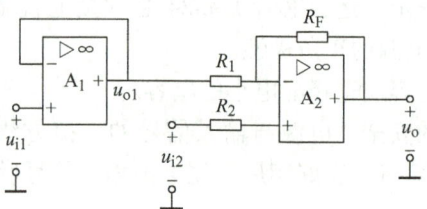

图 4-34 计算 5 题图

6. 求图 4-35 所示电路中输出电压 $u_o$ 与 $u_{i1}$、$u_{i2}$ 的关系表达式,已知 $R_1 = R_5$、$R_2 = R_6$。

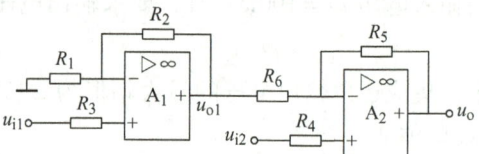

图 4-35 计算 6 题图

7. 求图 4-36 所示电路中 $u_o$ 与 $u_i$ 的关系表达式,其中,$R_F = 2R_1$。

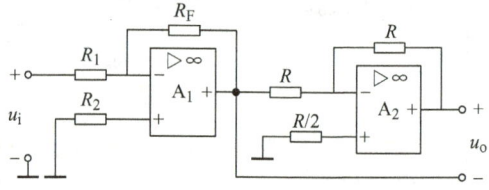

图 4-36 计算 7 题图

8. 电路如图 4-37 所示,已知 $R_1 = R_2 = 100\text{k}\Omega$、$R_3 = R_4 = 10\text{k}\Omega$、$R_5 = 2\text{k}\Omega$、$C = 1\mu\text{F}$,运算放大器 $A_1$ 和 $A_2$ 输出电压的最大幅值均为 $\pm 12\text{V}$。

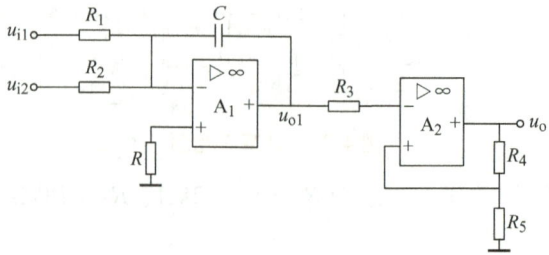

图 4-37 计算 8 题图

要求：1）开始时，$u_{i1} = u_{i2} = 0V$，电容 $C$ 上的电压 $u_C = 0V$，运算放大器 $A_2$ 的输出电压 $u_o$ 为最大幅值 $u_o = +12V$。求当 $u_{i1} = -10V$、$u_{i2} = 0V$ 时，要经过多长时间 $u_o$ 由 $+12V$ 变为 $-12V$？

2）若 $u_o$ 变为 $-12V$ 后，$u_{i2}$ 由 $0V$ 变为 $+15V$，问再经过多长时间 $u_o$ 由 $-12V$ 变为 $+12V$？

3）画出 1）、2）过程中，$u_o$、$u_{o1}$ 的波形。

# 第5章 放大电路中的反馈

## 教学导航

通过本章节的学习可以达到：
1）理解反馈的基本概念和原理。
2）理解瞬时极性法，掌握反馈类型的判定方法。
3）掌握交流负反馈四种组态。
4）理解负反馈对放大电路性能的影响。

## 5.1 反馈的定义

所谓反馈，就是将放大电路输出回路的输出量（电压或电流）的一部分或全部，通过一定的电路形式（反馈网络）反向送回到输入端（或输入回路），从而实现对放大电路的输入量进行自动调节的过程。

通常把没有反馈网络的放大电路称为开环放大电路，其结构图如图 5-1a 所示。如图 5-1b 所示为开环放大电路方框图，输入信号 $\dot{X}_i$ 送入不带反馈网络的基本放大电路 $A$（它可以是单级的或多级的）中，输出信号为 $\dot{X}_o$。

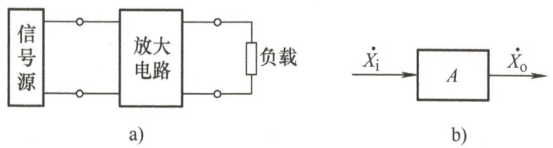

图 5-1 开环放大电路结构图和框图

为了把放大器的输出信号送回到输入端，通常用外接电阻或电容器等元件组成引导反馈信号的电路，这个电路称为反馈电路。把带有反馈网络的放大电路称为闭环放大电路，其结构图如图 5-2a 所示。

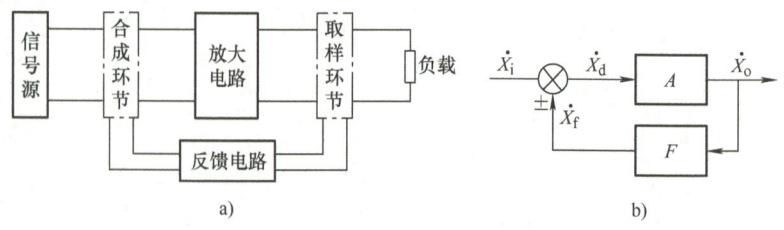

图 5-2 闭环放大电路结构图和框图

带有反馈网络的放大电路框图如图 5-2b 所示。其中，反馈网络 $F$ 把输出信号 $\dot{X}_o$ 的一部分回送到输入端。箭头表示信号的传递方向，符号 $\otimes$ 表示比较环节。输入信号 $\dot{X}_i$ 与反馈信号 $\dot{X}_f$ 比较（加或减）后得到净输入信号 $\dot{X}_d$，送给闭环放大电路的基本放大电路 $A$ 后，最终得到输出信号 $\dot{X}_o$。

比较环节 $\otimes$ 上的 $\dot{X}_i$、$\dot{X}_d$ 和 $\dot{X}_f$ 这三个量，满足关系等式 $\dot{X}_d = \dot{X}_i \pm \dot{X}_f$，如果反馈量取加号"＋"，即 $\dot{X}_d = \dot{X}_i + \dot{X}_f$，表示放大电路带有正反馈网络，反馈量取减号"－"，即 $\dot{X}_d = \dot{X}_i - \dot{X}_f$，表示放大电路带有负反馈网络。

以图 5-2b 所示框图，来讨论带有负反馈网络的放大电路的开环增益（或称开环放大倍数）、反馈系数、闭环增益（或称闭环放大倍数）、反馈深度等一般性能指标。

开环增益：

$$A = \frac{\dot{X}_o}{\dot{X}_d} \tag{5-1}$$

反馈系数：

$$F = \frac{\dot{X}_f}{\dot{X}_o} \tag{5-2}$$

闭环增益：

$$A_f = \frac{\dot{X}_o}{\dot{X}_i} = \frac{\dot{X}_o}{\dot{X}_d + \dot{X}_f} = \frac{A\dot{X}_d}{\dot{X}_d + F\dot{X}_o} = \frac{A}{1 + AF} \tag{5-3}$$

式（5-3）称为负反馈放大电路的基本方程式，其中式中的分母 $1 + AF$，它的大小反映了反馈对放大电路性能指标的影响程度，称为反馈深度，以 $D$ 表示，即

$$D = |1 + AF| \tag{5-4}$$

将式（5-3）变形为

$$\left|\frac{A_f}{A}\right| = \left|\frac{\dot{X}_d}{\dot{X}_i}\right| = \frac{1}{|1 + AF|} \tag{5-5}$$

由以上分析可知：

1) 当 $|1 + AF| > 1$ 时，$|A_f| < |A|$，表示负反馈使得闭环增益比开环增益降低了，引入负反馈网络后，闭环时净输入信号变为 $|\dot{X}_d| = \frac{1}{|1 + AF|}|\dot{X}_i|$，也就是说净输入信号减小，开环增益 $|A|$ 的大小不变，而输出信号 $\dot{X}_o$ 减小了。

2) 当 $|1 + AF| \gg 1$ 时：

$$A_f = \frac{A}{1 + AF} \approx \frac{A}{AF} = \frac{1}{F} \tag{5-6}$$

在式（5-6）中，放大电路的闭环增益 $A_f$ 只取决于反馈网络的系数 $F$，与开环增益 $A$ 无关，

这种情况称为深度负反馈。

3) 当 $|1+AF|<1$ 时，$|A_f|>|A|$，表示正反馈的情况。正反馈使闭环增益提高，这是由于反馈信号 $\dot{X}_f$ 与输入信号 $\dot{X}_i$ 叠加后，使得净输入信号 $|\dot{X}_d|$ 增大了。

4) 当 $|1+AF|=1$ 时，$F=0$，$|A_f|=|A|$，表示无反馈的情况，闭环增益和开环增益相等。

5) 当 $|1+AF|\to 0$ 时，$|A_f|\to\infty$，也就是说，闭环放大电路在无输入信号 $\dot{X}_i$（即 $\dot{X}_i\to 0$）时，也有一定幅度和频率的输出信号 $\dot{X}_o$，这种工作状态称为自激振荡。

## 5.2 反馈的分类

由于反馈的极性不同，反馈信号的取样对象不同，反馈信号在输入回路中连接方式也不同，反馈大致可分为以下几类。

(1) 正反馈和负反馈

如果反馈信号与输入信号极性相同，使净输入信号增强，叫作正反馈，反馈信号起削弱输入信号的作用，使净输入信号削弱，叫作负反馈。正反馈虽然能使输出信号增大，电压放大倍数增大，但会使放大器的性能显著变差（工作不稳定、失真增加等），所以在放大电路中不采用正反馈，正反馈一般用于振荡电路中。

(2) 直流反馈和交流反馈

对直流量起反馈作用的叫直流反馈，对交流量起反馈作用的叫交流反馈。例如第 2 章中的分压式固定偏置放大电路，其稳定静态工作点的作用过程实质上就是直流负反馈。

(3) 电压反馈和电流反馈

根据反馈信号从放大器的输出端取出方式的不同，可确定判断是电压反馈还是电流反馈。反馈信号直接取自输出端负载两端的电压称为电压反馈，电压反馈的取样环节与放大器输出端并联，如图 5-3a 所示；如果反馈信号取的输出电流，则是电流反馈，电流反馈的取样环节与放大器的输出端串联，如图 5-3b 所示。

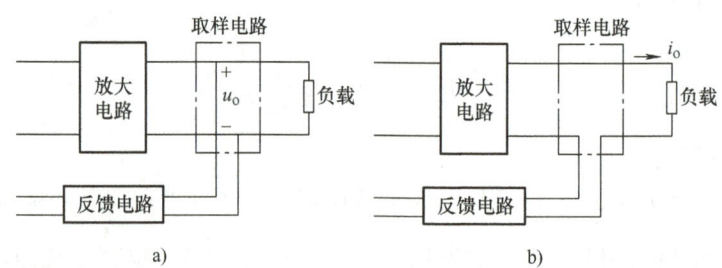

图 5-3 电压反馈与电流反馈

(4) 串联反馈和并联反馈

根据反馈信号在放大器输入端与输入信号连接方式的不同，确定是串联反馈还是并联反馈。反馈信号在输入端是以电压形式出现，且与输入电压是串联起来加到放大器输入端称为串联反馈，如图 5-4a 所示；反馈信号是以电流形式出现，且与输入电流并联用于放大器输入端称为并联反馈,如图 5-4b 所示。

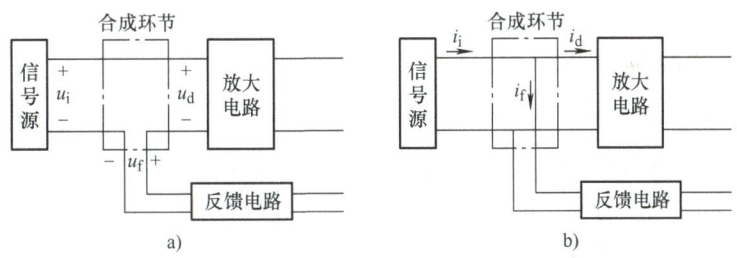

图 5-4 串联反馈与并联反馈
a) 串联反馈 b) 并联反馈

注意:电流反馈不应该理解为反馈到输入端的信号一定以电流形式出现,虽然它在输出端取出的是电流,但在输入端以何种形式出现完全决定于它在输入端的连接方式。反馈信号在输入端是串联反馈时,它是以电压形式出现的;如果在输入端是并联反馈时,它则是以电流形式出现。对电压反馈也应该作同样的理解。

## 5.3 负反馈的类型及其判别方法

### 5.3.1 反馈放大电路的判别步骤

判断放大电路中反馈的类型,可以按如下步骤进行。

(1) 找出反馈元件(或反馈电路)

确定在放大电路输出和输入回路间起联系作用的元件。

(2) 判断电路中的反馈是电压反馈还是电流反馈

如果反馈信号取自放大电路的输出电压,就是电压反馈。在共发射极放大电路中,电压反馈的反馈信号一般是由输出级晶体管的集电极取出的;如果反馈信号取自输出电流,则是电流反馈。在共发射极放大电路中,电流反馈的反馈信号一般是由输出级晶体管的发射极取出的。另外,可用输出端短路法判别,即将放大电路的输出端短路(注意:放大器的输出可等效为信号源;输出短路是将负载短路),如短路后反馈信号消失了,为电压反馈,否则为电流反馈。

(3) 判断是串联反馈还是并联反馈

如果反馈信号和输入信号是串联关系则为串联反馈。在共发射极放大电路中,串联反馈是通过反馈电路将反馈信号送到输入回路晶体管的发射极上,通过发射极电阻压降来影响输入信号。如果反馈信号和输入信号是并联关系则为并联反馈。在共发射极放大电路中,并联反馈是通过反馈电路将反馈信号引到输入级晶体管的基极上。对于运算放大器,若反馈信号和输入信号加在运算放大器的同一个输入端是并联反馈,若反馈信号与输入信号加在不同的输入端上是串联反馈。

(4) 判断正反馈和负反馈

判别正、负反馈可采用瞬时极性法。瞬时极性是指交流信号某一瞬间的极性。首先假定放大电路输入电压对地的瞬时极性是正或负,然后按照闭环放大电路中信号的传递方向,依次标出有关各点在同一瞬间对地的极性（用 + 或 – 表示）。如果反馈信号削弱输入信号属负反馈，反之属正反馈。

### 5.3.2 负反馈的四种组态形式

（1）电压并联负反馈

如图 5-5a 所示是具有电压并联负反馈形式的晶体管放大电路。反馈元件 $R_f$ 跨接在晶体管的集电极和基极之间，将输出电压反馈到输入端是电压反馈。根据瞬时极性法，假设输入电压 $u_i$ 的瞬时极性为 ⊕，则集电极的瞬时极性为 ⊖，反馈信号的极性为 ⊖，它反馈到输入端时和输入电压的极性相反，故为负反馈。因为反馈信号是加到基极的，$i_b = i_i - i_f$ 故为并联反馈。所以，图 5-5a 所示的电路是具有电压并联负反馈的放大器。

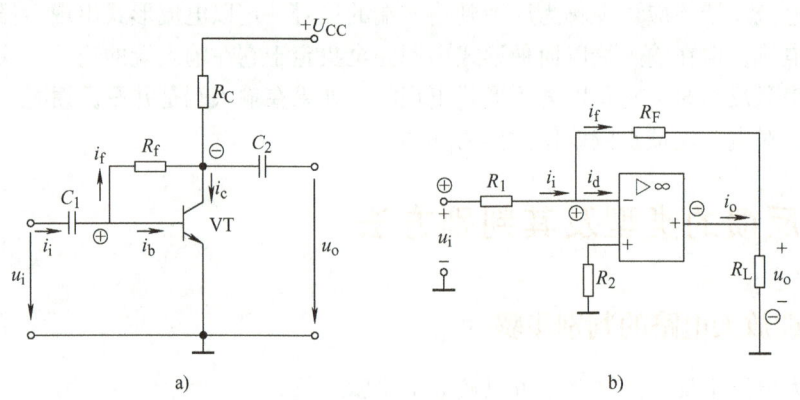

图 5-5 电压并联负反馈

如图 5-5b 所示电路为由集成运算放大器组成电压并联负反馈放大电路。电路中的反馈量 $i_f = \dfrac{u_o}{R_F}$，说明反馈量与输出电压成正比，为电压反馈；用瞬时极性法判别反馈正负极性，如图 5-5b 所示，假设输入信号 $u_i$ 瞬时极性为 ⊕，它加在集成运放的反相输入端，故输出信号 $u_o$ 的极性为 ⊖，因此，输出电流 $i_o$ 的实际方向与参考方向不一致，但流过反馈电阻 $R_F$ 的反馈电流 $i_f$ 实际方向与参考方向一致，而且运算放大器的净输入量 $i_d = i_i - i_f$，所以为负反馈；在输入端，输入信号 $i_i$ 与反馈信号 $i_f$ 呈电流形式叠加，是并联关系，故为并联反馈。通过上述分析可知，图 5-5b 所示电路为电压并联负反馈。

（2）电压串联负反馈

图 5-6a 是具有电压串联负反馈形式的晶体管两级放大电路。反馈信号由放大器输出端经反馈元件 $R_f$ 送到第一级放大器的发射极。所以是电压反馈。根据瞬时极性法，假设输入信号电压的瞬时极性为 ⊕，则其余各极的瞬时极性均可标出，如图 5-6a 所示。由图中可见，反馈信号极性为 ⊕，它反馈到 $VT_1$ 管的发射极，与发射极瞬时极性相同，$u_{be1} = u_{b1} - u_f$，呈电压形式叠加，故为负反馈，而且是串联反馈，所以电路是具有电压串联负反馈的放大器。顺便指出，图中 $R_{E1}$ 和 $R_f$ 都起着电压串联负反馈的作用，而且 $R_{E1}$ 还起着第一级放大器本身的电流串联负反馈的作用。

如图 5-6b 所示电路为由集成运算放大器组成电压串联负反馈放大电路。电路中的反馈

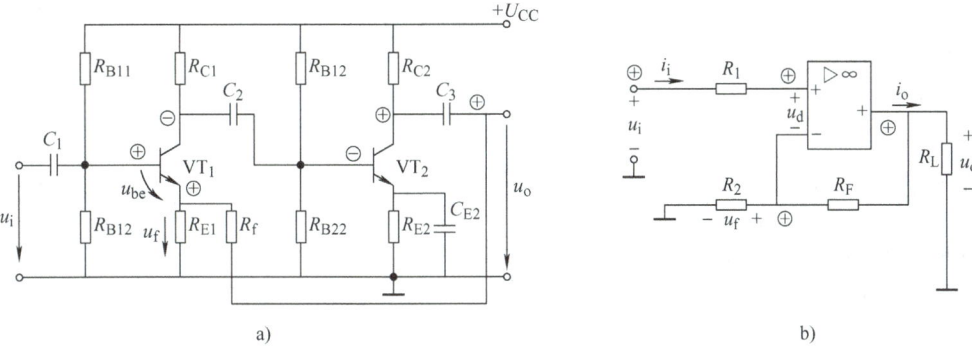

图 5-6 电压串联负反馈

量 $u_f = \dfrac{R_2}{R_2 + R_F} u_o$，说明反馈量与输出电压成正比，为电压反馈；用瞬时极性法判别反馈正负极性。如图 5-6b 所示，假设输入信号 $u_i$ 瞬时极性为 $\oplus$，它加在集成运放的同相输入端，故输出信号 $u_o$ 的极性也为 $\oplus$，而电阻 $R_2$ 右端的极性也为 $\oplus$，运算放大器的净输入量 $u_d = u_i - u_f$，所以为负反馈；在输入端，输入信号 $u_i$ 与反馈信号 $u_f$ 呈串联关系，为串联反馈。

（3）电流并联负反馈

图 5-7a 所示是具有电流并联负反馈形式的晶体管两级放大电路。反馈信号不是取自放大器的输出端，故是电流反馈。根据瞬时极性法，假设输入信号电压的极性为 $\oplus$，则其余各极的瞬时极性均可标出，如图 5-7a 所示。由图中可见反馈信号极性为 $\ominus$，它反馈到 $VT_1$ 的基极，并且极性相反，$i_{b1} = i_i - i_f$，故为负反馈，而且是并联反馈，所以图 5-7a 是具有电流并联负反馈的放大器。

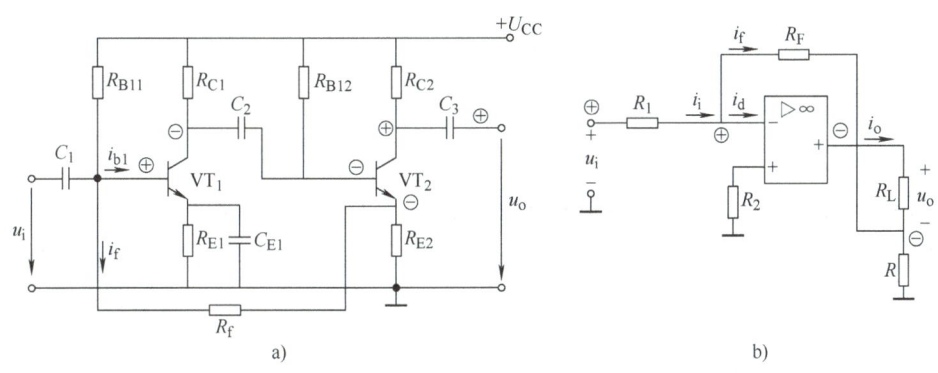

图 5-7 电流并联负反馈

如图 5-7b 所示电路为由集成运算放大器组成电流并联负反馈放大电路。反馈电阻 $R_F$ 跨接在输入端和输出端之间，与电阻 $R$ 一起构成反馈网络，但其输入取样点并非运算放大器的输出端，而且在负载 $R_L$ 和电阻 $R$ 之间。在图 5-7b 中，输入电流 $i_i$ 和反馈电流 $i_f$ 都接入集成运放的同相输入端，依据图中所标示的参考方向，输入电流 $i_i$、反馈电流 $i_f$ 和净输入电流 $i_d$ 三者满足关系等式

$$i_i = i_d + i_f$$

即 $i_d = i_i - i_f$，故为并联反馈。

在输出回路，反馈回路的电流 $i_f$ 是从输出电流 $i_o$ 取样。根据反馈回路的结构，流过电阻 $R_F$ 的反馈电流 $i_f$，与输出电流 $i_o$ 满足等式：

$$i_f = -\frac{R}{R + R_F}i_o$$

即与 $i_o$ 成正比，反馈系数 $F = \dfrac{i_f}{-i_o} = \dfrac{R}{R + R_F}$（注意：分母取"$-i_o$"，而非"$i_o$"，是因为其实际方向与参考方向相反），故为电流反馈。

用瞬时极性法判别反馈正负极性。如图 5-7b 所示，假设输入信号 $u_i$ 瞬时极性为 ⊕，它加在集成运放的反相输入端，故输出信号 $u_o$ 的极性为 ⊖，负载 $R_L$ 和电阻 $R$ 之间的连接点的极性也为 ⊖，因此，输出电流 $i_o$ 的实际方向与图上的参考方向不一致，但流过反馈电阻 $R_F$ 的反馈电流 $i_f$ 实际方向与图上的参考方向一致，故为负反馈。

(4) 电流串联负反馈

图 5-8a 所示是具有电流串联负反馈的晶体管放大器。此电路就是前述的分压式偏置电路，反馈信号不是取自放大器的输出端，故是电流反馈。根据瞬时极性法，反馈信号 $u_f$ 的极性为 ⊕，它反馈到发射级，并和发射极的瞬时极性相同，$u_{be} = u_b - u_f$，故为负反馈，而且是串联负反馈，所以图 5-8a 是具有电流串联负反馈的放大器。

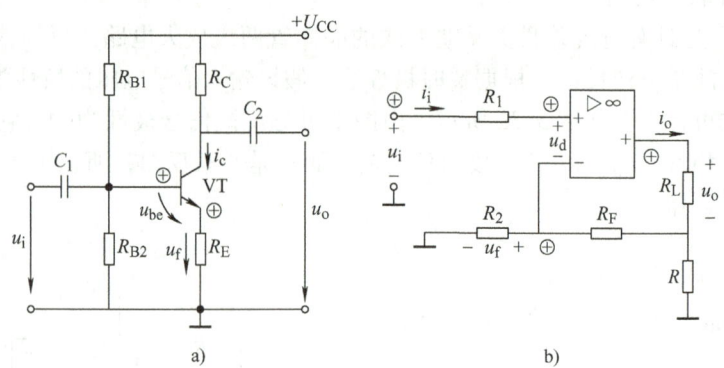

图 5-8 电流串联负反馈

如图 5-8b 所示电路为由集成运算放大器组成电流串联负反馈放大电路。电路中由于虚断，电阻 $R_1$ 上流过的电流 $i_i \approx 0$，故电阻 $R_1$ 上不产生压降，故电阻 $R_1$ 左右两端的电压皆为输入电压 $u_i$。由图可见，输入信号 $u_i$、反馈信号 $u_f$ 和净输入信号 $u_d$，满足关系等式

$$u_i = u_f + u_d$$

即 $u_d = u_i - u_f$，故为串联反馈。

在输出回路，反馈回路的取样信号是从输出电流 $i_o$ 取样。根据反馈回路的结构，电阻 $R_2$ 两端为反馈电压 $u_f$，与输出电流 $i_o$ 满足等式

$$u_f = \frac{R_2}{R + R_2 + R_F}Ri_o$$

即与 $i_o$ 成正比，反馈系数 $F = \dfrac{R_2}{R + R_2 + R_F}R$，故为电流反馈。

用瞬时极性法判别反馈正负极性。如图 5-8b 所示，假设输入信号 $u_i$ 瞬时极性为 ⊕，它加在集成运放的同相输入端，故输出信号 $u_o$ 的极性也为 ⊕，而电阻 $R_2$ 右端的极性也为 ⊕，

故反馈电压 $u_f$ 的实际参考方向与图中参考方向一致,所以为负反馈。

## 5.4　负反馈对放大器性能的影响

**1. 降低放大倍数**

由于反馈电压的存在,使真正加到晶体管发射极的净输入电压下降,输出电压也下降,所以包含反馈回路后的电压放大倍数必然减小。反馈电压越大,电压放大倍数减小得越多。

**2. 提高放大倍数的稳定性**

放大电路在工作过程中,由于环境温度变化、晶体管老化、电源电压变化等情况,都会引起放大器电压放大倍数发生变化,使放大倍数不稳定。加入负反馈后,在同样外界条件下,由于上述各种原因所引起的电压放大倍数的变化就比较小,即放大倍数比较稳定,这一点对放大电路来说是很重要的。

上述过程可归纳为

$$\beta\downarrow \rightarrow \dot{U}_o \longrightarrow \dot{A}_u\downarrow$$
$$\downarrow$$
$$\dot{U}_F\downarrow \rightarrow \dot{U}_{be}\uparrow \rightarrow \dot{U}_o\uparrow \rightarrow \dot{A}_u\uparrow$$

$\dot{A}_u$ 变化不大

**3. 扩展通频带**

引入负反馈后,高、中、低频区上的增益变化缓慢,通频带自然被加宽,引入负反馈能扩展通频带,这是以降低放大倍数为代价的。

**4. 改善波形失真**

放大电路由于工作点选择不合适,或者输入信号过大,都将引起输出信号波形的失真。引入负反馈后,可将失真的输出信号反送到输入端,使净输入信号发生某种程度的失真,经过放大后,即可使输出信号的失真得到一定程度的补偿。从本质上讲,负反馈是利用失真的波形来改善波形的失真,因此只能减小失真,不能完全消除失真。

**5. 对放大电路输入、输出电阻的影响**

不同类型的负反馈对放大电路的输入、输出电阻影响不同。串联负反馈使输入电阻增大;并联负反馈使输入电阻减小。电压负反馈能减小输出电阻,稳定输出电压;电流负反馈使输出电阻增大,稳定输出电流。

## 5.5　实验　负反馈放大电路的分析与测试

**一、实验目的**

1)加深理解负反馈放大电路的工作原理,了解在电压放大电路中引入负反馈的形式与方法。

2)巩固负反馈对放大电路性能影响的认识;理解电压串联负反馈对放大电路性能的改善。

3)学习负反馈放大电路性能的一般测量和调试方法。

**二、实验设备与器件**

模拟电路实验箱、交流毫伏表、示波器、函数信号发生器、直流稳压电源、万用表。

### 三、实验内容与步骤

（1）放大电路静态工作点的调整

按图 5-9 所示电路连接好线路，将直流稳压电源的输出端接入电路的"$+U_{CC}$"与"接地"之间，并将输出直流电压信号调整为 $U_{CC}=12\text{V}$。不接入信号源 $u_S$，断开开关 K，使得 $R_F$ 反馈支路断开。调节电路中的电阻 $R_{W1}$ 和 $R_{W2}$，用万用表测量晶体管 $VT_1$ 和 $VT_2$ 的 $U_{CE}$，使各级的 $U_{CE1}=U_{CE2}=6\text{V}$，放大器具有合适的静态工作点。用万用表测量晶体管 $VT_1$ 和 $VT_2$ 的三个引脚对参考点的静态电位，数据填入表 5-1 中。

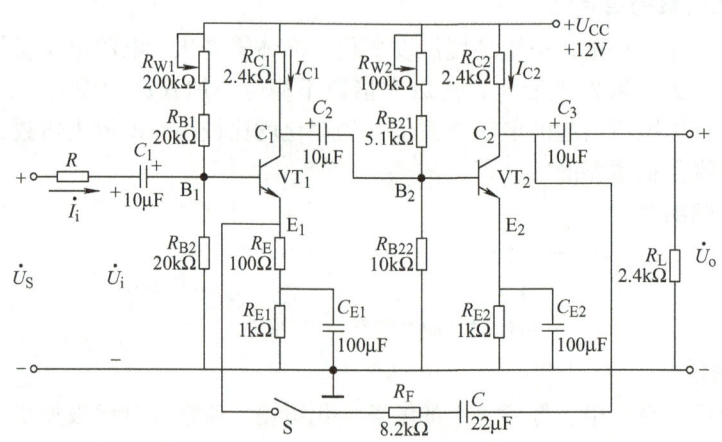

图 5-9　电压串联负反馈放大的实验电路

表 5-1　静态工作点的测量　　　　　　　　　　　　　　　　　　　（单位：V）

| 测量值 | | | 计算值 | | 测量值 | | | 计算值 | |
|---|---|---|---|---|---|---|---|---|---|
| $U_{B1}$ | $U_{E1}$ | $U_{C1}$ | $U_{BE1}$ | $U_{CE1}$ | $U_{B2}$ | $U_{E2}$ | $U_{C2}$ | $U_{BE2}$ | $U_{CE2}$ |
|  |  |  |  |  |  |  |  |  |  |

（2）负反馈对放大电路的电压放大倍数的影响

首先断开开关 S，接入用函数信号发生器调整输出信号为幅值 20mV、频率 1kHz 的正弦信号源 $u_S$，将该信号接入图 5-9 所示电路的输入端，用交流毫伏表测量输入电压 $U_i$ 和输出电压 $U_o$ 的大小。在使用交流毫伏表测量时请注意量程的选择，同时用示波器观察放大器输出电压的波形，在波形不失真的条件下读取 $U_o$ 的值。然后，接通开关 S，引入负反馈，输入信号不变，再次测量输入电压 $U_i$ 和输出电压 $U_o$ 的大小，数据填入表 5-2 中。

表 5-2　负反馈对放大电路的电压放大倍数的影响

| S 断开（开环） | | | S 接通（闭环） | | |
|---|---|---|---|---|---|
| 测量值/V | | 计算值 | 测量值/V | | 计算值 |
| $U_i$ | $U_o$ | $A_U$ | $U_i$ | $U_o$ | $A_U$ |
|  |  |  |  |  |  |

（3）负反馈对放大电路的输入电阻和输出电阻的影响

用函数信号发生器调整输出信号为幅值 20mV、频率 1kHz 的正弦信号作为信号源 $U_S$，接入图 5-9 所示电路的输入端。首先，断开开关 S（即无反馈），接入负载电阻 $R_L$，用交流毫伏表测量信号源电压 $u_S$、输入电压 $U_i$ 以及输出电压 $U_o$；去掉负载电阻 $R_L$ 后，再重复测量一次输出电压 $U_o$。然后，接通开关 K 时（即有反馈），接上负载电阻 $R_L$，用交流毫伏表测量信号源电压 $u_S$、输入电压 $U_i$ 以及输出电压 $U_o$，去掉负载电阻 $R_L$ 后，再重复测量一次输出电压 $U_o$，将每次测量的数据记入表 5-3 中。

表 5-3  负反馈对放大电路的输入电阻和输出电阻的影响

| 实验条件 | | 测量值 | | | 计算值 | |
| --- | --- | --- | --- | --- | --- | --- |
| 电阻 $R$ /kΩ | 输入电压 $U_i$/V | 信号源电压 $u_S$/V | 输出电压 $U_o$/V | | $r_i$/kΩ | $r_o$/kΩ |
| | | | $R_L = 2.4\text{k}\Omega$ | $R_L = \infty$ | | |
| K 断开 | | | | | | |
| K 接通 | | | | | | |

选择恰当的电阻 $R$，串接在信号源 $u_S$ 与 $C_1$ 之间。则可求得

$$r_i = \frac{U_i}{u_S - U_i} \times R; \qquad r_{if} = \frac{U_{if}}{u_S - U_{if}} \times R$$

$$r_o = \left(\frac{U_o}{U_L} - 1\right) \times R_L; \qquad r_{of} = \left(\frac{U_{of}}{U_{Lf}} - 1\right) \times R_L$$

式中，$U_o$ 为开环、无负载电阻状态下的输出电压；$U_L$ 为开环、有负载电阻状态下的输出电压；$U_{of}$ 为闭环、无负载电阻状态下的输出电压；$U_{Lf}$ 为闭环、有负载电阻状态下的输出电压。

**四、实验思考题**

1）接入 $R_F$ 反馈支路后，对两个晶体管的静态工作点有无影响？为什么？

2）为了稳定输出电流，应采用什么形式的反馈电路？试设计出电路图，并在实验装置上进行调试运行。

# 5.6 思考与练习

1. 试判定图 5-10 中所示各放大电路中，是否有反馈网络，如果有请指出反馈元件。

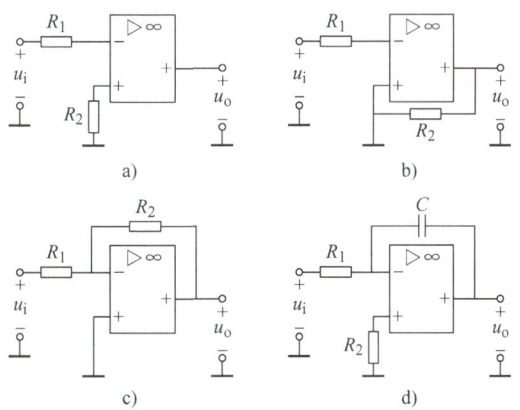

图 5-10  计算 1 题图

2. 由集成运放构成的多级放大电路如图 5-11 所示,试分析反馈电阻 $R_F$ 引入的反馈类型。

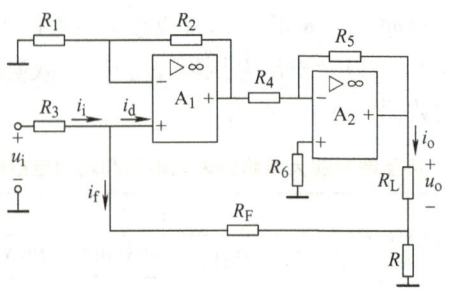

图 5-11  计算 2 题图

3. 在图 5-12 中,请按要求引入反馈,实现以下两个功能:1)要求输出电压基本稳定,并能提高输入电阻;2)要求输出电流基本稳定,并能减小输入电阻。

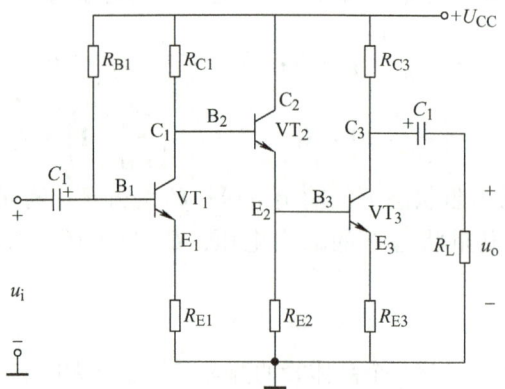

图 5-12  计算 3 题图

4. 某反馈放大电路如图 5-13 所示,指出电路中的反馈元件,并分析该反馈元件引入了何种类型的反馈。

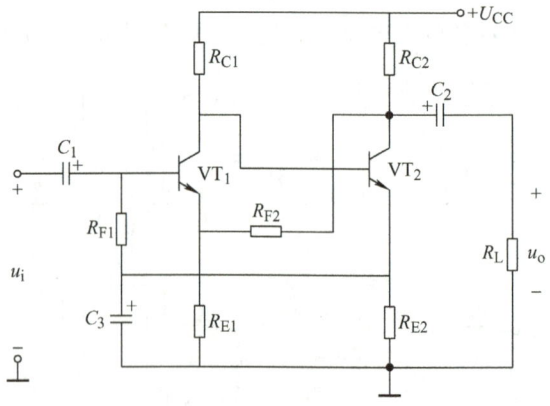

图 5-13  计算 4 题图

5. 按照要求选择合适反馈方式填入空格处。

1）为了稳定静态工作点，应引入_____。

2）为了稳定输出电压，应引入_____。

3）为了稳定输出电流，应引入_____。

4）为了增大输入电阻，应引入_____。

5）为了减小输入电阻，应引入_____。

6）为了增大输出电阻，应引入_____。

7）为了减小输出电阻，应引入_____。

6. 电路如图5-14所示，求：1）如果分别在 $F$ 点和 $H$、$J$、$K$ 三点加入反馈时，试说明形成的反馈类型，并分析对电路产生的影响。2）分析在 $F$ 点与 $J$ 点之间反馈的电压放大倍数表达式。

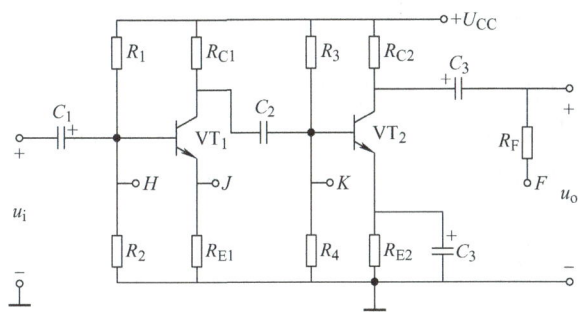

图5-14 计算6题图

# 第6章  基本逻辑门电路

  **教学导航**

通过本章节的学习可以达到：
1）了解模拟信号和数字信号的区别；掌握数制及其转换方法。
2）掌握基本逻辑门电路的功能。
3）掌握由基本门电路构成的"与非门""或非门""与或非门""异或门"和"同或门"电路的功能。
4）掌握 TTL 门电路和 CMOS 门电路的使用方法。
5）理解掌握逻辑代数运算规则和卡诺图化简逻辑函数的方法。
6）能灵活地选择和运用相应的方法化简逻辑关系。

## 6.1  数字电路概述

### 6.1.1  数字电路定义及其特点

（1）模拟信号与数字信号

模拟信号是一种时间上和数值上都连续变化的物理量，如图 6-1a 所示。自然界中的大部分物理量，如速度、压力、温度、声音、重量以及位置等都是常见的模拟量。

数字信号指在时间和数值上都是不连续变化的，是离散的物理量，如图 6-1b 所示。离散信号的值只有真或假、是或不是，因此可以使用二进制数中的 0 和 1 来表示。需要注意两点：

1）这里的 0 和 1 指的是逻辑 0 和逻辑 1。
2）逻辑电平不是一个具体的物理量，而是物理量的相对表示。

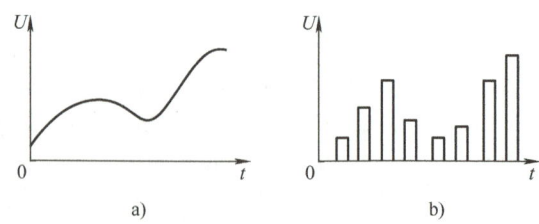

图 6-1  模拟信号和数字信号

（2）数字电路基础

用数字信号对数字量进行算术运算和逻辑运算的电路称为数字电路，或数字系统。由于它具有逻辑运算和逻辑处理功能，所以又称为数字逻辑电路。逻辑门是数字逻辑电路的基本单元。存储器是用来存储二进制数据的数字电路。从整体上看，数字电路可以分为组合逻辑电路和时序逻辑电路两大类。

数字电路是以二进制逻辑代数为数学基础，使用二进制数字信号，既能进行算术运算又能方便地进行与、或、非、判断、比较、处理等逻辑运算；实现简单，系统可靠性较强；集成度高、体积小、功耗低是数字电路突出的优点。电路的设计、维修、维护灵活方便，随着集成电路技术的高速发展，数字逻辑电路的集成度越来越高，电路的设计组成只需采用一些标准的集成电路块单元连接而成，对于非标准的特殊电路还可以使用可编程序逻辑阵列电路，通过编程的方法实现任意的逻辑功能。

### 6.1.2 脉冲波形

在数字电路中，加工和处理的都是脉冲波形，而应用最多的是矩形脉冲，如图 6-2a 所示。实际的脉冲波形没那么理想，而是如图 6-2b 所示波形，其主要参数如下。

1）脉冲幅度 $V_m$：脉冲电压波形变化的最大值，单位为伏（V）。

2）脉冲上升时间 $t_r$：脉冲波形从 $0.1V_m$ 上升到 $0.9V_m$ 所需的时间。

3）脉冲下降时间 $t_f$：脉冲波形从 $0.9V_m$ 下降到 $0.1V_m$ 所需的时间。

脉冲上升时间 $t_r$ 和下降时间 $t_f$ 越短，越接近于理想的短形脉冲。单位为秒（s）、毫秒（ms）、微秒（μs）、纳秒（ns）。

4）脉冲宽度 $t_w$：脉冲上升沿 $0.5V_m$ 到下降沿 $0.5V_m$ 所需的时间，单位和 $t_r$、$t_f$ 相同。

5）脉冲周期 $T$：在周期性脉冲中，相邻两个脉冲波形重复出现所需的时间，单位和 $t_r$、$t_f$ 相同。

6）脉冲频率 $f$：每秒时间内，脉冲出现的次数。单位为赫兹（Hz）、千赫兹（kHz）、兆赫兹（MHz），$f = \dfrac{1}{T}$。

7）占空比 $\delta$：是描述脉冲波形疏密的参数，其值为脉冲宽度 $t_w$ 与脉冲重复周期 $T$ 的比值，$\delta = \dfrac{t_w}{T}$。

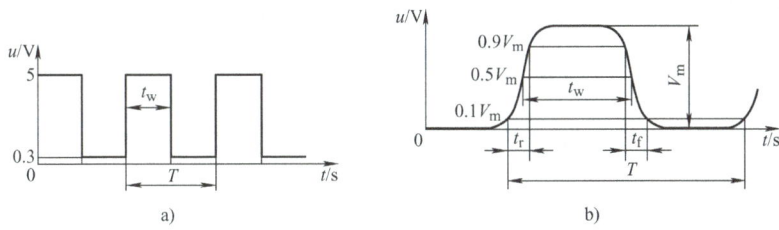

图 6-2 矩形脉冲

## 6.2 数制及变换

### 6.2.1 数制

数制（Number System），是计数进位的简称。日常生活中常采用的是十进制，此外，还有二进制、八进制和十六进制等。

(1) 十进制数

十进制数是由 0、1、2、3、4、5、6、7、8、9 十个数码和一个小数点符号组成。十进制数的基数为 10，进位规律为"逢十进一"。

数码在一个数中的位置不同，其值也不同。例如，十进制数 3545.2，可以展开为

$$3545.2 = 3\times10^3 + 5\times10^2 + 4\times10^1 + 5\times10^0 + 2\times10^{-1}$$

式中，$10^3$、$10^2$、$10^1$、$10^0$、$10^{-1}$ 称为相应数位的"权"。因此，某数位上数码的值可表示成该数码和它的"权"的乘积。因此，一个具有 $n$ 位整数和 $m$ 位小数的十进制数 $(N)_{10} = (d_{n-1}d_{n-2}\cdots d_1d_0d_{-1}\cdots d_{-m})_{10}$，其括号下标 10，代表十进制数，可按权展开为

$$(N)_{10} = d_{n-1}\times10^{n-1} + d_{n-2}\times10^{n-2} + \cdots + d_1\times10^1 + d_0\times10^0 + d_{-1}\times10^{-1}$$

$$+ \cdots + d_{-m}\times10^{-m} = \left(\sum_{i=-m}^{n-1} d_i\times10^i\right)_{10}$$

式中，$d_i$ 为第 $i$ 位的数码，可取 0~9 中的任何一个；$10^i$ 为第 $i$ 位的权。

同理，一个任意的 $r$ 进制数，它的基数为 $r$，由 $r$ 个数码组成，进位规律是"逢 $r$ 进一"。把一个 $n$ 位整数和 $m$ 位小数的 $r$ 进制数 $(N)_r = (d_{n-1}d_{n-2}\cdots d_1d_0d_{-1}\cdots d_{-m})_r$ 按权展开为

$$(N)_r = d_{n-1}\times r^{n-1} + d_{n-2}\times r^{n-2} + \cdots + d_1\times r^1 + d_0\times r^0 +$$

$$d_{-1}\times r^{-1} + \cdots + d_{-m}\times r^{-m} = \left(\sum_{i=-m}^{n-1} d_i\times r^i\right)_{10}$$

式中，$d_i$ 为第 $i$ 位的数码，可取 0~$(r-1)$ 任何一个；$r^i$ 为第 $i$ 位的权。

(2) 二进制数

当 $r=2$ 时，为二进制，数码为 0、1；基数是 2。进位规律为"逢二进一"，即 $1+1=10$。如二进制数 $(1101.01)_2$ 的权展开式为

$$(1011.11)_2 = 1\times2^3 + 0\times2^2 + 1\times2^1 + 1\times2^0 + 1\times2^{-1} + 1\times2^{-2} = (11.75)_{10}$$

二进制数下标也可以用字母 B 来表示，即 $(1011.11)_2 = (1011.11)_B$。

(3) 八进制数

当 $r=8$ 时，为八进制，数码为 0、1、2、3、4、5、6、7；基数是 8；进位规律为"逢八进一"，即 $3+5=10$。如八进制数 $(3207.04)_8$ 的权展开式为

$$(3117.14)_8 = 3\times8^3 + 1\times8^2 + 1\times8^1 + 7\times8^0 + 1\times8^{-1} + 4\times8^{-2} = (1615.1875)_{10}$$

八进制数下标也可以用字母 O 来表示，即 $(3117.14)_8 = (3117.14)_O$。

(4) 十六进制数

当 $r=16$ 时，为十六进制，数码为 0~9、A~F，其中 A=10，B=11，C=12，D=13，E=14，F=15；基数是 16；进位规律为"逢十六进一"，即 $7+9=10$。如十六进制数 $(F3D0.9)_{16}$ 的权展开式为

$$(F3D0.9)_{16} = 15\times16^3 + 3\times16^2 + 13\times16^1 + 0\times16^0 + 9\times16^{-1} = (62416.5625)_{10}$$

十六进制数下标也可以用字母 H 来表示，即 $(F3D0.9)_{16} = (F3D0.9)_H$。

### 6.2.2 变换

(1) 十进制转换成二进制、八进制和十六进制

将十进制数 $(N)_{10}$ 转换成 $r$ 进制数 $(M)_r$ 的转换方法,就是对十进制数的整数部分采取"除 $r$ 取余",对其小数部分采取"乘 $r$ 取整"。

【例6-1】将 $(28.25)_{10}$ 转换成二进制数、八进制数和十六进制数。

**解**:整数部分 $(28)_{10}$ 根据"除2取余"法的原理,小数部分 $(0.25)_{10}$ 根据"乘2取整"法的原理,转换结果为 $(28.25)_{10} = (11100.01)_2$,转换步骤如图6-3所示。

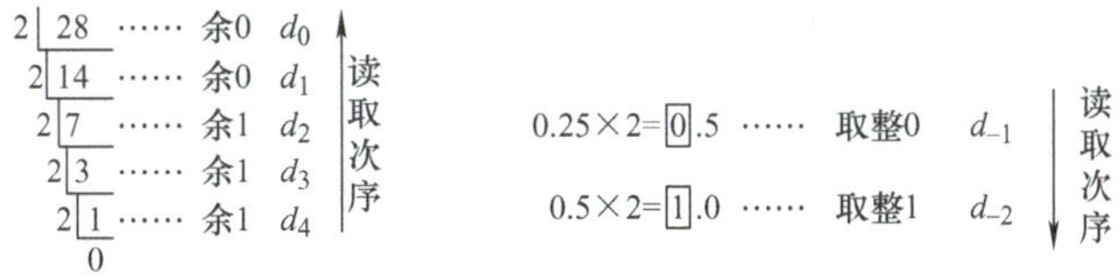

图6-3 十进制转二进制

同理,转换成八进制数,转换结果为 $(28.25)_{10} = (34.2)_8$,转换步骤如图6-4所示。

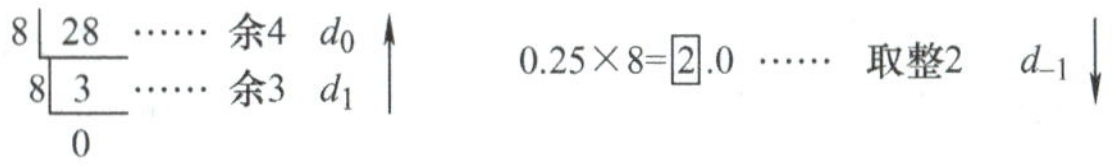

图6-4 十进制转八进制

转换成十六进制数,转换结果为 $(28.25)_{10} = (1C.4)_{16}$,转换步骤如图6-5所示。

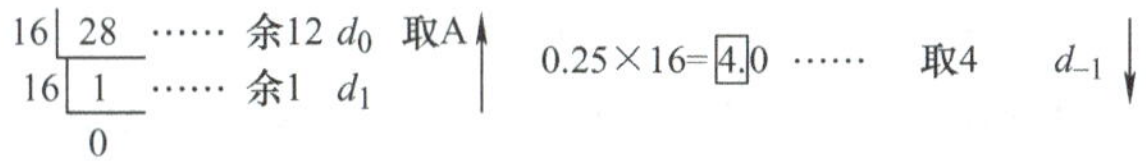

图6-5 十进制转十六进制

(2) 八进制数、十六进制数和二进制数的相互转换

由于 $2^3 = 8$,因此,每个八进制数码可以用三位二进制数来表示。在表6-1中列出了八进制和三位二进制数之间的对应关系,因此可以在二进制和八进制之间直接进行转换。

表6-1 八进制和三位二进制数对照表

| 八进制数码 | 0 | 1 | 2 | 3 | 4 | 5 | 6 | 7 |
|---|---|---|---|---|---|---|---|---|
| 三位二进制数 | 000 | 001 | 010 | 011 | 100 | 101 | 110 | 111 |

二进制数转换成八进制数时,二进制数的整数部分从低位开始,每三位分为一组,若最左边一组不足三位,可在左边添0补足。二进制小数部分从小数点向右每三位分为一组,最后不足三位,可在右边添0补足。然后,将每组二进制数转换成八进数。

【例6-2】将二进制数 $(100111011101.1011111111001)_2$ 转换成八进制数。

**解**:根据表6-1有

$$\underbrace{100}_{4}\underbrace{111}_{7}\underbrace{011}_{3}\underbrace{101}_{5}.\underbrace{101}_{5}\underbrace{111}_{7}\underbrace{111}_{7}\underbrace{100}_{4}\underbrace{100}_{4}$$

所以 $(100111011101.1011111111001)_2 = (4735.57744)_8$

同样,由于 $2^4 = 16$,故可用四位二进制数来表示一个十六进制数码。在表6-2中列出了它们之间的对应关系。因此二进制和十六进制之间可以直接进行转换。

表 6-2 十六进制数码和四位二进制数对照表

| 十六进制数码 | 四位二进制数 | 十六进制数码 | 四位二进制数 |
|---|---|---|---|
| 0 | 0000 | 8 | 1000 |
| 1 | 0001 | 9 | 1001 |
| 2 | 0010 | A | 1010 |
| 3 | 0011 | B | 1011 |
| 4 | 0100 | C | 1100 |
| 5 | 0101 | D | 1101 |
| 6 | 0110 | E | 1110 |
| 7 | 0111 | F | 1111 |

二进制数转换成十六进制数时，二进制数的整数部分从低位开始，每四位分为一组，若最左边一组不足四位，可在左边添 0 补足。二进制小数部分从小数点向右每四位分为一组，最后不足四位，可在右边添 0 补足。然后，将每组二进制数转换成十六进数。

**【例 6-3】** 将二进制数（100111001001.1001101011001）$_2$ 转换成十六进制数。

**解：** 根据表 6-2 有

$$\underset{9}{1001}\ \underset{C}{1100}\ \underset{9}{1001}\ .\ \underset{9}{1001}\ \underset{A}{1010}\ \underset{C}{1100}\ \underset{8}{1000}$$

所以　　　　　（100111001001.1001101011001）$_2$ =（9C9.9AC8）$_{16}$

由上可见，采用上述的逆过程，可将八进制数（或十六进制数）转换成二进制数。八进制数和十六进制数之间转换，可用二进制数作桥梁。

## 6.3 基本逻辑关系和逻辑门电路

逻辑电路是指输入与输出之间具有一定逻辑关系的电路。而逻辑关系则是研究前提条件与结果之间的关系。如果把输入信号看作"条件"，把输出信号看作"结果"，那么当"条件"具备时，"结果"就会发生。逻辑电路就是当它的输入信号满足某种条件时，才有输出信号的电路。门电路就是输入、输出之间按一定的逻辑关系控制信号通过或不通过的电路。基本逻辑关系有三种：与逻辑、或逻辑和非逻辑。实现这些逻辑关系的电路分别为与门、或门和非门电路。

### 6.3.1 与门电路

在数理逻辑中，当决定某事件发生的全部条件同时具备时，该事件才发生，这种关系叫作与逻辑关系。在如图 6-6 所示电路中，只有当开关 $A$、$B$ 同时闭合时（全部条件同时具备），灯 $Y$ 点亮（事件才发生），否则灯 $Y$ 不亮。

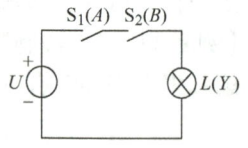

图 6-6 与逻辑的控制电路

输入 $S_1$（$A$）、$S_2$（$B$）和输出 $L$（$Y$）的关系用表 6-3 表示，其中设开关 $S_1$（$A$）、$S_2$（$B$）的闭合状态为"1"，断开状态为"0"；灯 $L$（$Y$）亮为"1"，灭为"0"。这种表称为真值表。从表可以看出，只有输入 $A$ 和 $B$ 都是"1"时，输出 $Y$ 才是"1"，其逻辑功能为"有

0 出 0，全 1 出 1"，输出与输入之间为与逻辑关系，与逻辑的表达式为

$$Y = A \cdot B = AB \tag{6-1}$$

表 6-3　与逻辑真值表

| 输入 | | 输出 |
|---|---|---|
| $S_1$（A） | $S_2$（B） | L（Y） |
| 0 | 0 | 0 |
| 0 | 1 | 0 |
| 1 | 0 | 0 |
| 1 | 1 | 1 |

式中的"·"是逻辑乘运算符号，读作逻辑"与"，仅表示与的逻辑功能，并无数量相乘的概念，有时允许省去符号"·"。能实现"与"逻辑功能的电路称与门电路，简称与门。与门逻辑符号如图 6-7a 所示。

图 6-7b 所示为由二极管构成的与门电路。在图中，假定 $VD_A$、$VD_B$ 为理想二极管，A、B 为两个输入端，Y 为输出端。根据电路的知识，可得到输出电压与输入电压的关系表，如表 6-4 所示。用逻辑"1"表示高电平 5V，用逻辑"0"表示低电平 0V，就可以将表 6-4 的电路电压关系转换表 6-3 所示的真值表，该电路符合与逻辑关系，为与门电路。

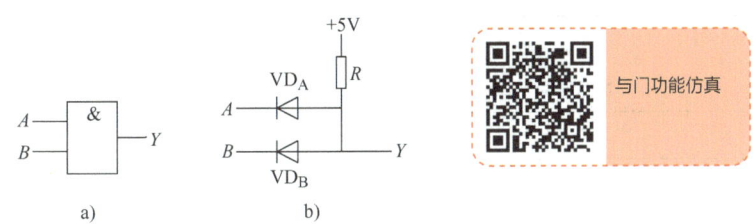

图 6-7　与门电路逻辑符号和二极管与门电路

表 6-4　二极管与门电路电压关系表

| 输入端 | | 二极管状态 | | 输出 |
|---|---|---|---|---|
| A/V | B/V | $VD_A$ | $VD_B$ | Y/V |
| 0 | 0 | 导通 | 导通 | 0 |
| 0 | 5 | 导通 | 截止 | 0 |
| 5 | 0 | 截止 | 导通 | 0 |
| 5 | 5 | 导通 | 导通 | 5 |

图 6-8a 为三输入与门逻辑符号，A、B、C 三个输入端和输出 Y 的波形图如图 6-8b 所示。从波形图可以看出：只有当输入 A、B、C 均为高电平时，输出 Y 为高电平"1"；否则，Y 为低电平"0"。

## 6.3.2　或门电路

在数理逻辑中，当决定事件发生的几个条件中，只要有一个或一个以上条件满足时，该事件就会发生，这就是或逻辑关系。如图 6-9 所示电路，只要开关 $S_1$（A）、$S_2$（B）其中一个

闭合（任一个条件具备）时，灯 $L(Y)$ 就亮（事件就发生）。

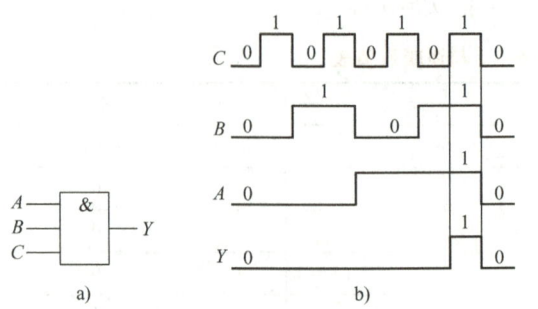

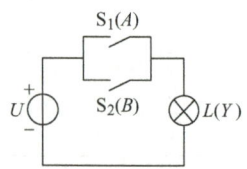

图 6-8　三输入与门及其波形图　　　　图 6-9　或逻辑的控制电路

输入 $A$、$B$ 和输出 $Y$ 的状态关系用表 6-5 表示。从表中可见，只要输入 $A$ 或 $B$ 是"1"时，输出 $Y$ 为"1"，其逻辑功能为有"1"出"1"，全"0"出"0"，输出与输入之间为或逻辑关系。或逻辑的表达式为

$$Y = A + B \tag{6-2}$$

式中，"+"是逻辑或的运算符号，读作逻辑"或"，仅表示"或"的逻辑功能，不是数量相加的概念。如当 $A=1$，$B=1$ 时，$Y=A+B=1+1=1$。

表 6-5　或逻辑真值表

| 输入 | | 输出 |
|---|---|---|
| $S_1$（$A$） | $S_2$（$B$） | $L$（$Y$） |
| 0 | 0 | 0 |
| 0 | 1 | 1 |
| 1 | 0 | 1 |
| 1 | 1 | 1 |

能实现或逻辑功能的门电路称或门电路，简称或门。或门逻辑符号如图 6-10a 所示。

如图 6-10b 所示为由二极管构成的或门电路。输入端 $A$、$B$，输出端 $Y$。其输出电压与输入电压的关系见表 6-6。逻辑"1"表示高电平 5V，逻辑"0"表示低电平 0V，就可以将表 6-6 的电路电压关系转换为表 6-5 所示的真值表，该电路可以实现或逻辑功能，是或门电路。

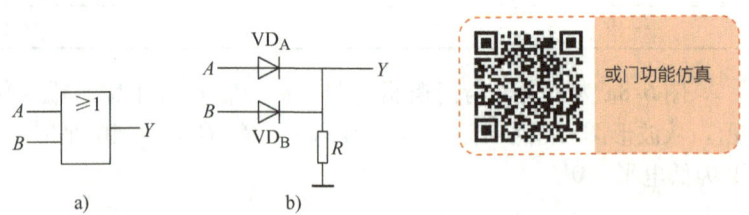

图 6-10　或门电路逻辑符号和二极管或门电路

表 6-6　二极管或门电路电压关系表

| 输入 | | 二极管状态 | | 输出 |
| --- | --- | --- | --- | --- |
| $A$/V | $B$/V | $VD_A$ | $VD_B$ | $Y$/V |
| 0 | 0 | 截止 | 截止 | 0 |
| 0 | 5 | 截止 | 导通 | 5 |
| 5 | 0 | 导通 | 截止 | 5 |
| 5 | 5 | 导通 | 导通 | 5 |

如图 6-11a 所示为三输入或门逻辑符号，$A$、$B$、$C$ 三个输入波形和输出 $Y$ 的波形图如图 6-11b 所示。从波形图可以看出：在输入端 $A$、$B$、$C$ 中，只要有一个是高电平，输出 $Y$ 输出高电平。

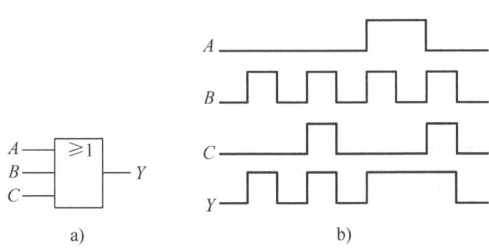

图 6-11　三输入或门及其波形图

### 6.3.3　非门电路

在数理逻辑中，决定某事件的条件只有一个，在条件具备时，事件不发生，而条件不具备时，事件却发生了，这种因果关系叫作非逻辑。在图 6-12 所示电路中，开关 S（$A$）和灯 $L$（$Y$）并联，当开关 S（$A$）闭合时，灯 $L$（$Y$）灭；反之，灯亮。其逻辑功能为：有"1"出"0"，有"0"出"1"，输出与输入之间为非逻辑关系。非门电路也称为反相器。它的状态关系真值表见表 6-7。

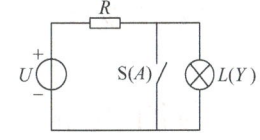

图 6-12　非逻辑的控制电路

表 6-7　非逻辑真值表

| 输入 | 输出 |
| --- | --- |
| S($A$) | $L$($Y$) |
| 0 | 1 |
| 1 | 0 |

能实现非逻辑功能的门电路称非门电路，简称非门，非门逻辑符号如图 6-13a 所示，根据非门"有 0 出 1，有 1 出 0"的逻辑功能可以得到与输入 $A$ 波形相反的输出 $Y$ 的波形图如图 6-13b 所示。从波形图可以看出：输入端 $A$ 是高电平，输出 $Y$ 便为低电平。

非逻辑的表达式为

$$Y = \overline{A} \tag{6-3}$$

式中，$A$ 称为原变量，$\overline{A}$ 称为反变量，$A$ 和 $\overline{A}$ 是一个变量 $A$ 的两种形式。

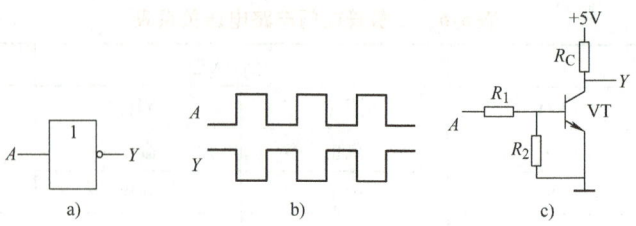

图 6-13  非门逻辑符号及其波形图

逻辑非的功能是对变量求反（或称求补），当 $A=0$ 时，$\bar{A}=1$；当 $A=1$ 时，$\bar{A}=0$。

图 6-13c 所示为晶体管构成的非门电路。可以看出，当输入端 $A$ 为低电平（0V）时，晶体管工作于截止状态，输出端 $Y$ 为高电平，当输入端 $A$ 为高电平（5V）时，只要保证 $R_1$、$R_2$ 参数合理，可使晶体管工作于饱和状态，集电极与发射极间的饱和压降 $U_{CES} \approx 0.3V$，输出端 $Y$ 为低电平。$A$ 与 $Y$ 的电压关系见表 6-8，其状态关系符合表 6-7 所示非逻辑的真值表，实现了非逻辑功能。

表 6-8  非门电路电压关系表

| 输入 $A$/V | 晶体管的状态 VT | 输出 $Y$/V |
|---|---|---|
| 0 | 截止 | 5 |
| 5 | 饱和 | 0.3 |

## 6.4 基本逻辑门电路的组合

### 6.4.1 与非门电路

与非门就是将与门的输出端接到非门的输入端，再通过非门的输出端进行输出的逻辑电路，逻辑符号如图 6-14b 所示，图 6-14c 所示为与非门输入、输出波形图，与非门输入、输出关系真值表见表 6-9。

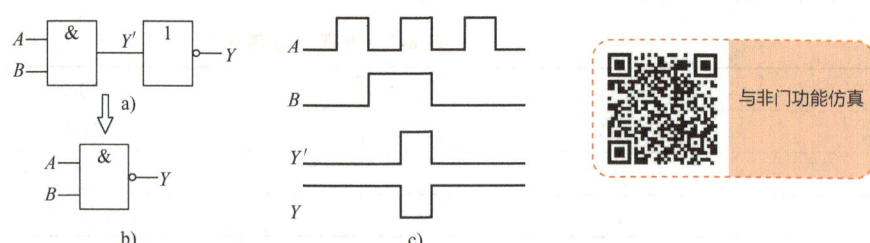

与非门功能仿真

图 6-14  与非门的构成及输入、输出波形

表 6-9  与非门逻辑的真值表

| 输入 | | 输出 |
|---|---|---|
| $A$ | $B$ | $Y$ |
| 0 | 0 | 1 |
| 0 | 1 | 1 |

(续)

| 输入 | | 输出 |
|---|---|---|
| A | B | Y |
| 1 | 0 | 1 |
| 1 | 1 | 0 |

与非门的逻辑功能为:"有 0 出 1,全 1 出 0"。可见,只有当输入 A、B 全为高电平"1"时,输出 Y 才为低电平"0"。只要有一个输入为低电平"0"时,输出 Y 就是"1"。与非逻辑的表达式为

$$Y = \overline{A \cdot B} = \overline{AB} \tag{6-4}$$

### 6.4.2 或非门电路

或非门就是将或门的输出端接到非门的输入端,再通过非门的输出端进行输出的逻辑电路,或非门的逻辑功能为:"有 1 出 0,全 0 出 1"。或非门电路的逻辑符号如图 6-15b 所示,图 6-15c 所示为或非门输入、输出波形图,逻辑真值表见表 6-10。

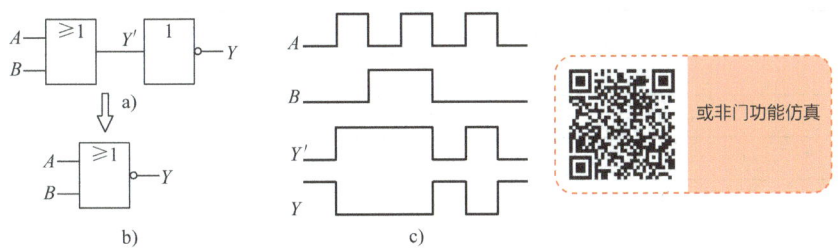

图 6-15 或非门的构成及输入、输出波形

表 6-10 或非门逻辑的真值表

| 输入 | | 输出 |
|---|---|---|
| A | B | Y |
| 0 | 0 | 1 |
| 0 | 1 | 0 |
| 1 | 0 | 0 |
| 1 | 1 | 0 |

或非逻辑的表达式为

$$Y = \overline{A + B} \tag{6-5}$$

### 6.4.3 与或非门电路

与或非门的逻辑门电路如图 6-16a 所示。有四个输入端,其中,第一级由两个与门构成:A 和 B 为第一与门的输入端,C 和 D 为第二与门的输入端;第一级两个与门的输出端作为第二级或门的输入;第二级或门的输出端接到非门的输入端,并通过非门的输出端进行输出的逻辑电路,图 6-16b 所示为与或非电路的逻辑符号。

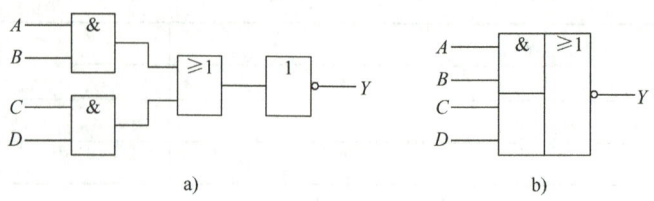

图 6-16 与或非门的逻辑门电路及逻辑符号

与或非门电路的逻辑表达式为

$$Y = \overline{A \cdot B + C \cdot D} \tag{6-6}$$

### 6.4.4 异或门电路

异或门电路的逻辑符号如图 6-17 所示。异或门电路是用来判断两个输入信号是否一致，如果一致输出为"0"，否则为"1"。异或门电路逻辑真值表见表 6-11。

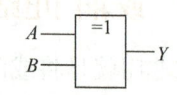

图 6-17 异或门逻辑符号

表 6-11 异或门逻辑的真值表

| 输入 | | 输出 |
|---|---|---|
| A | B | Y |
| 0 | 0 | 0 |
| 0 | 1 | 1 |
| 1 | 0 | 1 |
| 1 | 1 | 0 |

异或逻辑的表达式为

$$Y = A\overline{B} + \overline{A}B = A \oplus B \tag{6-7}$$

### 6.4.5 同或门电路

同或门电路的逻辑符号如图 6-18 所示。同或门电路是用来判断两个输入信号是否一致，如果一致输出为"1"，否则为"0"。在异或门电路的输出端接入一个非门就可以得到同或门电路，其功能推导将在本书的 6.6.1 节内容中进行证明。同或门电路逻辑真值表见表 6-12。

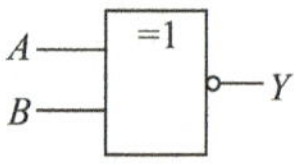

图 6-18 同或门逻辑符号

表 6-12 同或门逻辑的真值表

| 输入 | | 输出 |
|---|---|---|
| A | B | Y |
| 0 | 0 | 1 |
| 0 | 1 | 0 |
| 1 | 0 | 0 |
| 1 | 1 | 1 |

同或逻辑的表达式为

$$Y = \bar{A} \cdot \bar{B} + AB = A \odot B \tag{6-8}$$

**【例 6-4】** 已知 $A$、$B$ 的波形如图 6-19 所示，求：1）如果 $A$、$B$ 是异或门的输入端，请画出输出端 $Y$ 的波形。2）如果 $A$、$B$ 是同或门的输入端，请画出输出端 $Y'$ 的波形。

**解：** 1）如果 $A$、$B$ 是异或门的输入端，由异或门的逻辑功能可知，当 $A$、$B$ 的波形不同时为"1"或为"0"时，$Y$ 输出为"1"，否则，$Y$ 输出为"0"，如图 6-19 所示的 $Y = A \oplus B$ 波形。

2）如果 $A$、$B$ 是同或门的输入端，由同或门的逻辑功能可知，当 $A$、$B$ 的波形同时为"1"或为"0"时，$Y$ 输出为"1"，否则 $Y$ 输出为"0"，如图 6-19 所示的 $Y' = A \odot B$ 波形。

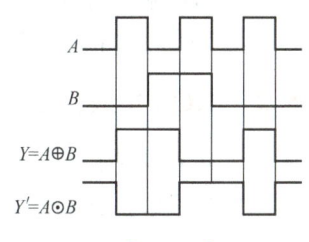

图 6-19 【例 6-4】波形图

## 6.5 集成门电路简介

利用半导体集成工艺将一个或多个完整的门电路做在同一块硅片上，成为集成门电路。集成门按内部有源器件的不同可分为两大类：一类为双极型晶体管集成电路，主要有晶体管 TTL 逻辑、射极耦合逻辑 ECL 和集成注入逻辑 IIL 等几种类型；另一类为单极型 MOS 集成电路，包括 NMOS、PMOS 和 CMOS 等几种类型，常用的是 TTL 和 CMOS 集成电路。集成门电路按其集成度又可分为小规模集成电路（SSI）、中规模集成电路（MSI）、大规模集成电路（LSI）和超大规模集成电路（VLSI）。

### 6.5.1 TTL 集成门电路

（1）TTL 集成门电路的特点

TTL 电路是数字集成电路的一大门类。它采用双极型工艺制造，具有高速度低功耗和品种多等特点。

TTL 集成门电路第一代包括 SN54/74 系列；第二代包括肖特基钳位系列（STTL）和低功耗肖特基系列（LSTTL）；第三代为采用等平面工艺制造的先进 STTL（ASTTL）和先进的低功耗 STTL（ALSTTL）。

（2）TTL 集成门电路的多余输入端的处理

TTL 门电路输入阻抗特性为：当输入电阻较低时，输入电压很小，随外接电阻的增加，输入电平增大，当输入电阻 >1kΩ 时，输入电平就变为阈值电压 $U_{TH}$ 即为高电平，这样即使输入端不接高电平，输入电压也为高电平，影响了低电平的输入。所以对于 TTL 电路多余输入端的处理，采用以下方法。

1）TTL 与门和与非门电路采用以下四种方法。

- 将多余输入端接高电平，即通过限流电阻与电源相连接。
- 根据 TTL 门电路的输入特性可知，当外接电阻为大电阻时，其输入电压为高电平，这样可以把多余的输入端悬空，此时输入端相当于外接高电平。
- 通过大电阻（大于 1kΩ）到地，这也相当于输入端外接低电平。
- 当 TTL 门电路的工作速度不高，信号源驱动能力较强，多余输入端也可与使用的输入端并联使用。

2）TTL 或门、或非门电路多余输入端的处理应采用以下三种方法。

- 接低电平。
- 接地。
- 由 TTL 输入端的输入伏安特性可知，当输入端接小于 1kΩ 的电阻时输入端的电压很小，相当于接低电平，所以可以通过接小于 1kΩ（500Ω）的电阻到地。

### 6.5.2　MOS 集成门电路

(1) MOS 集成门电路的特点

MOS 集成电路是由绝缘栅场效应管（MOS）器件构成的。用 MOS 管作为开关元件的数字逻辑电路称为 MOS 逻辑电路。相对于双极型 TTL 逻辑门电路，也称单极型逻辑门。两者就逻辑功能而言，并无区别，但是 MOS 器件具有制造工艺简单、集成度高、体积小、功耗低、输入阻抗大、抗干扰能力强等优点，因此很快在各种数字电路中得到广泛的应用。

MOS 逻辑电路可分为三类：P 沟道金属氧化物半导体（P-channel MOS，PMOS）、N 沟道金属氧化物半导体（N-channel MOS，NMOS）和复和互补金属氧化物半导体（Complement MOS，CMOS）。其中 PMOS 逻辑电路的特点是工艺简单，但开关速度最低，故较少采用；NMOS 逻辑电路，由于其导电的载流子是电子，故与 PMOS 电路中的空穴载流子相比，开关速度要高一些，但其工艺较复杂一些。而 CMOS 逻辑电路，它采用互补的 NMOS 管和 PMOS 管构成逻辑电路。CMOS 电路较前两类 MOS 电路的突出优点是：静态功耗低、开关速度高，与双极性晶体管的 TTL 电路速度接近，故目前应用最多。CMOS 电路产品中主要为 CD4000 系列和高速 CMOS54/74HC 系列。其中 CD4000 系列的工作电压范围很宽（3 ~ 18V），能与 TTL 电路共用电源，因此与 TTL 电路连接方便。

(2) CMOS 集成门电路的多余输入端的处理

CMOS 管在电路中是电压控制元件，基于这一特点，输入端信号易受外界干扰，所以在使用 CMOS 门电路时输入端特别注意不能悬空。在使用时应采用以下方法。

1）CMOS 与门、与非门电路的多余输入端就应采用高电平，即可通过限流电阻（500Ω）接电源。

2）或门和或非门电路多余输入端的处理方法应是将多余输入端接低电平，即通过限流电阻（500Ω）接地。

CMOS 电路的使用应注意以下几个问题。

1）CMOS 的输入总抗很大，对干扰信号的捕捉能力很强。所以，不用的管脚不要悬空，要接上拉电阻或者下拉电阻，给它一个恒定的电平。

2）输入端接低内阻的信号源时，要在输入端和信号源之间串联限流电阻，使输入的电流限制在 1mA 之内，CMOS 的输入电流超过 1mA，就有可能烧坏 CMOS。CMOS 电路由于输入太大的电流，内部的电流急剧增大，除非切断电源，电流一直在增大。这种效应就是 CMOS 锁定效应。当产生锁定效应时，CMOS 的内部电流能达到 40mA 以上，很容易烧毁芯片。通常采用的防御措施如下。

- 在输入端和输出端加钳位电路，使输入和输出不超过规定电压。
- 芯片的电源输入端加去耦电路，防止 $V_{DD}$ 端出现瞬间的高压。

- 在 $V_{DD}$ 和外电源之间加限流电阻，即使有大的电流也不让它进去。

3）当接长信号传输线时，在 CMOS 电路端接匹配电阻。

4）当输入端接大电容时，应该在输入端和电容间接保护电阻。电阻值为 $R = V_o/1\text{mA}$，（$V_o$ 是外界电容上的电压）。

5）当系统由几个电源分别供电时，开关要按下列顺序：开启时，先开启 CMOS 电路的电源，再开启输入信号和负载的电源；关闭时，先关闭输入信号和负载的电源，再关闭 CMOS 电路的电源。

### 6.5.3　TTL 和 CMOS 电路的比较

1）TTL 电路是电流控制器件，而 CMOS 电路是电压控制器件。

2）TTL 电路的速度快，传输延迟时间短（5~10ns），但功耗大。CMOS 电路的速度慢，传输延迟时间长（25~50ns），但功耗低。CMOS 电路本身的功耗与输入信号的脉冲频率有关，频率越高，芯片越热，这是正常现象。

3）TTL 电平与 CMOS 电平的区别。

TTL 的 $U_{CC}$ 为 5V，TTL 高电平 3.6~5V，低电平 0~2.4V；CMOS 电平 $U_{CC}$ 可达到 12V，CMOS 电路输出高电平约为 $0.9U_{CC}$，而输出低电平约为 $0.1U_{CC}$。5V 的电平不能触发 CMOS 电路，12V 的电平会损坏 TTL 电路，因此不能互相兼容匹配。CMOS 电路不使用的输入端不能悬空，会造成逻辑混乱；TTL 电路不使用的输入端悬空为高电平。另外，CMOS 集成电路电源电压可以在较大范围内变化，因而对电源的要求不像 TTL 集成电路那样严格。TTL 与 CMOS 电路的参数差别较大，在电路设计时，要尽量选用同一种型号的集成电路。

## 6.6　逻辑代数及其应用

### 6.6.1　逻辑代数的运算规则

**1. 逻辑代数的基本公式**

逻辑代数亦称布尔代数。逻辑电路的输出和输入之间的逻辑关系可以用逻辑函数来描述，逻辑乘（与运算）、逻辑加（或运算）、逻辑非（非运算）是逻辑代数中的三种基本运算，在此基础上借助逻辑代数这个数学工具就可以对逻辑电路进行分析和设计。在逻辑代数中，"0" 和 "1" 不是具体的数值，而是表示两种逻辑状态，即逻辑 0 和逻辑 1。逻辑代数有一些运算定律和规则，如表 6-13 所示，这些运算规则都可用已有的公式加以证明，可直接使用。

表 6-13　逻辑代数的基本运算定律

| | 与 | 或 | 非 |
| --- | --- | --- | --- |
| 基本定律 | $A \cdot 0 = 0$，$A \cdot 1 = A$<br>$A \cdot A = A$，$A \cdot \bar{A} = 0$ | $A + 0 = A$，$A + 1 = 1$<br>$A + A = A$，$A + \bar{A} = 1$ | $\bar{\bar{A}} = A$ |
| 交换律 | | $AB = BA$，$A + B = B + A$ | |
| 结合律 | | $ABC = (AB) \cdot C = A \cdot (BC)$，$A + B + C = A + (B + C) = (A + B) + C$ | |

(续)

| 分配律 | $A(B+C) = AB + AC$, $A + BC = (A+B)(A+C)$ |
|---|---|
| 反演律（摩根定律） | $\overline{AB} = \overline{A} + \overline{B}$, $\overline{A+B} = \overline{A} \cdot \overline{B}$ |
| 吸收律 | $A + AB = A$, $A + \overline{A}B = A + B$, $A(\overline{A}+B) = AB$, $(A+B)(A+C) = A + BC$ |
| 冗余律 | $A \cdot B + \overline{A} \cdot C + B \cdot C = A \cdot B + \overline{A} \cdot C$, $A \cdot B + \overline{A} \cdot C + B \cdot C \cdot D = A \cdot B + \overline{A} \cdot C$ |

【例 6-5】证明吸收律：$(A+B)(A+C) = A + BC$ 和 $A + \overline{A}B = A + B$。

证：

$(A+B)(A+C) = AA + AB + AC + BC = A + A(B+C) + BC = A[1 + (B+C)] + BC = A + BC$

$A + \overline{A}B = A + AB + \overline{A}B = A + (A + \overline{A})B = A + B$

【例 6-6】证明冗余律：$A \cdot B + \overline{A} \cdot C + B \cdot C = A \cdot B + \overline{A} \cdot C$。

证：

$A \cdot B + \overline{A} \cdot C + B \cdot C = A \cdot B + \overline{A} \cdot C + (A + \overline{A}) \cdot B \cdot C = A \cdot B + \overline{A} \cdot C + A \cdot B \cdot C + \overline{A} \cdot B \cdot C$
$= A \cdot B + \overline{A} \cdot C$

【例 6-7】证明：$\overline{A \oplus B} = A \odot B$ 等式成立。

证：

$\overline{A \oplus B} = \overline{A\overline{B} + \overline{A}B} = \overline{A\overline{B}} \cdot \overline{\overline{A}B} = (\overline{A} + B)(A + \overline{B}) = \overline{A}A + \overline{A}\overline{B} + AB + B\overline{B}$
$= \overline{A}\overline{B} + AB$

**2. 逻辑代数的基本规则**

（1）代入规则

在同一个逻辑等式两边的同一个变量位置，都用一个变量或一个逻辑表达式代入，则逻辑等式仍然成立，这就是代入规则。

【例 6-8】已知逻辑等式为 $\overline{AB} = \overline{A} + \overline{B}$，若将 $Y = B + C$ 代入逻辑等式中的变量 $A$，试证明原等式仍然成立。

证：

左边 = $\overline{(B+C)B} = \overline{B + BC} = \overline{B}$

右边 = $\overline{B+C} + \overline{B} = \overline{B} \cdot \overline{C} + \overline{B} = \overline{B}$

左边 = 右边，得证。

（2）对偶规则

将一个逻辑函数 $Y$ 中所有的"与"变为"或"，"或"变为"与"，将"0"换为"1"，将"1"换为"0"，得到的新函数表达式就是 $Y$ 的对偶式，用 $Y'$ 表示。所谓对偶规则，是指如果两个逻辑函数表达相等，它们的对偶式也一定相等。

【例 6-9】写出 $A \cdot (B+C) = A \cdot B + A \cdot C$ 的对偶式。

解：

$$A + B \cdot C = (A+B) \cdot (A+C)$$

（3）反演规则

将一个逻辑函数中的"·"换成"+","+"换成"·",原变量换成反变量,反变量换成原变量,就得到逻辑表达式 $Y$ 的反函数 $\overline{Y}$,这就是反演规则,也称为摩根定理。

【例6-10】已知逻辑函数 $Y=(A+B)(\overline{C}+\overline{D})$,利用反演规则证明 $\overline{Y}=\overline{A}\cdot\overline{B}+C\cdot D$。

证：

已知：$Y=(A+B)(\overline{C}+\overline{D})$,利用反演规则：$A\to\overline{A}$,$B\to\overline{B}$,$\overline{C}\to C$,$\overline{D}\to D$,$+\to\cdot$,$\cdot\to+$,就可得

$$\overline{Y}=\overline{A}\cdot\overline{B}+C\cdot D$$

**3. 逻辑表达方式的相互转换**

（1）真值表转换成逻辑表达式

用来反映逻辑描述中变量的可能取值情况和与之对应的函数的表格称为真值表,真值表能够直观地反映出逻辑函数输入和输出对应关系,见表6-14。在列写真值表时,如果输入有 $n$ 个变量,就会有 $2^n$ 个状态,将这些状态按照二进制数递增规律排列,同时给出相应的输出状态。

将真值表转换成逻辑表达式的方法如下。

1）如表6-14所示,先横向写出逻辑函数项,对于每一个输入状态的组合,当变量的状态为"1"时,变量写成原变量,当变量的状态为"0"时,变量写成反变量,各变量之间是"与"的关系。

2）将表中函数值等于"1"的变量状态组合选出来,这些组合之间的关系是"或"关系,这样就得到了相应的逻辑表达式。

表6-14 逻辑函数真值表

| $A$ | $B$ | $C$ | $Y$ | 逻辑函数项 |
| --- | --- | --- | --- | --- |
| 0 | 0 | 0 | 1 | $\overline{A}\,\overline{B}\,\overline{C}$ |
| 0 | 0 | 1 | 0 | $\overline{A}\,\overline{B}C$ |
| 0 | 1 | 0 | 1 | $\overline{A}B\overline{C}$ |
| 0 | 1 | 1 | 0 | $\overline{A}BC$ |
| 1 | 0 | 0 | 1 | $A\overline{B}\,\overline{C}$ |
| 1 | 0 | 1 | 0 | $A\overline{B}C$ |
| 1 | 1 | 0 | 1 | $AB\overline{C}$ |
| 1 | 1 | 1 | 1 | $ABC$ |

【例6-11】将表6-14所示的逻辑函数真值表转换成表达式。

解：1）根据真值表各输入状态写出逻辑函数项,以 $A$、$B$、$C$ 取值为000为例,对应的逻辑函数项 $\overline{A}\,\overline{B}\,\overline{C}$,以此类推,见表6-14。

2）根据真值表可知,满足输出 $Y=1$ 的输入 $A$、$B$、$C$ 组合取值为000、010、100、110、111五种情况时,其对应的逻辑函数项为 $\overline{A}\,\overline{B}\,\overline{C}$、$\overline{A}B\overline{C}$、$A\overline{B}\,\overline{C}$、$AB\overline{C}$ 和 $ABC$。因此,$Y$ 的逻辑表达式是以上五个逻辑函数项之和,即

$$Y=\overline{A}\,\overline{B}\,\overline{C}+\overline{A}B\overline{C}+A\overline{B}\,\overline{C}+AB\overline{C}+ABC$$

（2）由逻辑表达式填写真值表

可将输入变量取值的所有组合逐一代入表达式，填写真值表。

**【例 6-12】** 将逻辑表达式 $Y = \overline{A}B + C$ 转换成真值表。

**解**：将 A、B、C 取值的所有组合 000，001，…，111 逐一代入逻辑表达式，将计算出逻辑表达式的值填入真值表，见表 6-15。

表 6-15　$Y = \overline{A}B + C$ 逻辑函数真值表

| A | B | C | Y |
|---|---|---|---|
| 0 | 0 | 0 | 0 |
| 0 | 0 | 1 | 1 |
| 0 | 1 | 0 | 1 |
| 0 | 1 | 1 | 1 |
| 1 | 0 | 0 | 0 |
| 1 | 0 | 1 | 1 |
| 1 | 1 | 0 | 0 |
| 1 | 1 | 1 | 1 |

（3）由逻辑表达式画逻辑图

用逻辑符号代替逻辑表达式中的运算符号即可得到逻辑达式所对应的逻辑图。

**【例 6-13】** 将逻辑表达式 $Y = \overline{A}B + C$ 转换成逻辑图。

**解**：绘制逻辑图如图 6-20 所示。

（4）由逻辑图写逻辑表达式

用运算符号代替逻辑图中的逻辑符号即可得到所对应逻辑表达式。

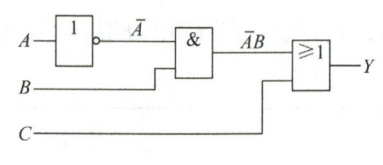

图 6-20　$Y = \overline{A}B + C$ 的逻辑图

**【例 6-14】** 逻辑图如图 6-21a 所示，请将其表达的逻辑关系转换成逻辑表达式。

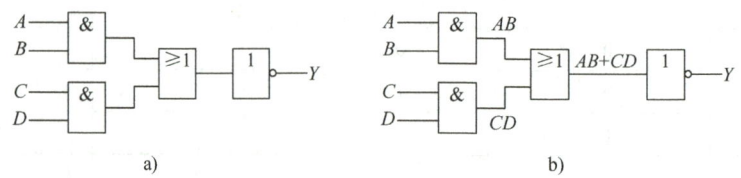

a)　　　　　　　　　　b)

图 6-21　【例 6-14】逻辑图

**解**：逐级写出表达式如图 6-21b 所示，可得到的是与非-与非表达式为

$$Y = \overline{\overline{AB} \cdot \overline{CD}}$$

## 6.6.2　逻辑函数的公式化简法

一个逻辑函数的表达方式并不是唯一的，可以有多种不同的形式，如与非表达式、与或表达式、与非-与非表达式等。举例如下。

与或表达式：$Y = \overline{A}B + AC$

或与表达式：$Y = (A + B)(\overline{A} + C)$

与非-与非表达式：$Y = \overline{\overline{\overline{A}B} \cdot \overline{A\overline{C}}}$

或非-或非表达式：$Y = \overline{\overline{\overline{A} + B} + \overline{A + \overline{C}}}$

与或非表达式：$Y = \overline{A\overline{B} + \overline{A}\,\overline{C}}$

在实际应用中，往往希望得到最简单的逻辑函数表达式，这样的逻辑关系清楚，可以用较为简单的电路实现逻辑关系。逻辑函数的公式化简法就是运用逻辑代数的基本公式、定理和规则来化简逻辑函数。常用的逻辑函数的公式化简法包括并项法、吸收法、配项法和消去冗余项法等几种。

(1) 并项法

若两个乘积项中分别包含同一个因子的原变量和反变量，而其他因子都相同时，可以利用公式 $A + \overline{A} = 1$，将这两项合并成一项，并消去互为反变量的因子。

【例 6-15】试化简逻辑函数 $Y = ABC + \overline{A}BC + B\overline{C}$。

解：$Y = ABC + \overline{A}BC + B\overline{C} = (A + \overline{A})BC + B\overline{C} = BC + B\overline{C} = B(C + \overline{C}) = B$

(2) 吸收法

如果乘积项是另外一个乘积项的因子，则这另外一个乘积项是多余的，可以利用公式 $A + AB = A$，消去多余的项；如果一个乘积项的反变量是另一个乘积项的因子，则这个因子是多余的，可以利用公式 $A + \overline{A}B = A + B$，消去多余的变量。

【例 6-16】试化简下列逻辑函数。

1) $Y = AB + \overline{A}C + \overline{B}C$

2) $Y = A\overline{B} + C + \overline{A}\,\overline{C}D + B\overline{C}D$

解：1) $Y = AB + \overline{A}C + \overline{B}C = AB + (\overline{A} + \overline{B})C = AB + \overline{AB}C = AB + C$

2) $Y = A\overline{B} + C + \overline{A}\,\overline{C}D + B\overline{C}D = A\overline{B} + C + \overline{C}(\overline{A} + B)D = A\overline{B} + C + (\overline{A} + B)D = A\overline{B} + C + \overline{A\overline{B}}D$

  $= A\overline{B} + C + D$

(3) 配项法

可以利用公式 $A = A(B + \overline{B})$ 为某一项配上其所缺的变量，以便用其他方法进行化简；也可以利用公式 $A + A = A$ 为某项配上其所能合并的项。

【例 6-17】试化简下列逻辑函数。

1) $Y = A\overline{B} + B\overline{C} + \overline{B}C + \overline{A}B$

2) $Y = ABC + AB\overline{C} + A\overline{B}C + \overline{A}BC$

解：

1) $Y = A\overline{B} + B\overline{C} + \overline{B}C + \overline{A}B = A\overline{B} + B\overline{C} + (A + \overline{A})\overline{B}C + \overline{A}B(C + \overline{C})$

  $= A\overline{B} + B\overline{C} + A\overline{B}C + \overline{A}\,\overline{B}C + \overline{A}BC + \overline{A}B\overline{C} = A\overline{B}(1 + C) + B\overline{C}(1 + \overline{A}) + \overline{A}C(\overline{B} + B)$

  $= A\overline{B} + B\overline{C} + \overline{A}C$

2) $Y = ABC + AB\bar{C} + A\bar{B}C + \bar{A}BC = (ABC + AB\bar{C}) + (ABC + A\bar{B}C) + (ABC + \bar{A}BC)$
   $= AB + AC + BC$

(4) 消去冗余项法

利用冗余律 $A \cdot B + \bar{A} \cdot C + B \cdot C = A \cdot B + \bar{A} \cdot C$,将冗余项 $BC$ 消去。

【例 6-18】 试化简逻辑函数:$Y = A\bar{B} + AC + ADE + \bar{C}D$。

解:$Y = A\bar{B} + AC + ADE + \bar{C}D = A\bar{B} + (AC + \bar{C}D + ADE) = A\bar{B} + AC + \bar{C}D$

### 6.6.3 逻辑函数的卡诺图化简法

**1. 最小项与最小项表示法**

对于有 $n$ 个变量的逻辑函数来说,如在其与或表达式的各个乘积项中,$n$ 个变量都以原变量或反变量的形式出现且仅出现一次,这样的乘积项称为函数的最小项。三变量的最小项编号见表 6-16。

表 6-16 三变量函数最小项编号

| 变量 | | | 最小项 | 对应十进制数 | 最小项编号 |
| A | B | C | | | |
| --- | --- | --- | --- | --- | --- |
| 0 | 0 | 0 | $\bar{A}\bar{B}\bar{C}$ | 0 | $m_0$ |
| 0 | 0 | 1 | $\bar{A}\bar{B}C$ | 1 | $m_1$ |
| 0 | 1 | 0 | $\bar{A}B\bar{C}$ | 2 | $m_2$ |
| 0 | 1 | 1 | $\bar{A}BC$ | 3 | $m_3$ |
| 1 | 0 | 0 | $A\bar{B}\bar{C}$ | 4 | $m_4$ |
| 1 | 0 | 1 | $A\bar{B}C$ | 5 | $m_5$ |
| 1 | 1 | 0 | $AB\bar{C}$ | 6 | $m_6$ |
| 1 | 1 | 1 | $ABC$ | 7 | $m_7$ |

$n$ 个变量的逻辑函数一共有 $2^n$ 个最小项,通常用最小项编号 $m_i$ 表示最小项,其下标为最小项的编号。编号的方法是:最小项中的原变量取"1",反变量取"0",则最小项取值为一组二进制数,其对应的十进制数值为该最小项的编号。对于 $n$ 个变量的函数,$i = 0$,1,…,$2^n - 1$。

最小项具有以下性质。

1)任意一个最小项,只有一组变量取值使其值为 1。

2)任意两个最小项的逻辑乘积为 0,例如,$m_3 \cdot m_5 = \bar{A}BC \cdot A\bar{B}C = 0$。

3)所有最小项的和为 1。对于三变量有 $\sum(m_0, m_1, m_2, \cdots, m_7) = \sum m(0, 1, 2, \cdots, 7) = 1$。

4)两个最小项的变量取值只有一个不同,称为相邻最小项。

**2. 逻辑函数的最小项表达式**

任何一个逻辑函数都可以表示成唯一的一组最小项之和,称为标准与或表达式,也称为最小项表达式。对于不是最小项表达式的与或表达式,可利用公式 $A + \bar{A} = 1$ 和 $A(B + C) =$

$AB + A\overline{C}$ 来配项展开成最小项表达式。

【例6-19】试写出逻辑函数 $Y = \overline{A}\,\overline{B}C + \overline{A}B\,\overline{C} + \overline{A}BC + A\overline{B}C + ABC$ 的最小项表达式。

解：
$$Y = \overline{A}\,\overline{B}C + \overline{A}BC + ABC = m_1 + m_3 + m_7 = \sum m(1,3,7)$$

【例6-20】试写出逻辑函数 $Y = \overline{A}\,\overline{B} + BC$ 的最小项表达式。

解：
$$Y = \overline{A}\,\overline{B} + BC = \overline{A}\,\overline{B}(C + \overline{C}) + (A + \overline{A})BC = \overline{A}\,\overline{B}C + \overline{A}\,\overline{B}\,\overline{C} + ABC + \overline{A}BC$$
$$= \overline{A}\,\overline{B}\,\overline{C} + \overline{A}\,\overline{B}C + \overline{A}BC + ABC = m_0 + m_1 + m_3 + m_7$$
$$= \sum m(0,1,3,7)$$

### 3. 逻辑函数的卡诺图表示

卡诺图是由美国工程师卡诺（Karnaugh）最先提出的。他将逻辑函数真值表中的最小项重新排列成矩阵形式，并且使矩阵的横方向和纵方向的逻辑变量的取值按照格雷码（Gray码）的顺序排列，这样构成的图形就是卡诺图，如图6-22～图6-24所示。格雷码又称循环码，是一种常用的十进制数的

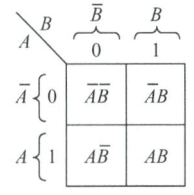
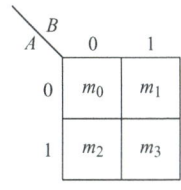

图6-22 二变量卡诺图

二进制编码，其规则是从一个代码变为相邻的另一个代码时，其中只有一位二进制数码变化。在填卡诺图时，将卡诺图中对应于函数式中包含的最小项的方格填"1"，其余的方格填"0"。

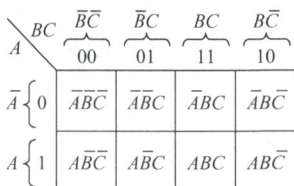

图6-23 三变量卡诺图

图6-24 四变量卡诺图

卡诺图化简法在变量较少（变量≤4）时，具有直观、便捷的优点。卡诺图化简法是吸收律 $AB + \overline{A}B = B(A + \overline{A}) = B$ 的直接应用，化简步骤如下：

1）将逻辑函数式转换成与或表达式，也可以用最小项表达式表示，然后填入卡诺图中。

2）将取值为"1"的相邻小方格圈在一起，其中最上行与最下行及最左列与最右列，同列或同行两端的两个小方格也属于相邻关系，合并方格圈包含 $2^n$ 个相邻"1"。且圈的个数最少，圈内的"1"个数要尽可能多。每圈一个新的圈时，必须包含至少一个在已存在的所有圈中未出现过的"1"。取值为"1"的小方格可重复被圈，但不能遗漏。

3）合并圈进行化简，相邻的两项合并为一项，可以消去一个因子；相邻的四项合并为一项，可以消去两个因子；以此类推，相邻的 $2^n$ 项合并为一项，可消去 $n$ 个因子。将合并结果作为逻辑与，并进行逻辑或，写出最简的与或表达式。

【例 6-21】某逻辑函数 $Y$ 的卡诺图如图 6-25a 所示，试化简此函数。

**解：**

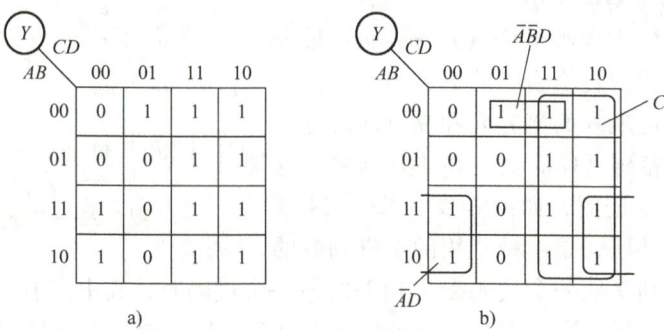

图 6-25 【例 6-21】的卡诺图

1）根据化简步骤将卡诺图中 $2^n$ 个相邻为"1"的小方格圈起来，如图 6-25b 所示。

2）根据所画方格圈写出各个方格圈的乘积项然后进行逻辑加即得化简后的与或表达式

$$Y = C + A\overline{D} + \overline{A}\,\overline{B}D$$

【例 6-22】试用卡诺图将函数 $Y = \overline{A} \cdot \overline{B} \cdot \overline{C} \cdot \overline{D} + A \cdot \overline{C} \cdot \overline{D} + ABD + C$ 化为最简与或表达式。

**解：** 1）将原函数化为最小项表达式。

$Y = \overline{A} \cdot \overline{B} \cdot \overline{C} \cdot \overline{D} + A \cdot \overline{C} \cdot \overline{D} + ABD + C$

$= \overline{A} \cdot \overline{B} \cdot \overline{C} \cdot \overline{D} + A \cdot \overline{C} \cdot \overline{D}(B + \overline{B}) + ABD(C + \overline{C}) + C(A + \overline{A})(B + \overline{B})(D + \overline{D})$

整理得

$Y = \overline{A}\,\overline{B}\,\overline{C}\,\overline{D} + \overline{A}\,\overline{B}C\overline{D} + \overline{A}\,BC\overline{D} + \overline{A}BCD + \overline{A}\,\overline{B}\,\overline{C}\,\overline{D}$

$+ A\overline{B}C\overline{D} + A\overline{B}CD + AB\overline{C}\,\overline{D} + ABC\overline{D} + ABC\overline{D} + ABCD$

$= m_0 + m_2 + m_3 + m_6 + m_7 + m_8 + m_{10} + m_{11} + m_{12} + m_{13} + m_{14} + m_{15}$

$= \sum m(0,2,3,6,7,8,10,11,12,13,14,15)$

2）做出该逻辑函数的卡诺图如图 6-26a 所示。

3）按照卡诺图化简步骤化简，如图 6-26b 所示，写出最简与或表达式

$$Y = \overline{B} \cdot \overline{D} + AB + C$$

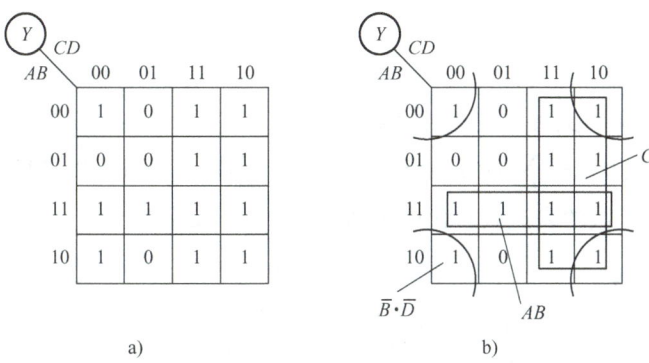

图 6-26 【例 6-22】的卡诺图

值得注意的是：有时卡诺图化简也会出现结果不唯一的情况，如图 6-27a、b 所示，这样得到的最简与或表达式会不同，但不影响化简结果的正确性。

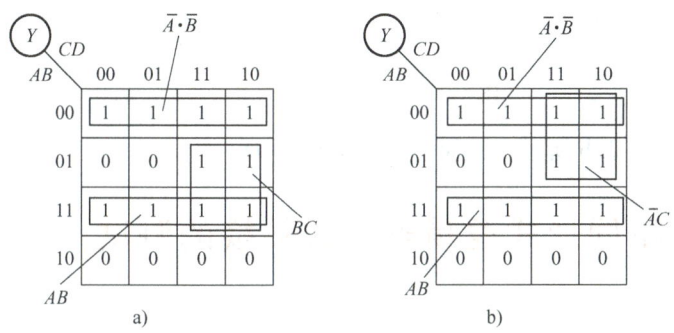

图 6-27 卡诺图化简结果不唯一的实例

**4. 具有无关项逻辑函数的化简**

实际应用中经常会遇到这样的情况，逻辑函数中的某些变量的取值可以是任意的称为任意项，有些变量的组合是不允许出现或不可能出现的，其对应的最小项称作约束项。约束项和任意项通称为无关项，在卡诺图的小方格中用符号"×"表示，或者用字母"d"表示。在卡诺图化简时，可以根据具体情况将这些无关项取"1"也取"0"，这样使得化简结果更简单。

【例 6-23】某逻辑函数 $Y$ 的卡诺图如图 6-28a 所示，试化简该函数。

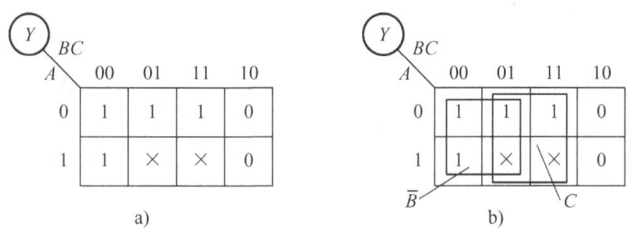

图 6-28 【例 6-23】的卡诺图

解：图中 $m_5$ 和 $m_7$ 为无关项，用"×"表示，如果它们都取"1"时，可在图中画两个包含 4 个"1"的合并圈，如图 6-28b 所示。化简后它们分别为 $\overline{B}$ 和 $C$，得到的逻辑函数最

简,即

$$Y = \overline{B} + C$$

**【例 6-24】** 化简带有无关项的逻辑函数:

$$Y(A,B,C,D) = \sum m(1,3,5,7,8,9) + \sum d(2,10,11,12,13,14,15)$$

**解:** 1) 将逻辑函数的表达式转化成卡诺图,如图 6-29a 所示。

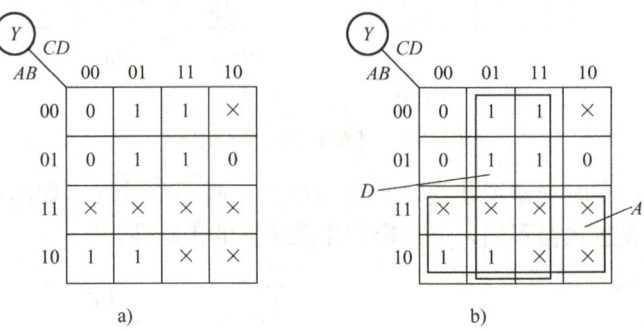

图 6-29  【例 6-24】的卡诺图

2) 合并圈如图 6-29b 所示,化简结果为 $Y = A + D$。

## 6.7　实验　不同形式逻辑表达式转换的测试

**一、实验目的**

1) 熟悉基本门电路的逻辑功能。

2) 掌握"与""或"逻辑表达式和"与非"形式的逻辑表达式之间的转换。

3) 能够按照数字集成器件的引脚图分辨元器件的引脚,掌握数字电子元器件的基本使用方法。

**二、实验设备与器件**

数字电路实验箱,芯片 74LS00、74LS20(可用 COMS 相同功能的集成芯片替换),逻辑开关信号,逻辑电平显示装置(一组发光二极管指示灯)。

**三、实验内容与步骤**

1) 了解 74LS00、74LS20 芯片的功能。

如图 6-30a 所示为 74LS00 与非门集成芯片的引脚图,74LS00 芯片是 2 输入 4 与非门集成电路,"14"脚接电源,"7"脚接地。如图 6-30b 所示为 74LS20 与非门集成芯片的引脚图,74LS20 芯片是 4 输入 2 与非门集成电路,"14"脚接电源,"7"脚接地。

2) 不同形式的逻辑表达式之间的转换,将表达式转换成"与非"形式。例如,$A + B = \overline{\overline{A + B}} = \overline{\overline{A}\,\overline{B}}$。

第一组:$AB =$ _____ ;$AB + \overline{A}\,\overline{B} =$ _____ ;$\overline{A}B + A\overline{B} =$ _____ ;

第二组:$A + B + C =$ _____ ;$AB + AC + BC + CD =$ _____ 。

3) 在图 6-31 上画出第一组"与非"表达式的接线图,请根据实际需要选择芯片的个数。

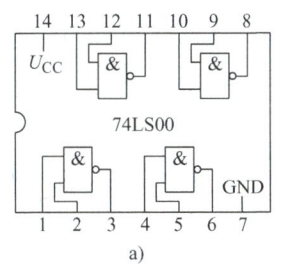
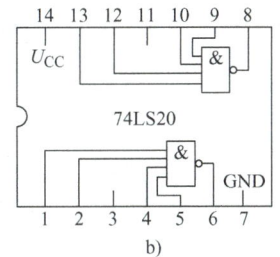

图 6-30　与非门集成芯片引脚图

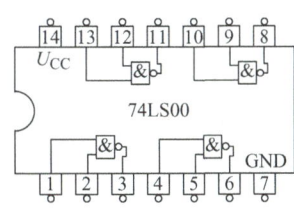
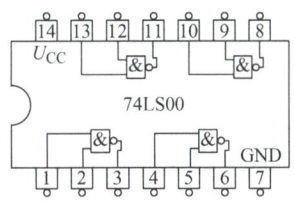

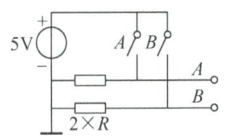
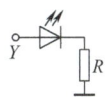

图 6-31　第一组接线图的绘制

4）根据实际电路的需要，将一片或两片 74LS00 芯片安装在集成电路插座上，注意芯片的安装方向不要出错，否则会将芯片烧毁。

5）将电源线和接地线接好，根据接线图完成第一组"与非"逻辑表达式的接线。输入信号由逻辑开关信号送入，输出用逻辑电平指示，灯亮为"1"，灯灭为"0"。

6）将测试结果填入表 6-17 中。

表 6-17　第一组测试

| 输入 | | 输出 | | |
|---|---|---|---|---|
| A | B | $AB=$ ___ | $AB+\bar{A}\,\bar{B}=$ ___ | $\bar{A}B+A\bar{B}=$ ___ |
| | | | | |
| | | | | |
| | | | | |
| | | | | |

7）在图 6-32 上画出第二组"与非"表达式的接线图，请根据实际需要选择芯片的个数。

8）将电源线和接地线接好，根据接线图完成第一组"与非"逻辑表达式的接线。输入信号由逻辑开关信号送入，输出用逻辑电平指示，灯亮为"1"，灯灭为"0"。

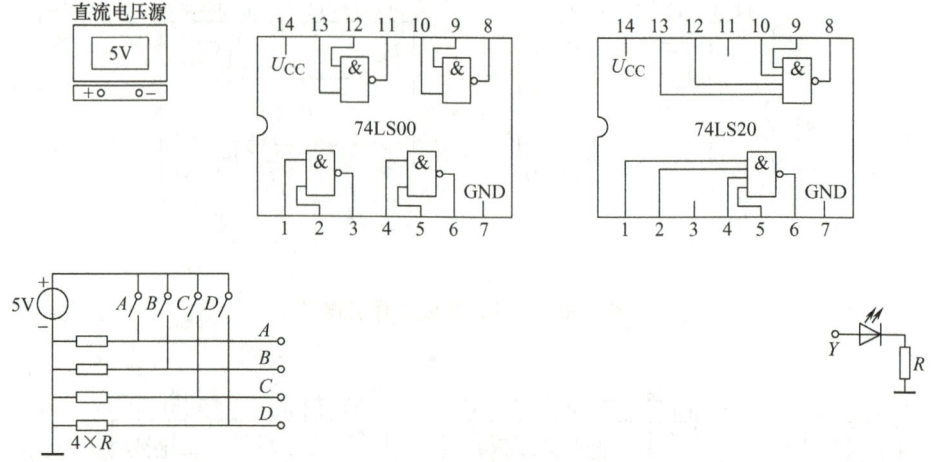

图 6-32 接线路的绘制

9）自行设计测试数据记录表格，并填写测试数据。

**四、实验注意事项**

1）接线完成后需经过教师的检查允许后方可通电。

2）集成芯片使用的时候注意电源极性，应按要求接电源和接地，否则芯片无法正常工作。

3）通电时先接通电源后接通信号，实验结束或者改接线路时操作正好相反。

## 6.8 思考与练习

1. 将下列不同进制的数按权展开，转化成十进制数。$(1101.01)_2$、$(3207.04)_8$、$(F3D8.A)_{16}$。

2. 将 $(30.75)_{10}$ 转换成二进制数、八进制数和十六进制数。

3. 将二进制数 $(101111001001.1001101011)_2$ 转换成八进制数和十六进制数。

4. 写出图 6-33 中所示电路输出端的逻辑表达式，不用化简。

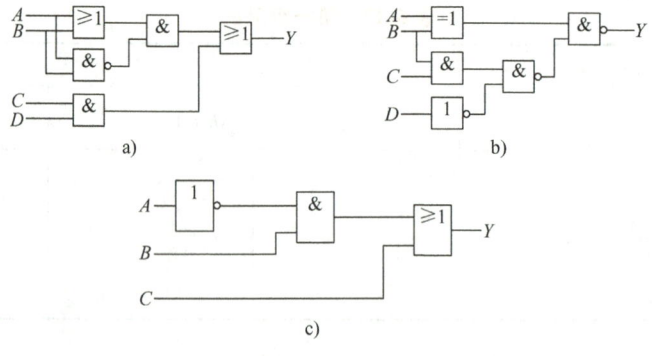

图 6-33 分析 4 题图

5. 根据逻辑表达方式画出逻辑电路图。

1) $Y = AB\,\overline{CD} + \overline{\overline{AD} + B\,\overline{C}}$

2) $Y = \overline{A\overline{B}C + (A\oplus B)C}$

6. 用与非门实现逻辑函数 $Y = AB + \overline{B}C$，画出逻辑电路图。

7. 证明等式 $A\overline{B} + B\overline{C} + C\overline{A} = \overline{A}B + \overline{B}C + \overline{C}A$。

8. 用逻辑代数法化简下列逻辑函数。

1) $Y = A\overline{B} + A\overline{BC} + \overline{A(B + A\overline{B})}$

2) $Y = A\overline{B}(\overline{C+D}) + B\overline{C} + \overline{A}\,\overline{B} + \overline{A}C + BC + \overline{B}CD$

3) $Y = ABC + \overline{A}B + AB\overline{C}$

4) $Y = ABC + \overline{A} + \overline{B} + \overline{C}$

9. 用卡诺图将下列表达式化简成最简"与或"表达式。

1) $Y = \sum m(7,8,9,14,15) + \sum d(10,11,12,13)$

2) $Y = \sum m(2,5,7,8,11,14,15) + \sum d(3,6,10,12)$

# 第7章 组合逻辑电路

## 教学导航

通过本章节的学习可以达到：
1) 掌握组合逻辑电路的分析和设计方法，初步具有数字逻辑电路的设计和应用能力。
2) 能够理解加法器、编码器、译码器、数显电路、数据选择器和数据分配器等组合逻辑器件的工作原理。
3) 能够运用上述组合逻辑器件完成简单组合逻辑电路的设计。

## 7.1 组合逻辑电路的分析

所谓组合逻辑电路，是指电路任一时刻的输出状态只决定于该时刻各输入状态的组合，而与电路的原状态无关。组合电路就是由门电路组合而成，电路中没有记忆单元，没有反馈通路。如图 7-1 所示为组合逻辑电路系统图，该系统具有 $n$ 个输入，$m$ 个输出。

通过分析可以了解确定的组合逻辑电路的逻辑功能。组合逻辑电路的分析过程一般包含以下几个步骤。

1) 根据逻辑图从输入到输出逐级写出逻辑表达式。
2) 根据写出的逻辑表达式进行化简，得到最简与或表达式。
3) 根据最简与或表达式，写出真值表。
4) 根据真值表和逻辑表达式对逻辑电路进行分析，最后确定其功能。

图 7-1 组合逻辑电路系统图

【例 7-1】试分析图 7-2 所示逻辑电路的逻辑功能。

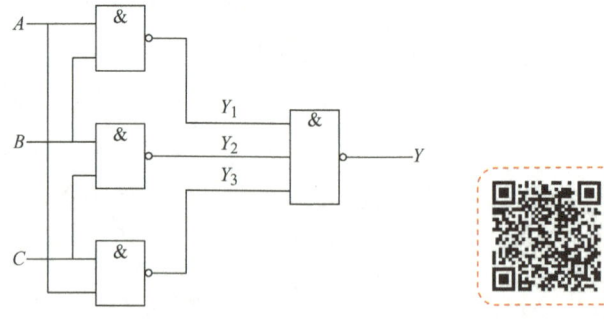

图 7-2 【例 7-1】逻辑电路

解：根据逻辑图从输入到输出逐级写出逻辑表达式

$$Y_1 = \overline{AB} \qquad Y_2 = \overline{BC} \qquad Y_3 = \overline{CA}$$

$$Y = \overline{Y_1 Y_2 Y_3} = \overline{\overline{AB}\,\overline{BC}\,\overline{AC}}$$

根据写出的逻辑表达式进行化简,得到最简与或表达式

$$Y = \overline{\overline{AB}\,\overline{BC}\,\overline{AC}} = \overline{\overline{AB}} + \overline{\overline{BC}} + \overline{\overline{CA}} = AB + BC + CA$$

根据最简与或表达式,写出真值表见表 7-1。

表 7-1  $Y = AB + BC + CA$ 的真值表

| A | B | C | Y |
|---|---|---|---|
| 0 | 0 | 0 | 0 |
| 0 | 0 | 1 | 0 |
| 0 | 1 | 0 | 0 |
| 0 | 1 | 1 | 1 |
| 1 | 0 | 0 | 0 |
| 1 | 0 | 1 | 1 |
| 1 | 1 | 0 | 1 |
| 1 | 1 | 1 | 1 |

根据真值表和逻辑表达式对逻辑电路进行分析:输入 A、B、C 中有两个或 3 个为"1"时,输出 Y 为"1",否则输出 Y 为"0"。所以这个电路实际上是一种 3 人表决用的组合电路:只要有两票或 3 票同意,表决就通过。

【例7-2】逻辑功能仿真

【例 7-2】 分析图 7-3 所示电路的逻辑功能。

解:根据逻辑图从输入到输出逐级写出逻辑表达式

$$Y_1 = \overline{AB} \qquad Y_2 = \overline{Y_1 A} = \overline{\overline{AB} \cdot A} \qquad Y_3 = \overline{Y_1 B} = \overline{\overline{AB} \cdot B}$$

$$Y = \overline{Y_2 Y_3} = \overline{\overline{Y_1 A} \cdot \overline{Y_1 B}} = \overline{\overline{\overline{AB} \cdot A} \cdot \overline{\overline{AB} \cdot B}}$$

根据写出的逻辑表达式进行化简,得到最简与或表达式

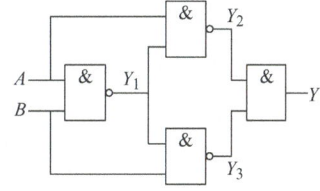

图 7-3  【例 7-2】的组合逻辑电路

$$Y = \overline{\overline{\overline{AB} \cdot A} \cdot \overline{\overline{AB} \cdot B}} = (AB + \overline{A})(AB + \overline{B}) = AB + \overline{A}\,\overline{B}$$

根据最简与或表达式,写出真值表如表 7-2 所示。

表 7-2  $Y = AB + \overline{A}\,\overline{B}$ 的真值表

| A | B | Y |
|---|---|---|
| 0 | 0 | 1 |
| 0 | 1 | 0 |
| 1 | 0 | 0 |
| 1 | 1 | 1 |

根据真值表和逻辑表达式对逻辑电路进行分析:输入变量 A 和 B 相同时,输出 Y 为"1";输入变量 A 和 B 相异(0、1 或 1、0)时,输出 Y 为"0"。输入 A 和 B 与输出 Y 实现

了同或逻辑关系，即

$$Y = AB + \overline{A}\,\overline{B} = A \odot B$$

## 7.2 组合逻辑电路的设计应用实例

组合逻辑电路的设计是将命题规定的逻辑功能抽象和化简，从而得到满足要求的逻辑电路的过程，一般的设计步骤如下。

1）分析逻辑关系，确定逻辑变量。
2）根据逻辑功能列出真值表。
3）根据真值表写出逻辑函数表达式或卡诺图，并化简成最简的与或表达式。
4）由化简后的逻辑表达式，画出逻辑电路图。

【例 7-3】某项目评审现场有四个评委 $A$、$B$、$C$、$D$ 对项目 $Y$ 进行评审投票，其中 $A$ 是评审组长，计两票，$B$、$C$、$D$ 三个评委每人各计 1 票，共计有 5 票。当某项目的赞成票数超过半数，即 ≥3 票时，项目 $Y$ 评审通过，否则不通过。试用与非门设计满足要求的组合逻辑电路。

**解**：1）逻辑关系分析。输入量为 $A$、$B$、$C$、$D$，投赞成票时计为 "1"，投反对票时计为 "0"；项目评审通过，输出量 $Y$ 记为 "1"，不通过，记为 "0"。

2）根据逻辑功能，列出真值表如表 7-3 所示。

表 7-3 【例 7-3】的真值表

| 输入 | | | | 输出 | 输入 | | | | 输出 |
| --- | --- | --- | --- | --- | --- | --- | --- | --- | --- |
| $A$ | $B$ | $C$ | $D$ | $Y$ | $A$ | $B$ | $C$ | $D$ | $Y$ |
| 0 | 0 | 0 | 0 | 0 | 0 | 0 | 1 | 0 | 0 |
| 0 | 0 | 0 | 1 | 0 | 0 | 0 | 1 | 1 | 0 |
| $A$ | $B$ | $C$ | $D$ | $Y$ | $A$ | $B$ | $C$ | $D$ | $Y$ |
| 0 | 1 | 0 | 0 | 0 | 1 | 0 | 1 | 0 | 1 |
| 0 | 1 | 0 | 1 | 0 | 1 | 0 | 1 | 1 | 1 |
| 0 | 1 | 1 | 0 | 0 | 1 | 1 | 0 | 0 | 1 |
| 0 | 1 | 1 | 1 | 1 | 1 | 1 | 0 | 1 | 1 |
| 1 | 0 | 0 | 0 | 0 | 1 | 1 | 1 | 0 | 1 |
| 1 | 0 | 0 | 1 | 1 | 1 | 1 | 1 | 1 | 1 |

3）由真值表写出逻辑函数表达式

$$Y = \overline{A}BCD + A\overline{B}\,\overline{C}D + A\overline{B}C\overline{D} + A\overline{B}CD + AB\overline{C}\,\overline{D} + AB\overline{C}D + ABC\overline{D} + ABCD$$

4）用卡诺图进行化简如图 7-4 所示，卡诺图化简结果为

$$Y = AB + AC + AD + BCD$$

5）先将函数"与或"表达式转换成"与非"表达式

$$Y = AB + AC + AD + BCD = \overline{\overline{AB} \cdot \overline{AC} \cdot \overline{AD} \cdot \overline{BCD}}$$

6)根据"与非"表达式画出逻辑电路图如图 7-5 所示。

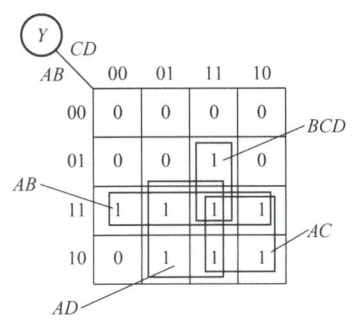

图 7-4 【例 7-3】的卡诺图化简

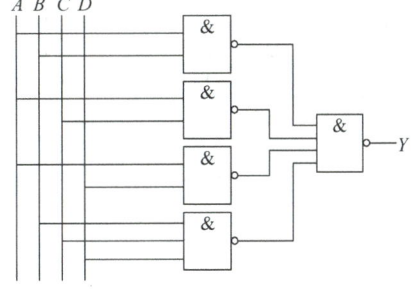

图 7-5 【例 7-3】与非门逻辑电路图

【例 7-4】旅客列车优先通行次序分为高铁、动车和特快。某站在同一时刻只能有一趟列车从车站开出,即只能给出一个开车信号,设计一个逻辑控制电路图满足上述逻辑要求。

**解:**1)根据逻辑描述可以假设输入量为 $A$、$B$ 和 $C$,分别代表高铁、动车和特快的发车申请信号,有申请开出信号记为"1",没有申请开信号出记为"0";输出量为 $Y_A$、$Y_B$ 和 $Y_C$,分别代表高铁、动车和特快的开车信号,允许开出信号记为"1",不允许开出信号记为"0"。

2)根据逻辑功能要求,列出真值表见表 7-4。

表 7-4 【例 7-4】逻辑功能真值表

| 输 入 | | | 输 出 | | |
| --- | --- | --- | --- | --- | --- |
| $A$ | $B$ | $C$ | $Y_A$ | $Y_B$ | $Y_C$ |
| 0 | 0 | 0 | 0 | 0 | 0 |
| 0 | 0 | 1 | 0 | 0 | 1 |
| 0 | 1 | 0 | 0 | 1 | 0 |
| 0 | 1 | 1 | 0 | 1 | 0 |
| 1 | 0 | 0 | 1 | 0 | 0 |
| 1 | 0 | 1 | 1 | 0 | 0 |
| 1 | 1 | 0 | 1 | 0 | 0 |
| 1 | 1 | 1 | 1 | 0 | 0 |

3)由真值表写出逻辑表达式

$$Y_A = A\,\overline{B}\,\overline{C} + A\,\overline{B}C + AB\,\overline{C} + ABC;\ Y_B = \overline{A}B\,\overline{C} + \overline{A}BC;\ Y_C = \overline{A}\,\overline{B}C$$

4)卡诺图化简。$Y_A$ 的卡诺图化简如图 7-6a 所示,$Y_B$ 卡诺图化简如图 7-6b 所示,$Y_C$ 卡诺图化简如图 7-6c 所示。

可得 $Y_A = A$  $Y_B = \overline{A}B$  $Y_C = \overline{A}\,\overline{B}C$

5)根据卡诺图化简得到的 $Y_A$、$Y_B$ 和 $Y_C$ 逻辑表达式画出逻辑电路图,如图 7-7 所示。

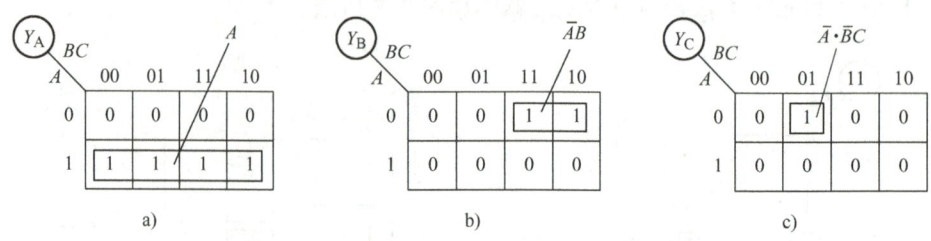

图 7-6 【例 7-4】中 $Y_A$、$Y_B$、$Y_C$ 的卡诺图化简

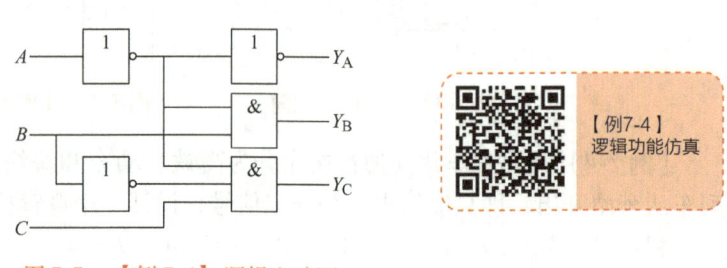

图 7-7 【例 7-4】逻辑电路图

## 7.3 加法器

加法器是用来实现二进制加法运算的电路，它是计算机中最基本运算单元。在运算电路中，最低位的两个数相加，不需要考虑进位的加法电路称为半加器。其余各位都有一个加数，一个被加数以及低位向本位的进位数，这种实现三个数相加的电路称为全加器。无论是半加器还是全加器，运算结果都会产生两个输出，即本位和输出 $S$，向高位的进位输出 $C$。

### 7.3.1 半加器

半加器的真值表见表 7-5，其中输入 $A$、$B$ 分别表示被加数和加数，输出 $C$ 表示向高位的进位数，输出 $S$ 表示本位和。

表 7-5 半加器的真值表

| 输入 | | 输出 | |
|---|---|---|---|
| A | B | S | C |
| 0 | 0 | 0 | 0 |
| 0 | 1 | 1 | 0 |
| 1 | 0 | 1 | 0 |
| 1 | 1 | 0 | 1 |

由真值表可得输出的逻辑表达式

$$S = \overline{A} \cdot B + A \cdot \overline{B} = A \oplus B \qquad C = AB$$

可见，输入 $A$、$B$ 和输出 $S$ 可用一个异或门实现，输入 $A$、$B$ 和输出 $C$ 可用一个与门实现，其逻辑电路图如图 7-8a 所示。半加器是一种组合逻辑部件，其逻辑符号如图 7-8b 所示。

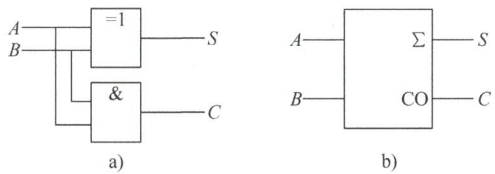

图 7-8 半加器逻辑电路图及其逻辑符号

## 7.3.2 全加器

全加器的真值表见表 7-6。从第二位开始后第 $i$ 的相加有被加数 $A_i$、加数 $B_i$ 以及低位的进位数 $C_{i-1}$，三者相加，得出本位和 $S_i$ 和进位数 $C_i$，这就是"全加"。

表 7-6 全加器真值表

| 输入 | | | 输出 | |
| --- | --- | --- | --- | --- |
| $A_i$ | $B_i$ | $C_{i-1}$ | $S_i$ | $C_i$ |
| 0 | 0 | 0 | 0 | 0 |
| 0 | 0 | 1 | 1 | 0 |
| 0 | 1 | 0 | 1 | 0 |
| 0 | 1 | 1 | 0 | 1 |
| 1 | 0 | 0 | 1 | 0 |
| 1 | 0 | 1 | 0 | 1 |
| 1 | 1 | 0 | 0 | 1 |
| 1 | 1 | 1 | 1 | 1 |

由真值表可写出 $S_i$ 和 $C_i$ 的逻辑表达式

$S_i = \overline{A_i} \cdot \overline{B_i} C_{i-1} + \overline{A_i} B_i \overline{C_{i-1}} + A_i \overline{B_i} \cdot \overline{C_{i-1}} + A_i B_i C_{i-1} = \overline{(A_i \oplus B_i)} C_{i-1} + (A_i \oplus B_i) \overline{C_{i-1}}$
$= A_i \oplus B_i \oplus C_{i-1}$

$C_i = \overline{A_i} B_i C_{i-1} + A_i \overline{B_i} C_{i-1} + A_i B_i \overline{C_{i-1}} + A_i B_i C_{i-1} = A_i B_i + (A_i \oplus B_i) C_{i-1}$

全加器的逻辑电路图如图 7-9a 所示，全加器逻辑部件的逻辑符号如图 7-9b 所示。

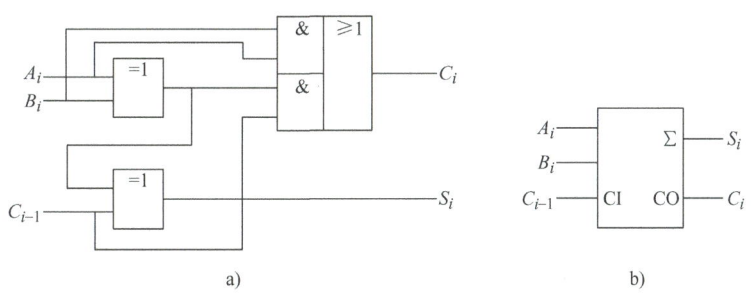

图 7-9 全加器逻辑电路图及其逻辑符号

全加器是构成计算机运算器的基本单元，图 7-10 所示为 74LS183 集成芯片的引脚排列图，其内部集成了两个独立的全加器。

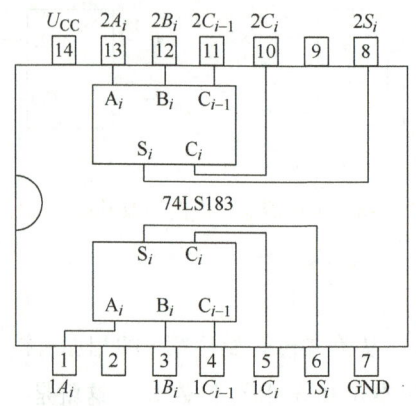

图 7-10  74LS183 的引脚排列图

【例 7-5】设计一个四位串行进位加法器,要求该逻辑电路能够实现两个四位二进制数 $(A_3A_2A_1A_0)_2$ 和 $(B_3B_2B_1B_0)_2$ 的加法运算,并画出该逻辑电路的 74LS183 连线图。

**解**:逻辑电路如图 7-11 所示,和数是 $(C_3S_3S_2S_1S_0)_2$。在运算电路中,任意一位的加法运算,都必须等到低位加法完成送来进位信号后才能进行,这种就是串行进位,但和数是并行输出的,其连线如图 7-12 所示。

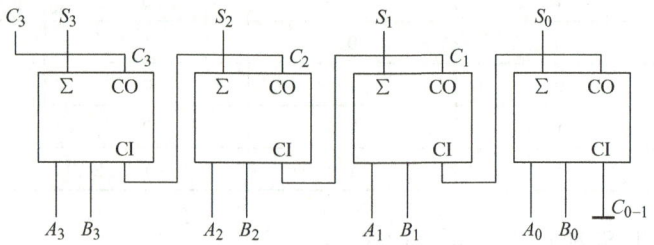

图 7-11  【例 7-5】的逻辑电路

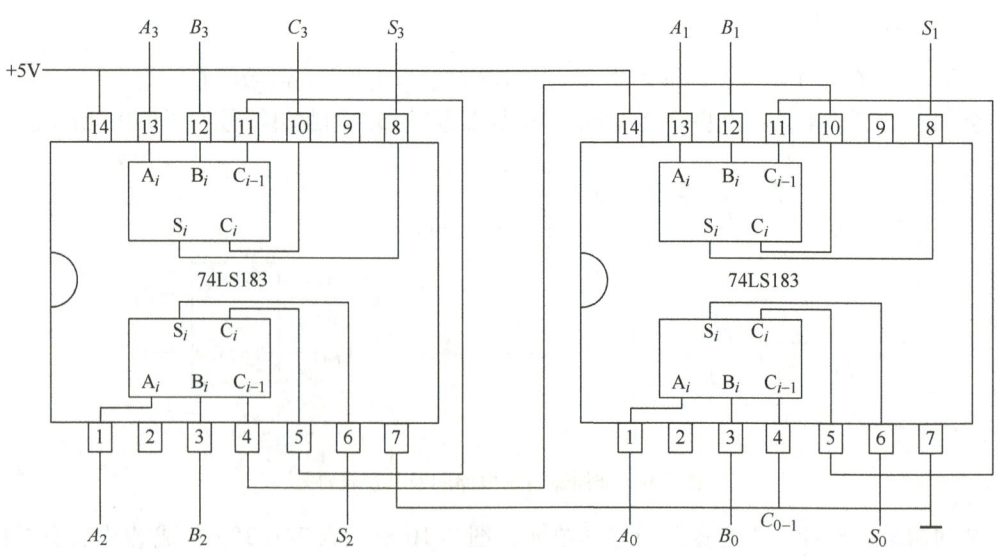

图 7-12  【例 7-5】四位串行进位加法器连线图

## 7.4 编码器

用二进制数码来表示某一对象（如十进制数、字符等）的过程，称为编码。完成编码逻辑功能操作的电路称为编码器（Encoder）。

### 7.4.1 二进制编码器

三位二进制编码器的输入是 8 个互斥的信号，用 $I_0 \sim I_7$ 表示，输出是用来进行编码的三位二进制代码，用 $Y_2 \sim Y_0$ 表示，其真值表见表 7-7。

表 7-7 三位二进制编码器真值表

| 输入 | 输出 | | |
|---|---|---|---|
| $I_i$ | $Y_2$ | $Y_1$ | $Y_0$ |
| $I_0$ | 0 | 0 | 0 |
| $I_1$ | 0 | 0 | 1 |
| $I_2$ | 0 | 1 | 0 |
| $I_3$ | 0 | 1 | 1 |
| $I_4$ | 1 | 0 | 0 |
| $I_5$ | 1 | 0 | 1 |
| $I_6$ | 1 | 1 | 0 |
| $I_7$ | 1 | 1 | 1 |

由真值表可得输出的逻辑表达式

$$Y_2 = I_4 + I_5 + I_6 + I_7 = \overline{\overline{I_4} \, \overline{I_5} \, \overline{I_6} \, \overline{I_7}}$$

$$Y_1 = I_2 + I_3 + I_6 + I_7 = \overline{\overline{I_2} \, \overline{I_3} \, \overline{I_6} \, \overline{I_7}}$$

$$Y_0 = I_1 + I_3 + I_5 + I_7 = \overline{\overline{I_1} \, \overline{I_3} \, \overline{I_5} \, \overline{I_7}}$$

根据逻辑表达式，绘制由或门构成的三位二进制编码器逻辑电路图，如图 7-13 所示。由与非门构成三位二进制编码器逻辑电路图，如图 7-14 所示。

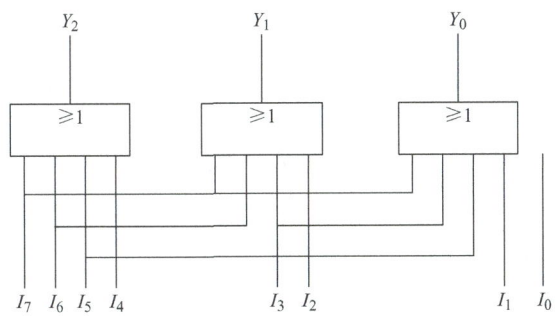

图 7-13 由或门构成的三位二进制编码器逻辑电路图

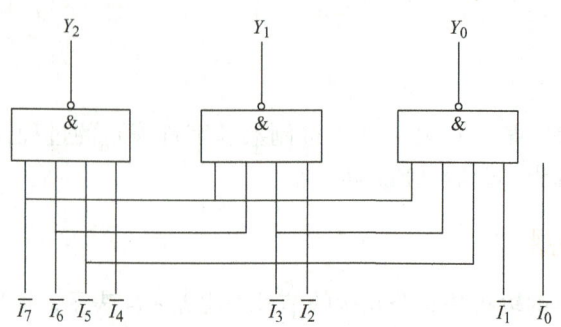

图 7-14 由与非门构成三位二进制编码器逻辑电路图

### 7.4.2 8421 编码的二-十进制编码器

用四位二进制数来表示十进制数 0、1、2、3、4、5、6、7、8、9 十个数码，称二-十进制码，简称 BCD 码。二-十进制编码器是将十进制的 10 个数码编成二进制代码的电路，输入的是 0~9 十个数码，输出的是对应的二进制代码。8421BCD 码（简称 8421 码）是二-十进制代码中最常采用的，就是用四位二进制代码的 16 种状态中的前 10 种状态，表示十进制 0~9 的十个数码，其余的六种组合无效。如表 7-8 所示为 8421 码的二-十进制编码表。编码表中，$I_0 \sim I_9$ 表示 10 个输入开关信号，当 $I_0$ 为 "1" 时，输出二进制代码为 "0000"，当 $I_1$ 为 "1" 时，输出为 "0001"，依次类推，当 $I_9$ 为 "1" 时，输出为 "1001"。

表 7-8 二-十进制的 8421 码编码表

| 十进制数按键 | 输入 | | | | | | | | | | 输出 | | | |
|---|---|---|---|---|---|---|---|---|---|---|---|---|---|---|
| | $I_9$ | $I_8$ | $I_7$ | $I_6$ | $I_5$ | $I_4$ | $I_3$ | $I_2$ | $I_1$ | $I_0$ | $Y_3$ | $Y_2$ | $Y_1$ | $Y_0$ |
| 0 | 0 | 0 | 0 | 0 | 0 | 0 | 0 | 0 | 0 | 1 | 0 | 0 | 0 | 0 |
| 1 | 0 | 0 | 0 | 0 | 0 | 0 | 0 | 0 | 1 | 0 | 0 | 0 | 0 | 1 |
| 2 | 0 | 0 | 0 | 0 | 0 | 0 | 0 | 1 | 0 | 0 | 0 | 0 | 1 | 0 |
| 3 | 0 | 0 | 0 | 0 | 0 | 0 | 1 | 0 | 0 | 0 | 0 | 0 | 1 | 1 |
| 4 | 0 | 0 | 0 | 0 | 0 | 1 | 0 | 0 | 0 | 0 | 0 | 1 | 0 | 0 |
| 5 | 0 | 0 | 0 | 0 | 1 | 0 | 0 | 0 | 0 | 0 | 0 | 1 | 0 | 1 |
| 6 | 0 | 0 | 0 | 1 | 0 | 0 | 0 | 0 | 0 | 0 | 0 | 1 | 1 | 0 |
| 7 | 0 | 0 | 1 | 0 | 0 | 0 | 0 | 0 | 0 | 0 | 0 | 1 | 1 | 1 |
| 8 | 0 | 1 | 0 | 0 | 0 | 0 | 0 | 0 | 0 | 0 | 1 | 0 | 0 | 0 |
| 9 | 1 | 0 | 0 | 0 | 0 | 0 | 0 | 0 | 0 | 0 | 1 | 0 | 0 | 1 |

根据表 7-8 可写出四位输出 $Y_0 \sim Y_3$ 的函数表达式，并转化为与非门实现

$$Y_0 = I_1 + I_3 + I_5 + I_7 + I_9 = \overline{\overline{I_1 + I_3 + I_5 + I_7 + I_9}} = \overline{\overline{I_1} \cdot \overline{I_3} \cdot \overline{I_5} \cdot \overline{I_7} \cdot \overline{I_9}}$$

$$Y_1 = I_2 + I_3 + I_6 + I_7 = \overline{\overline{I_2 + I_3 + I_6 + I_7}} = \overline{\overline{I_2} \cdot \overline{I_3} \cdot \overline{I_6} \cdot \overline{I_7}}$$

$$Y_2 = I_4 + I_5 + I_6 + I_7 = \overline{\overline{I_4 + I_5 + I_6 + I_7}} = \overline{\overline{I_4} \cdot \overline{I_5} \cdot \overline{I_6} \cdot \overline{I_7}}$$

$$Y_3 = I_8 + I_9 = \overline{\overline{I_8 + I_9}} = \overline{\overline{I_8} \cdot \overline{I_9}}$$

由逻辑表达式可画出如图 7-15 所示的 8421 码编码器的控制电路图。图中用十个常闭按键表示 0~9 十个数，按下（断开）某一个键时，从 $Y_3 \sim Y_0$ 输出对应的 8421 码。

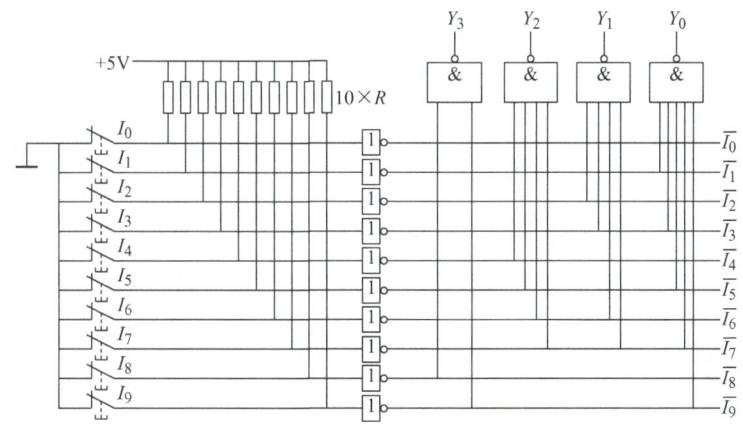

图 7-15　8421 码编码器的控制电路图

### 7.4.3　优先编码器

优先编码器（Priority Encoder）就是在输入端可以允许多个信号同时输入，但输出信号只能对输入信号中优先等级最高的信号进行编码输出。表 7-9 所示为 74LS147 型优先编码器的真值表，74LS147 是一种常用的 10 线 – 4 线（8421 反码）集成优先编码器。由表可见，输入的反变量对低电平有效，即有信号时，输入为"0"；输出的反变量组成反码，对应 0~9 十个进制数码。74LS147 型优先编码器有 9 个输入端，输入低电平有效；4 个输出端，以 8421 反码输出。例如，当输入端 $\overline{I_2}$ 为 "0"，代表输入 "2"，则输出端 $\overline{Y_3}\ \overline{Y_2}\ \overline{Y_1}\ \overline{Y_0} = 1101$；当 9 个输入端全为 "1" 时，输出端全为 "1"。74LS147 型优先编码器优先次序规定为："$\overline{I_9}$" 键最优先，"$\overline{I_8}$" 键次之，依次递降，"$\overline{I_1}$" 键最低。如当 "$\overline{I_9}$" 键按下（出现低电平 0），不管其他键是否被按下，电路只对 "9" 进行编码，并输出 8421 码（1001）的反码 0110。图 7-16 给出了 74LS147 引脚排列图。

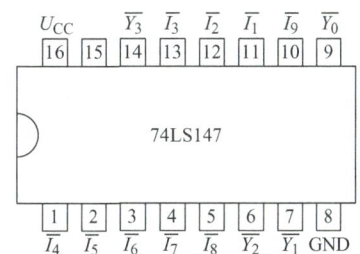

图 7-16　74LS147 引脚排列图

表 7-9　74LS147 型优先编码器的真值表

| 输　入 | | | | | | | | | 输　出 | | | |
|---|---|---|---|---|---|---|---|---|---|---|---|---|
| $\overline{I_9}$ | $\overline{I_8}$ | $\overline{I_7}$ | $\overline{I_6}$ | $\overline{I_5}$ | $\overline{I_4}$ | $\overline{I_3}$ | $\overline{I_2}$ | $\overline{I_1}$ | $\overline{Y_3}$ | $\overline{Y_2}$ | $\overline{Y_1}$ | $\overline{Y_0}$ |
| 1 | 1 | 1 | 1 | 1 | 1 | 1 | 1 | 1 | 1 | 1 | 1 | 1 |
| 1 | 1 | 1 | 1 | 1 | 1 | 1 | 1 | 0 | 1 | 1 | 1 | 0 |
| 1 | 1 | 1 | 1 | 1 | 1 | 1 | 0 | × | 1 | 1 | 0 | 1 |
| 1 | 1 | 1 | 1 | 1 | 1 | 0 | × | × | 1 | 1 | 0 | 0 |
| 1 | 1 | 1 | 1 | 1 | 0 | × | × | × | 1 | 0 | 1 | 1 |
| 1 | 1 | 1 | 1 | 0 | × | × | × | × | 1 | 0 | 1 | 0 |
| 1 | 1 | 1 | 0 | × | × | × | × | × | 1 | 0 | 0 | 1 |
| 1 | 1 | 0 | × | × | × | × | × | × | 1 | 0 | 0 | 0 |
| 1 | 0 | × | × | × | × | × | × | × | 0 | 1 | 1 | 1 |
| 0 | × | × | × | × | × | × | × | × | 0 | 1 | 1 | 0 |

## 7.5　译码器

把具有特定意义信息的二进制代码翻译出来的过程称为译码，实现译码逻辑功能操作的电路称为译码器。译码器是可以把一种代码转换为另一种代码的电路。

### 7.5.1　二进制译码器

设二进制译码器的输入端为 $n$ 个，则输出端为 $2^n$ 个，且对应于输入代码的每一种状态，$2^n$ 个输出中只有一个为"1"（或为"0"），其余全为"0"（或为"1"）。二进制译码器可以译出输入变量的全部状态，故又称为变量译码器。如表 7-10 所示为 3 线-8 线译码器真值表，输入端为 $A_2$、$A_1$ 和 $A_0$ 三位二进制代码，输出为 $2^3=8$ 个互斥的信号，用 $Y_0 \sim Y_7$ 表示。

表 7-10　3 线-8 线译码器真值表

| 输　入 | | | 输　出 | | | | | | | |
|---|---|---|---|---|---|---|---|---|---|---|
| $A_2$ | $A_1$ | $A_0$ | $Y_0$ | $Y_1$ | $Y_2$ | $Y_3$ | $Y_4$ | $Y_5$ | $Y_6$ | $Y_7$ |
| 0 | 0 | 0 | 1 | 0 | 0 | 0 | 0 | 0 | 0 | 0 |
| 0 | 0 | 1 | 0 | 1 | 0 | 0 | 0 | 0 | 0 | 0 |
| 0 | 1 | 0 | 0 | 0 | 1 | 0 | 0 | 0 | 0 | 0 |
| 0 | 1 | 1 | 0 | 0 | 0 | 1 | 0 | 0 | 0 | 0 |
| 1 | 0 | 0 | 0 | 0 | 0 | 0 | 1 | 0 | 0 | 0 |
| 1 | 0 | 1 | 0 | 0 | 0 | 0 | 0 | 1 | 0 | 0 |
| 1 | 1 | 0 | 0 | 0 | 0 | 0 | 0 | 0 | 1 | 0 |
| 1 | 1 | 1 | 0 | 0 | 0 | 0 | 0 | 0 | 0 | 1 |

根据 3 线-8 线译码器真值表可得逻辑表达式为

$$Y_0 = \overline{A_2}\,\overline{A_1}\,\overline{A_0} \quad Y_1 = \overline{A_2}\,\overline{A_1}A_0 \quad Y_2 = \overline{A_2}A_1\overline{A_0} \quad Y_3 = \overline{A_2}A_1A_0$$
$$Y_4 = A_2\overline{A_1}\,\overline{A_0} \quad Y_5 = A_2\overline{A_1}A_0 \quad Y_6 = A_2A_1\overline{A_0} \quad Y_7 = A_2A_1A_0$$

采用与门组成的阵列 3 线 - 8 线译码器逻辑图如图 7-17 所示。

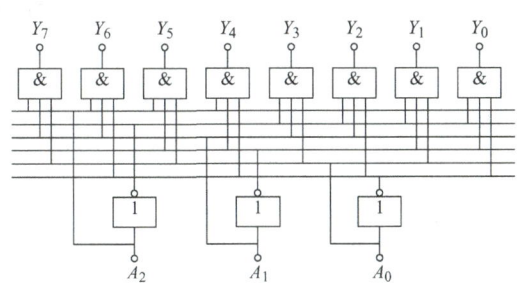

图 7-17　采用与门组成的阵列 3 线 - 8 线译码器逻辑图

集成二进制译码器 74LS138 真值表见表 7-11。其中 $A_2$、$A_1$、$A_0$ 为二进制译码输入端，$\overline{Y_0} \sim \overline{Y_7}$ 为译码输出端（低电平有效），$S_1$、$\overline{S_2}$、$\overline{S_3}$ 为选通控制端。

表 7-11　74LS138 型三位二进制译码器的真值表

| 使能 | 控制 | | 输入 | | | 输出 | | | | | | | |
|---|---|---|---|---|---|---|---|---|---|---|---|---|---|
| $S_1$ | $\overline{S_2}$ | $\overline{S_3}$ | $A_2$ | $A_1$ | $A_0$ | $\overline{Y_0}$ | $\overline{Y_1}$ | $\overline{Y_2}$ | $\overline{Y_3}$ | $\overline{Y_4}$ | $\overline{Y_5}$ | $\overline{Y_6}$ | $\overline{Y_7}$ |
| 0 | × | × | × | × | × | 1 | 1 | 1 | 1 | 1 | 1 | 1 | 1 |
| × | 1 | × | × | × | × | 1 | 1 | 1 | 1 | 1 | 1 | 1 | 1 |
| × | × | 1 | × | × | × | 1 | 1 | 1 | 1 | 1 | 1 | 1 | 1 |
| 1 | 0 | 0 | 0 | 0 | 0 | 0 | 1 | 1 | 1 | 1 | 1 | 1 | 1 |
| 1 | 0 | 0 | 0 | 0 | 1 | 1 | 0 | 1 | 1 | 1 | 1 | 1 | 1 |
| 1 | 0 | 0 | 0 | 1 | 0 | 1 | 1 | 0 | 1 | 1 | 1 | 1 | 1 |
| 1 | 0 | 0 | 0 | 1 | 1 | 1 | 1 | 1 | 0 | 1 | 1 | 1 | 1 |
| 1 | 0 | 0 | 1 | 0 | 0 | 1 | 1 | 1 | 1 | 0 | 1 | 1 | 1 |
| 1 | 0 | 0 | 1 | 0 | 1 | 1 | 1 | 1 | 1 | 1 | 0 | 1 | 1 |
| 1 | 0 | 0 | 1 | 1 | 0 | 1 | 1 | 1 | 1 | 1 | 1 | 0 | 1 |
| 1 | 0 | 0 | 1 | 1 | 1 | 1 | 1 | 1 | 1 | 1 | 1 | 1 | 0 |

当 $S_1 = 0$ 或 $\overline{S_2} + \overline{S_3} = 1$ 时，译码器处于禁止状态，译码器的输出端 $\overline{Y_0} \sim \overline{Y_7}$ 全为 "1"。

当 $S_1 = 1$ 且 $\overline{S_2} + \overline{S_3} = 0$ 时，译码器处于工作状态，此时，如果 $ABC = 001$，则 $\overline{Y_1} = 0$ 其余输出为 "1"；同理，$ABC = 110$ 时，$\overline{Y_6} = 0$，其余输出为 "1"，这样译码器就完成了把输入二进制代码译成特定信号输出的功能。

由集成二进制译码器 74LS138 真值表写出 $A_2$、$A_1$、$A_0$ 与输出端 $\overline{Y_0} \sim \overline{Y_7}$ 的逻辑表达式为

$$Y_0 = \overline{\overline{A_2}\,\overline{A_1}\,\overline{A_0}} \quad Y_1 = \overline{\overline{A_2}\,\overline{A_1}A_0} \quad Y_2 = \overline{\overline{A_2}A_1\overline{A_0}} \quad Y_3 = \overline{\overline{A_2}A_1A_0}$$

$$Y_4 = \overline{\overline{A_2}A_1\overline{A_0}} \quad Y_5 = \overline{\overline{A_2}\overline{A_1}A_0} \quad Y_6 = \overline{A_2A_1\overline{A_0}} \quad Y_7 = \overline{A_2A_1A_0}$$

图 7-18a 所示为 74LS138 型译码器的引脚排列图，图 7-18b 所示为 74LS138 型译码器的逻辑符号。

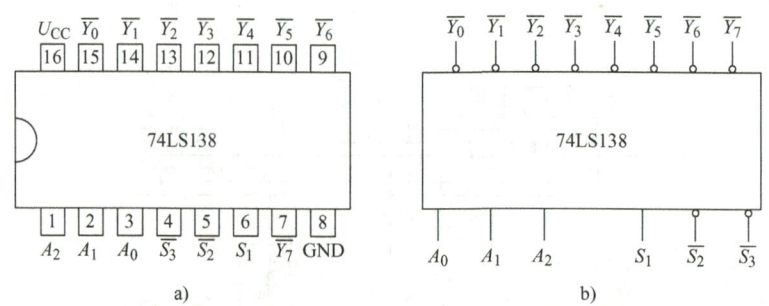

图 7-18　74LS138 型译码器的引脚排列图和逻辑符号

【例 7-6】试分析有两片 74LS138 型译码器芯片级联成的 4 线 - 16 线译码器的功能，如图 7-19 所示。

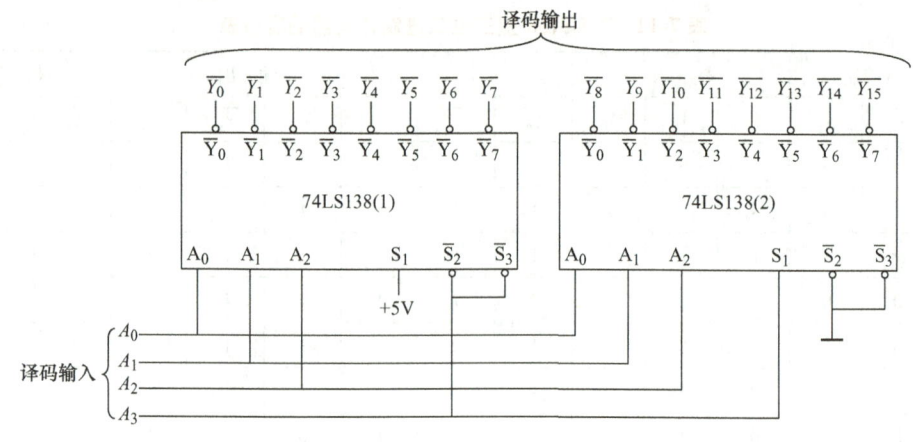

图 7-19　两片 74LS138 的级联 4 线 - 16 线译码器

**解：**1）4 线 - 16 线译码器有两片 74LS138 型译码器芯片构成，其中输入信号为 $A_3$、$A_2$、$A_1$、$A_0$，74LS138（1）为低位输出 $\overline{Y_0} \sim \overline{Y_7}$，74LS138（2）为高位输出 $\overline{Y_8} \sim \overline{Y_{15}}$。

2）74LS138（2）的 $\overline{S_2}$ 端、$\overline{S_3}$ 端接地始终为"0"，74LS138（1）的 $S_1$ 端是整个电路的选通控制端，此端口为"1"时，电路可以译码输出，此端口为"0"时，电路被禁止。

3）$A_3$ 同时与 74LS138（1）的 $\overline{S_2}$ 端、$\overline{S_3}$ 端和 74LS138（2）的 $S_1$ 端相连，当输入信号为 $0A_2A_1A_0$ 时，74LS138（1）芯片工作，译码输出 $\overline{Y_0} \sim \overline{Y_7}$，而 74LS138（2）芯片被禁止；当输入信号为 $1A_2A_1A_0$ 时，74LS138（1）芯片被禁止，而 74LS138（2）芯片工作译码输出 $\overline{Y_8} \sim \overline{Y_{15}}$。

### 7.5.2　十进制显示译码器

在数值系统和装置中，常常需要将数字、文字等二进制码翻译显示出来。如十字路口的时间倒计时显示等，这种类型的译码器叫作显示译码器。

十进制数字通常采用七段显示器来实现，其输出由七段笔画组成，如图 7-20 所示。任意一个十进制数字都可以通过七段笔画的不同组合发光显示出来。常用的七段显示器有半导体发光二极管（Light Emitting Diode，LED）、液晶数码管和荧光数码管等。

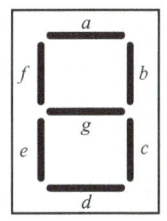

图 7-20　七段数码管

在图 7-20 中，LED 七段显示器的每一段（$a$、$b$、$c$、$d$、$e$、$f$、$g$）都是一个发光二极管，电路可以采用共阴极接法，也可以采用共阳极电路接法。共阴极接法是将每个发光二极管的阴极接在一起，然后接地或接低电平，输入端为高电平有效（即输入端为高电平的相应段发光），如图 7-21a 所示；共阳极接法是将每个发光二极管的阳极接在一起，然后接高电平，输入端低电平有效，如图 7-21b 所示。控制不同的段发光，就可显示 0~9 不同的数字。

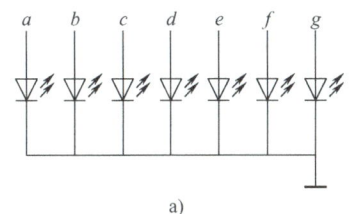
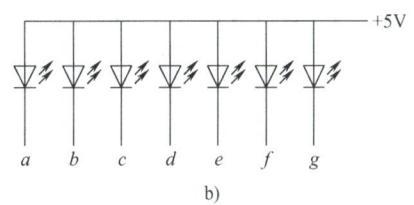

图 7-21　七段显示发光二极管的两种接法

a）共阴极接法　b）共阳极接法

发光二极管的工作电压一般为 1.5~3V，驱动电流为几毫安到十几毫安，可以是直流或脉冲电流。为防止过流，使用时需串接限流电阻。

常用的七段显示译码器芯片有 74LS248 和 74LS247 两种，表 7-12 所示为 74LS248 型七段显示译码器的真值表，其输出接共阴极七段数码管。

表 7-12　74LS248 型七段显示译码器的真值表

| 功能和十进制数 | 输入 | | | | | | $\overline{BI}/\overline{RBO}$ | 输出 | | | | | | | 显示数字 |
| --- | --- | --- | --- | --- | --- | --- | --- | --- | --- | --- | --- | --- | --- | --- | --- |
| | $\overline{LT}$ | $\overline{RBI}$ | D | C | B | A | | a | b | c | d | e | f | g | |
| 试灯 | 0 | × | × | × | × | × | 1 | 1 | 1 | 1 | 1 | 1 | 1 | 1 | 8 |
| 灭灯 | × | × | × | × | × | × | 0（输入） | 0 | 0 | 0 | 0 | 0 | 0 | 0 | 全灭 |
| 灭零 | 1 | 0 | 0 | 0 | 0 | 0 | 0（输出） | 0 | 0 | 0 | 0 | 0 | 0 | 0 | 灭 0 |
| 0 | 1 | 1 | 0 | 0 | 0 | 0 | 1 | 1 | 1 | 1 | 1 | 1 | 1 | 0 | 0 |
| 1 | 1 | × | 0 | 0 | 0 | 1 | 1 | 0 | 1 | 1 | 0 | 0 | 0 | 0 | 1 |
| 2 | 1 | × | 0 | 0 | 1 | 0 | 1 | 1 | 1 | 0 | 1 | 1 | 0 | 1 | 2 |
| 3 | 1 | × | 0 | 0 | 1 | 1 | 1 | 1 | 1 | 1 | 1 | 0 | 0 | 1 | 3 |
| 4 | 1 | × | 0 | 1 | 0 | 0 | 1 | 0 | 1 | 1 | 0 | 0 | 1 | 1 | 4 |
| 5 | 1 | × | 0 | 1 | 0 | 1 | 1 | 1 | 0 | 1 | 1 | 0 | 1 | 1 | 5 |
| 6 | 1 | × | 0 | 1 | 1 | 0 | 1 | 0 | 0 | 1 | 1 | 1 | 1 | 1 | 6 |
| 7 | 1 | × | 0 | 1 | 1 | 1 | 1 | 1 | 1 | 1 | 0 | 0 | 0 | 0 | 7 |
| 8 | 1 | × | 1 | 0 | 0 | 0 | 1 | 1 | 1 | 1 | 1 | 1 | 1 | 1 | 8 |
| 9 | 1 | × | 1 | 0 | 0 | 1 | 1 | 1 | 1 | 1 | 0 | 0 | 1 | 1 | 9 |

由表 7-12 可见，输入端 $DCBA$ 的输入信号为 0110 时，输出端 $a$、$b$、$c$、$d$、$e$、$f$、$g$ 七段均亮，显示数字"6"。若输入为 1001 时，七段中只有 $e$ 段不亮，显示数字"9"，以此类推。根据表 7-12 可写出七段输出 $a$、$b$、$c$、$d$、$e$、$f$、$g$ 的逻辑表达式，逻辑电路图请读者自行分析。

如图 7-22a、b 所示分别为 74LS248 芯片和 74LS247 芯片引脚排列图。其中，74LS248 的输出为高电平有效，和共阴极七段数码管配合使用；74LS247 的输出为低电平有效，和共阳极七段数码管配合使用。

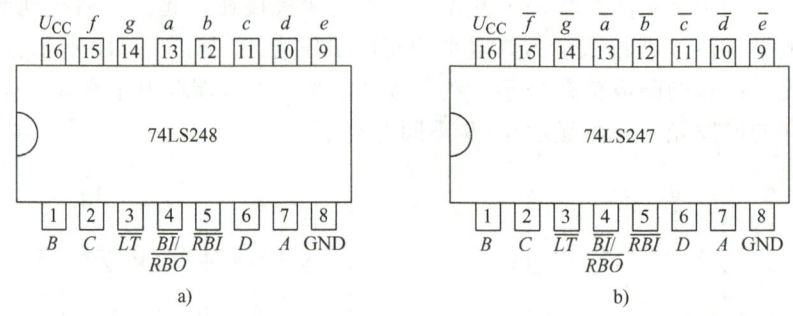

图 7-22　74LS248 和 74LS247 的引脚排列图

在图 7-22 中，有两个低电平有效的输入控制端即试灯输入端 $\overline{LT}$（Light Test）和灭零输入端 $\overline{RBI}$（Ripple Blanking Input），还有一个既可以作为输入端，也可以作为输出端的灭灯输入/灭零输出端 $\overline{BI}/\overline{RBO}$（Blanking Input/Ripple Blanking Output），其功能如下。

（1）试灯输入端 $\overline{LT}$

该输入端用来检验七段数码管的显示是否正常。如果是 74LS248 型，当 $\overline{BI}/\overline{RBO}=1$，$\overline{LT}=0$ 时，无论 $D$、$C$、$B$、$A$ 为何状态，七段输出 $a \sim f$ 均为"1"，数码管显示字符"8"；如果是 74LS247 型，则七段输出 $\bar{a} \sim \bar{f}$ 均为"0"。

（2）灭灯输入/灭零输出端 $\overline{BI}/\overline{RBO}$

该端子是"线与"结构，既可作为输入，也可作为输出。当 $\overline{BI}/\overline{RBO}=0$ 时，无论其他输入信号为何状态，数码管七段全灭，无显示，即如果是 74LS248 型，其输出端 $a \sim f$ 均为 0，如果是 74LS247 型，其输出端 $\bar{a} \sim \bar{f}$ 均为 1。如果在该端子输入一方波信号，则数码管显示的数字将间歇闪烁，这一功能可用作报警显示。

在灭零条件下，$\overline{LT}=1$，$\overline{RBI}=0$，$DCBA=0000$，该端子作为输出使用，输出低电平，表示将本应显示的零熄灭了。$\overline{BI}/\overline{RBO}$ 与灭零输入端 $\overline{RBI}$ 配合使用，可以实现多位数码的灭零控制。在多位数码显示系统中，整数部分的最高位灭零是无条件的，次高位只有在最高位已经灭零的条件下才可以灭零，所以把最高位译码器的灭零输入端直接接低电平，次高位译码器的灭零输入端 $\overline{RBI}$ 需连接到最高位译码器的灭零输出端 $\overline{BI}/\overline{RBO}$。同理，小数部分最低位的译码器的灭零输入端 $\overline{RBI}$ 可直接接低电平，而次低位译码器的灭零输入端 $\overline{RBI}$ 应接在最低位译码器的灭零输出端 $\overline{BI}/\overline{RBO}$。

(3) 灭零输入端 $\overline{RBI}$

该输入端常用来消除无效零。当 $\overline{LT}=1$，$\overline{BI}/\overline{RBO} \neq 0$，$\overline{RBI}=0$ 时，且 $DCBA=0000$，数码管七段全灭，不显示字符"0"，但如果 $DCBA \neq 0000$，数码管仍正常显示。当 $\overline{BI}/\overline{RBO}=\overline{LT}=1$，$\overline{RBI}=1$ 时，$DCBA$ 为任何状态，译码器正常输出，数码管正常显示字符。因此，当 $DCBA$ 不为"0000"时，无论 $\overline{RBI}=0$ 还是 $\overline{RBI}=1$，译码器均正常输出。

## 7.6 数据选择器

数据选择器（Data Selector）也称多路调制器（Multiplexer）、多路开关。它能在选择控制信号（或称地址码）的作用下，从多个输入信号中选择一个信号送至输出端输出。常用的数据选择器有四选一（74LS153 芯片）、八选一（74LS151 片）和十六选一（74LS150 芯片）等类别。图 7-23 是四选一数据选择器的示意图。

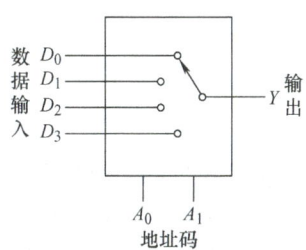

### 7.6.1 四选一数据选择器

74LS153 是双四选一数据选择器。所谓双四选一数据选择器就是在一块集成芯片内集成了两个四选一数据选择器，74LS153 真值表见表 7-13。其中 $D_3 \sim D_0$ 是四个数据输入端；$A_1$ 和 $A_0$ 是选择控制端，也叫地址码；$\overline{S}$ 是选通端或称使能端，低电平有效；$Y$ 是输出端。

图 7-23 四选一数据选择器示意图

表 7-13 74LS153 四选一数据选择器的真值表

| 使能 | 输入 | | | 输出 |
|---|---|---|---|---|
| $\overline{S}$ | $D$ | $A_1$ | $A_0$ | $Y$ |
| 1 | × | × | × | 0 |
| 0 | $D_0$ | 0 | 0 | $D_0$ |
| 0 | $D_1$ | 0 | 1 | $D_1$ |
| 0 | $D_2$ | 1 | 0 | $D_2$ |
| 0 | $D_3$ | 1 | 1 | $D_3$ |

由真值表可知，当使能端 $\overline{S}=1$ 时，无论输入端 $D$、$A_1$、$A_0$ 的输入信号是什么，$Y=0$，表示输出信号与输入信号无关；当使能端 $\overline{S}=0$ 时，允许工作，在选择控制端 $A_1A_0$ 的组合信号的作用下，输出端 $Y$ 从 $D_3 \sim D_0$ 选择一个信号输出。例如，当 $\overline{S}=0$ 时，若 $A_1A_0=01$，则 $Y=D_1$。由真值表可写出逻辑表达式为

$$Y = D_0\,\overline{A_1}\,\overline{A_0}S + D_1\,\overline{A_1}A_0S + D_2A_1\,\overline{A_0}S + D_3A_1A_0S = \sum_{i=0}^{3} m_i D_i S$$

式中，$m_i$ 为选择控制端 $A_1A_0$ 的最小项编码。例如，$A_1A_0=01$ 时，其最小项编号为 $m_1$，为

"1",其余最小项为"0",此时 $Y=D_1$,即只有数据 $D_1$ 传送到输出端。

如图 7-24a 所示为 74LS153 双四选一数据选择器的逻辑电路图。图 7-24b 所示为 74LS153 双四选一数据选择器的引脚排列图。

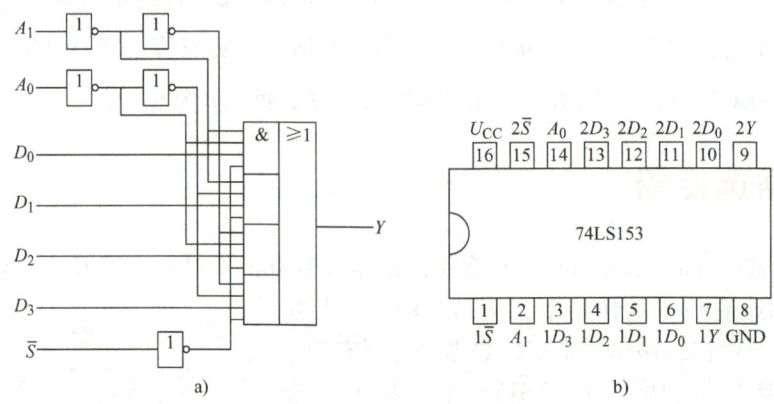

图 7-24  74LS153 的引脚排列图

数据选择器的主要特点如下。

1)具有标准与或表达式的形式。

2)提供了地址变量的全部最小项。

3)一般情况下,$D_i$ 可以当作一个变量处理。

【例 7-7】 用 74LS153(四选一)数据选择器实现函数 $Y = \overline{A}BC + A\overline{B}C + AB\overline{C} + ABC$。

**解:** 函数 $Y$ 有三个输入变量 $A$、$B$、$C$,而数据选择器有两个地址端 $A_1$ 和 $A_0$,少于函数输入变量个数,在设计时可选 $A$ 接 $A_1$,$B$ 接 $A_0$,即 $A=A_1$,$B=A_0$,代入待求的逻辑表达式

$$Y = \overline{A}BC + A\overline{B}C + AB\overline{C} + ABC = C \cdot \overline{A_1}A_0 + C \cdot A_1\overline{A_0} + \overline{C} \cdot A_1A_0 + C \cdot A_1A_0$$

根据四选一数据选择器,则有

$$Y = D_0 \cdot \overline{A_1} \cdot \overline{A_0} \cdot S + D_1 \overline{A_1}A_0 S + D_2 A_1 \overline{A_0} S + D_3 A_1 A_0 S = \sum_{i=0}^{3} m_i D_i S$$

令 $S=1$,则有

$$Y = C \cdot \overline{A_1}A_0 + C \cdot A_1\overline{A_0} + \overline{C} \cdot A_1A_0 + C \cdot A_1A_0 = D_0 \cdot \overline{A_1} \cdot \overline{A_0} + D_1 \overline{A_1}A_0 + D_2 A_1 \overline{A_0} + D_3 A_1 A_0$$

可得 $D_0=0$,$D_1=D_2=C$,$D_3=C+\overline{C}=1$。

则用四选一数据选择器实现函数 $Y$ 的接线图如图 7-25 所示。

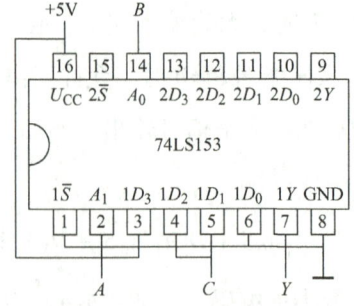

图 7-25  【例 7-7】功能实现接线图

## 7.6.2 八选一数据选择器

74LS151 芯片是八选一数据选择器。其真值表见表 7-14，其中，$D_7 \sim D_0$ 是八个数据输入端；$A_2A_1A_0$ 是三个地址输入端；$\bar{S}$ 是输入使能端，低电平有效；$Y$ 和 $\bar{Y}$ 是具有互补的两个输出端。

表 7-14 八选一数据选择器 74LS151 的真值表

| 使能 | 输入 | | | 输出 | |
| --- | --- | --- | --- | --- | --- |
| $\bar{S}$ | $A_2$ | $A_1$ | $A_0$ | $Y$ | $\bar{Y}$ |
| 1 | × | × | × | 0 | 1 |
| 0 | 0 | 0 | 0 | $D_0$ | $\overline{D_0}$ |
| 0 | 0 | 0 | 1 | $D_1$ | $\overline{D_1}$ |
| 0 | 0 | 1 | 0 | $D_2$ | $\overline{D_2}$ |
| 0 | 0 | 1 | 1 | $D_3$ | $\overline{D_3}$ |
| 0 | 1 | 0 | 0 | $D_4$ | $\overline{D_4}$ |
| 0 | 1 | 0 | 1 | $D_5$ | $\overline{D_5}$ |
| 0 | 1 | 1 | 0 | $D_6$ | $\overline{D_6}$ |
| 0 | 1 | 1 | 1 | $D_7$ | $\overline{D_7}$ |

由真值表可得输出 $Y$ 的逻辑表达式为

$$Y = \sum_{i=0}^{7} m_i D_i S$$

式中，$m_i$ 为地址输入端 $A_2A_1A_0$ 的最小项编码。当使能端 $\bar{S}=1$ 时，无论输入端的输入信号是什么，$Y=0$（$\bar{Y}=1$），表示输出信号与输入信号无关；当使能端 $\bar{S}=0$ 时，允许工作，在选择控制端 $A_2A_1A_0$ 的组合信号的作用下，输出端 $Y$ 从 $D_7 \sim D_0$ 选择一个信号输出。例如，在 $\bar{S}=0$ 时，$A_2A_1A_0=110$，其最小项编号为 $m_6$，则 $Y=D_6$（$\bar{Y}=\overline{D_6}$）。

74LS151 的引脚排列图如图 7-26a，74LS151 的逻辑符号如图 7-26b 所示。

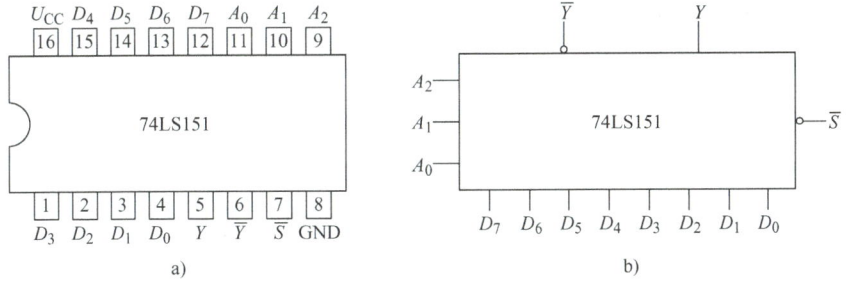

图 7-26 74LS151 的引脚排列图和逻辑符号

利用使能端 $\bar{S}$ 可进行数据选择器的扩展，如图 7-27 所示就是利用使能端 $\bar{S}$ 将两片八选一多路选择器，扩展为十六选一多路选择器。其中，$D_7 \sim D_0$ 为低八位数据输入端，$D_{15} \sim D_8$

为高八位数据输入端；74LS151（1）的输出端 $Y_1$ 与 74LS151（2）的输出端 $Y_2$ 经或门后作为整个电路的输出信号 $Y$，$Y = Y_1 + Y_2$；$A_3A_2A_1A_0$ 是地址端，$A_3$ 的信号与芯片 74LS151（1）的 $\overline{S}$ 直接相连作为 $\overline{S_1}$，同时经过反相器后与 74LS151（2）的 $\overline{S}$ 相连作为 $\overline{S_2}$。当 $A_3A_2A_1A_0 = 0A_2A_1A_0$ 时，$\overline{S_1} = 0$，$\overline{S_2} = 1$，则高位的数据选择器 74LS151（2）被禁止工作，低位的数据选择器 74LS151（1）正常工作，$Y = Y_1$；当 $A_3A_2A_1A_0 = 1A_2A_1A_0$ 时，$\overline{S_1} = 1$，$\overline{S_2} = 0$，则低位的数据选择器 74LS151（1）被禁止工作，高位的数据选择器 74LS151（2）正常工作，$Y = Y_2$。

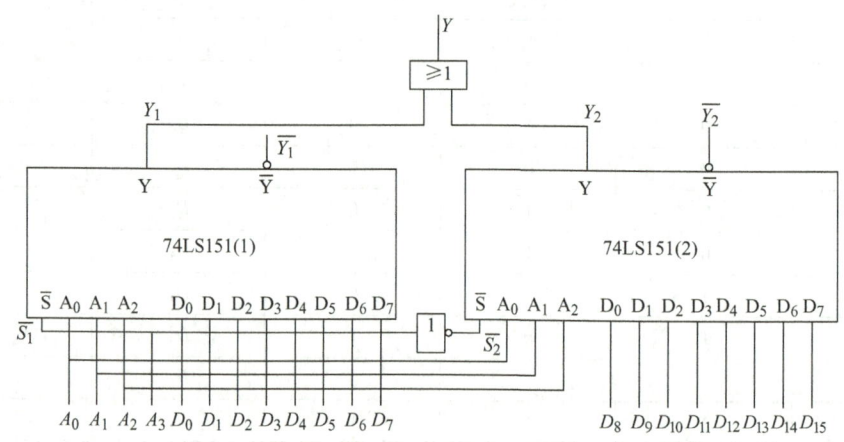

图 7-27　数据选择器的扩展使用

【例 7-8】试用 74LS151（八选一）数据选择器实现函数 $Y = \overline{A}BC + A\overline{B}C + AB\overline{C} + ABC$。

**解**：将输入变量 $A$、$B$、$C$ 分别接到 74LS151（八选一）数据选择器地址端 $A_2$、$A_1$ 和 $A_0$，即 $A = A_2$，$B = A_1$，$C = A_0$，则可得 $\overline{A}BC = 011$，$m_i = m_3$；同理可得另外三个地址为 $m_5$、$m_6$ 和 $m_7$。

由 74LS151 输出表达式可知，当 $S = 1$，而 $D_3 = D_5 = D_6 = D_7 = 1$，$D_0 = D_1 = D_2 = D_4 = 0$，即可实现函数 $Y$，其接线图如图 7-28 所示。

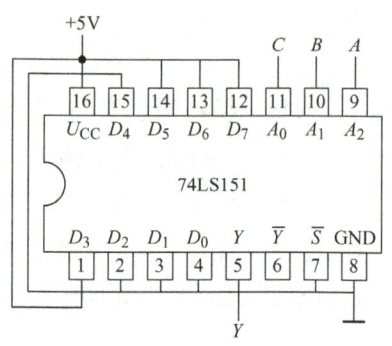

图 7-28　【例 7-8】逻辑功能的接线图

## 7.7　数据分配器

数据分配器也称为多路解调器（Demultiplexer）。它的功能是在数据传输过程中，根据选择控制信号（或称地址码），将一个输入端信号送至多个输出端中的某一个。图 7-29 是 2/4 线数据分配器的示意图，它的功能和数据选择器相反。

2/4 线数据分配器的真值表见表 7-15。选择控制端 $A_1$ 和 $A_0$ 有四种组合，分别将数据 $D$ 分配给四个输出端，构

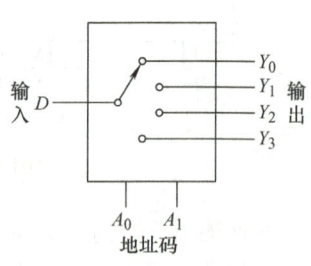

图 7-29　2/4 线数据分配器

成 2/4 线数据分配器。

表 7-15 2/4 线数据分配器的真值表

| 输入 | | 输出 | | | |
|---|---|---|---|---|---|
| $A_1$ | $A_0$ | $Y_3$ | $Y_2$ | $Y_1$ | $Y_0$ |
| 0 | 0 | 0 | 0 | 0 | D |
| 0 | 1 | 0 | 0 | D | 0 |
| 1 | 0 | 0 | D | 0 | 0 |
| 1 | 1 | D | 0 | 0 | 0 |

由真值表可得 2/4 线数据分配器输出端的逻辑表达式

$Y_0 = \overline{A_1} \cdot \overline{A_0} D \quad Y_1 = \overline{A_1} A_0 D$

$Y_2 = A_1 \overline{A_0} D \quad Y_3 = A_1 A_0 D$

根据逻辑表达式绘制出 2/4 线数据分配器的逻辑电路图，如图 7-30 所示。

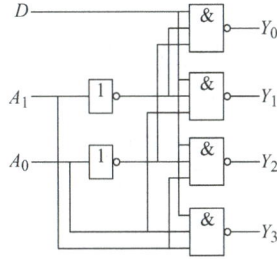

图 7-30 2/4 线数据分配器的逻辑图

## 7.8 实验

### 7.8.1 实验 1 半加器电路逻辑功能测试

**一、实验目的**

1）掌握由基本门电路构成的组合逻辑电路的分析与测试方法。

2）熟悉半加器的工作原理。

3）对半加器的逻辑功能进行测试。

**二、实验设备与器件**

数字电路实验箱、芯片 74LS00（可用 CMOS 相同功能的集成芯片替换）、逻辑开关信号、逻辑电平显示装置（一组发光二极管指示灯）。

**三、实验内容与步骤**

由与非门构成的半加器逻辑电路图如图 7-31 所示。图中 $A$ 和 $B$ 分别为被加数和加数，$C$ 为半加器进位端，$S$ 为半加器和端。

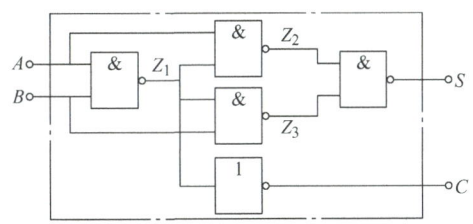

图 7-31 半加器的逻辑电路

1）根据给定的半加器的组合逻辑电路图，列出输入量和中间量、输出量的逻辑表达式。完成中间量（$Z_1$、$Z_2$ 和 $Z_3$）和输出量（$S$ 和 $C$）与输入量（$A$ 和 $B$）的逻辑表达式的推导。

中间量：$Z_1$ = _____；$Z_2$ = _____；$Z_3$ = _____。

输出量：$S$ = _____；$C$ = _____。

2）根据上述逻辑表达式列出真值表，记入表 7-16 中，并用卡诺图对 $S$ 和 $C$ 进行化简。

表 7-16 半加器的真值表

| 输入 | | 中间量 | | | 输出 | |
|---|---|---|---|---|---|---|
| A | B | $Z_1$ | $Z_2$ | $Z_3$ | S | C |
| | | | | | | |

3）选用两片 74LS00 2 输入 4 与非门芯片，在图 7-32 中完成图 7-31 所示逻辑电路的接线图的绘制。

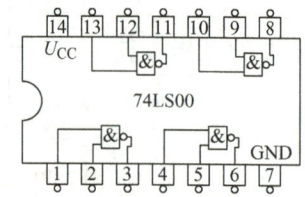
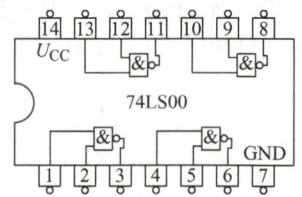
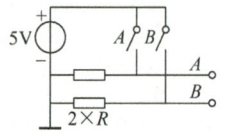
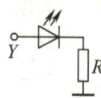

图 7-32 半加器接线图绘制

4）按照半加器接线图完成图 7-31 所示逻辑电路接线，检查无误后通电。注意，输入信号由逻辑开关信号送入，中间量（$Z_1$、$Z_2$、$Z_3$）和输出量（$S$、$C$）逻辑功能的测试结果用逻辑电平显示装置显示，灯亮为"1"，灯灭为"0"。

5）将测试结果填入表 7-17，并将测量数据与表 7-16 进行对比。

表 7-17 半加器逻辑功能测试数据

| 输入 | | 中间量 | | | 输出 | |
|---|---|---|---|---|---|---|
| A | B | $Z_1$ | $Z_2$ | $Z_3$ | S | C |
| 0 | 0 | | | | | |
| 0 | 1 | | | | | |
| 1 | 0 | | | | | |
| 1 | 1 | | | | | |

四、实验注意事项

1）接线完成后需经过教师的检查允许后方可通电。

2）集成芯片使用的时候注意电源极性，应按要求接上电源和接地，否则芯片无法正常工作。

3）通电时先接通电源后接通信号，实验结束或者改接线路时操作正好相反。

## 7.8.2　实验2　组合逻辑电路的设计与测试

### 一、实验目的

1）掌握基本门电路组成的组合逻辑电路的设计方法。
2）根据设计要求完成4输入投票电路的设计与安装调试。
3）掌握逻辑功能的测试方法。

### 二、实验设备与器件

数字电路实验箱，芯片74LS00、74LS20（可用CMOS相同功能的集成芯片替换），逻辑开关信号，逻辑电平显示装置（一组发光二极管指示灯）。

### 三、实验内容与步骤

1）设计要求：在某种资格审批中，有$A$、$B$、$C$、$D$四个评委进行投票裁定，其中评委$A$、$B$、$C$三人的裁定各计一票，而评委$D$的裁定计两票。现在，要求票数超过半数（即≥3票）才算资格审批通过，否则资格审批不通过。试选用与非门设计满足要求的组合逻辑电路。

2）逻辑关系分析：假设输入量$A$、$B$、$C$和$D$，投票赞成，就记为"1"，投票反对记为"0"；输出量（资格审批）结果$Y$通过，就记为"1"，不通过记为"0"。根据上述分析填写如表7-18所示真值表。

表7-18　投票电路的真值表

| 输入 | | | | 输出 | 输入 | | | | 输出 |
|---|---|---|---|---|---|---|---|---|---|
| $A$ | $B$ | $C$ | $D$ | $Y$ | $A$ | $B$ | $C$ | $D$ | $Y$ |
| | | | | | | | | | |
| | | | | | | | | | |
| | | | | | | | | | |
| | | | | | | | | | |
| | | | | | | | | | |
| | | | | | | | | | |
| | | | | | | | | | |
| | | | | | | | | | |

3）根据表7-18的数据，用卡诺图对输出量$Y$进行化简，写出最简"与非"表达式。

4）选用合适的芯片（建议选用一片74LS00和一片74LS20），完成输出量$Y$的逻辑电路接线图的绘制，如图7-33所示。

5）按照接线图完逻辑电路接线，检查无误后通电。注意，输入信号由逻辑开关信号送入，输出量$Y$逻辑功能的测试结果用逻辑电平显示装置显示，灯亮为"1"，灯灭为"0"。

6）观察测试结构是否符合设计要求，如果不符合，检查上述步骤中是否有不正确的地方，找出错误，调试直到电路的功能符合设计要求。

### 四、实验注意事项

1）接线完成后需经过教师的检查允许后方可通电。

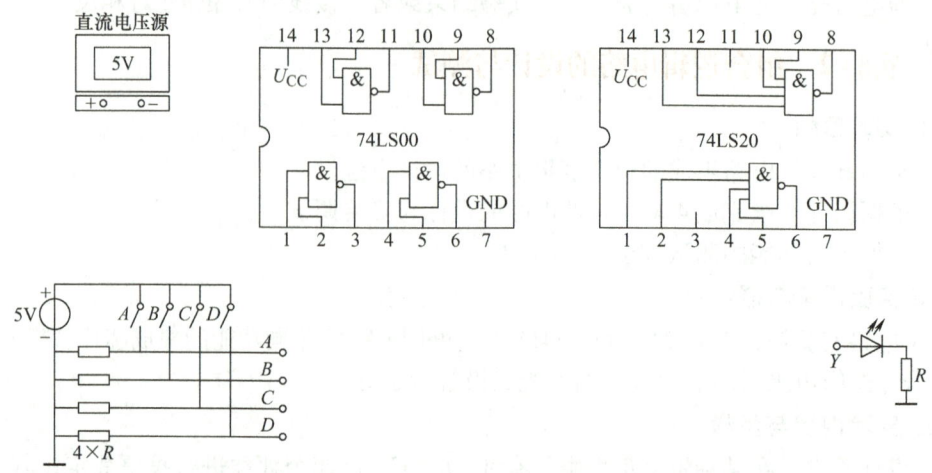

图 7-33 输出量 Y 接线图绘制

2）集成芯片使用的时候注意电源极性，应按要求接上电源和接地，否则芯片无法正常工作。

3）通电时先接通电源后接通信号，实验结束或者改接线路时操作正好相反。

## 7.9 思考与练习

1. 组合逻辑电路如图 7-34 所示，要求：1）试分析该电路的逻辑功能。2）设计出用与非门实现该逻辑功能的电路。

2. 在某组合逻辑电路的设计中，输入量 $A$、$B$、$C$、$D$ 和输出量 $Y$ 之间逻辑关系的真值表，见表 7-19，没有出现的输入变量组合，视为无关项，试设计一个能够实现该真值表的逻辑电路，试用与非门实现。

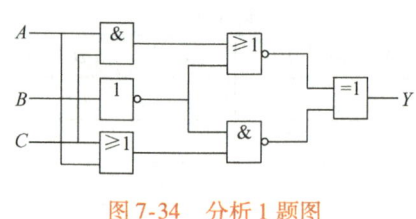

图 7-34 分析 1 题图

表 7-19 分析 2 题逻辑关系真值表

| 输入 | | | | 输出 |
|---|---|---|---|---|
| $A$ | $B$ | $C$ | $D$ | $Y$ |
| 0 | 1 | 0 | 1 | 0 |
| 0 | 1 | 1 | 0 | 0 |
| 0 | 1 | 1 | 1 | 1 |
| 1 | 0 | 0 | 1 | 1 |
| 1 | 0 | 1 | 0 | 0 |
| 1 | 0 | 1 | 1 | 1 |
| 1 | 1 | 0 | 1 | 1 |
| 1 | 1 | 1 | 0 | 0 |
| 1 | 1 | 1 | 1 | 1 |

3. 设计一个组合逻辑电路，要求对两个两位无符号的二进制数 AB 和 CD，进行大小比较。如果 AB 大于或等于 CD，则输出端 Y 为 "1"；否则为 "0"。试用与非门实现该逻辑电路。

4. 设计一个组合逻辑电路，要求实现两种无符号的三位二进制码之间的转换。第一种三位二进制记作 ABC，第二种三位二进制记作 XYZ，它们之间的转换表见表 7-20。要求：ABC 是输入码，XYZ 是输出码。用门电路实现最简转换电路。

表 7-20　分析 4 题数码转换表

| 输入码 | | | 输出码 | | |
|---|---|---|---|---|---|
| A | B | C | X | Y | Z |
| 0 | 0 | 0 | 1 | 0 | 0 |
| 0 | 0 | 1 | 0 | 1 | 1 |
| 0 | 1 | 0 | 0 | 1 | 0 |
| 0 | 1 | 1 | 0 | 0 | 1 |
| 1 | 0 | 0 | 1 | 0 | 0 |
| 1 | 0 | 1 | 1 | 0 | 1 |
| 1 | 1 | 0 | 1 | 1 | 0 |
| 1 | 1 | 1 | 1 | 0 | 1 |

5. 某一组合逻辑电路如图 7-35 所示，要求：1）写出输出量 Y 的逻辑表达式。2）试分析该逻辑电路的逻辑功能。

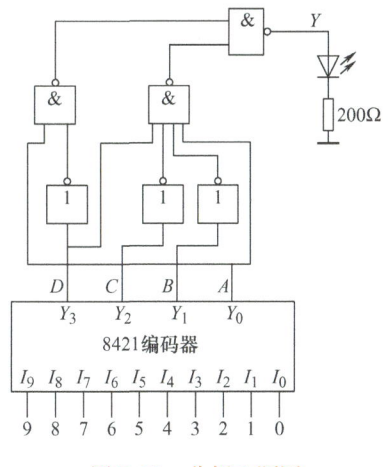

图 7-35　分析 5 题图

6. 在图 7-36 中，若 $u_i = \pm 5\text{V}$，试问七段 LED 数码管显示什么字符？

*7. 如图 7-37 所示的多路数据传输系统，用 74LS151 和 74LS138 实现从甲地向乙地传送数据。要求实现下列数据传送，则该如何设置 74LS151 和 74LS138 的选择控制端 $A_2$、

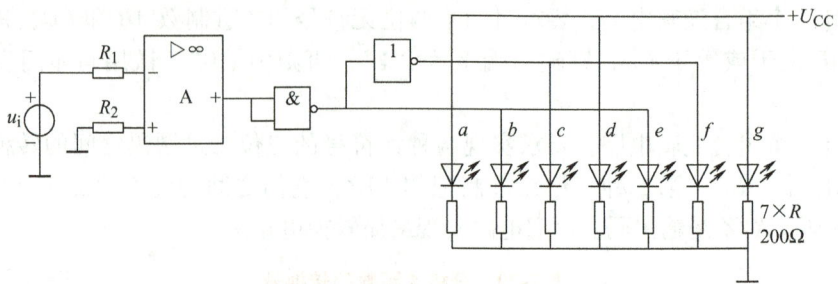

图 7-36 分析 6 题图

$A_1$ 和 $A_0$。

1）由甲地 $d$ 向乙地 $c$。2）由甲地 $f$ 向乙地 $d$。3）由甲地 $c$ 向乙地 $h$。

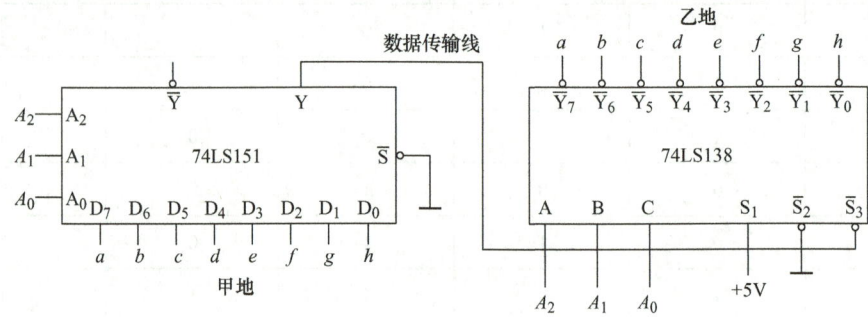

图 7-37 分析 7 题图

# 第8章 触发器和时序逻辑电路

**教学导航**

通过本章节的学习可以达到：
1) 了解基本 RS 触发器、可控 RS 触发器的电路组成，理解并掌握触发器的逻辑功能。
2) 了解 JK 触发器的电路组成，理解触发器的逻辑功能。
3) 了解 D 触发器的电路组成，理解触发器的逻辑功能。
4) 理解 T 触发器和 T′ 触发器的逻辑功能，能够完成不同触发器之间逻辑功能的转换。
5) 理解并掌握时序逻辑电路的分析和设计方法。
6) 理解寄存器和计数器的工作原理。
7) 理解并掌握 555 定时器的组成及应用。

## 8.1 触发器

数字系统不仅包括各种组合逻辑门电路，还包括许多具有"记忆"功能的触发器。触发器是时序逻辑电路的一个重要构成部分，根据触发器的逻辑功能不同分为 RS 触发器、JK 触发器、D 触发器和 T 触发器等几种类型。基本 RS 触发器的结构形式简单，是其他触发器的基础。

### 8.1.1 RS 触发器

基本RS触发器电路结构仿真

**1. 基本 RS 触发器**

（1）基本 RS 触发器的电路结构和逻辑符号

如图 8-1a 所示电路为基本 RS 触发器电路结构。从图中可以看出，两个与非门 $G_1$、$G_2$ 的输入、输出端是相互交叉连接。基本 RS 触发器有两个输入端：直接复位输入端 $\bar{R}$，又称为置 0 端；直接置位输入端 $\bar{S}$，又称为置 1 端；两个互补输出端 $Q$ 及 $\bar{Q}$。在触发器电路中，规定用 $Q$ 的状态表示触发器的输出状态。

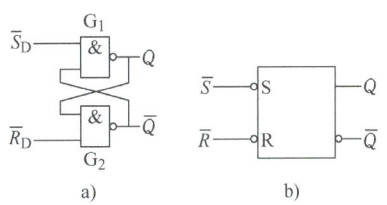

图 8-1 基本 RS 触发器电路结构和逻辑符号

基本 RS 触发器的逻辑符号如图 8-1b 所示，它有两个稳定状态：当 $Q=0$（$\bar{Q}=1$）时，称为触发器的 0 态，或称复位状态；当 $Q=1$（$\bar{Q}=0$）时，称为触发器的 1 态，或称置位状态。触发器的状态由 $\bar{R}$ 和 $\bar{S}$ 的状态决定。$\bar{R}$ 和 $\bar{S}$ 上的横线表示低电平有效，输入端引线和方框交接处的小圆圈表示低电平有效。

(2) 基本 RS 触发器的逻辑功能

设加在基本 RS 触发器的两个输入端（$\bar{R}$ 端和 $\bar{S}$ 端）的低电平信号满足触发器的工作条件，能够保证触发器可靠的翻转；此外，$Q^n$ 为基本 RS 触发器原来的状态，称为原态或现态；$Q^{n+1}$ 为其后一个新状态，称为次态或新态。

1) 当 $\bar{S} = \bar{R} = 1$ 时，触发器输出端 $Q$（$\bar{Q}$）保持不变。

若触发器的初始状态为 $Q = 1$、$\bar{Q} = 0$，即 1 态。在图 8-1a 中，与非门 $G_1$ 的输入为 $\bar{S}$ 和 $\bar{Q}$，此时 $\bar{S} = 1$、$\bar{Q} = 0$，故 $G_1$ 的输出 $Q = 1$；与非门 $G_2$ 的输入为 $\bar{R}$ 和 $Q$，此时 $\bar{R} = 1$ 和 $Q = 1$，故 $G_2$ 的输出 $\bar{Q} = 0$。可见，触发器输出端 $Q$（$\bar{Q}$）保持不变。同理，也可以分析出当触发器的输入 $\bar{R} = \bar{S} = 1$，初始状态为 $Q = 0$、$\bar{Q} = 1$ 时，触发器输出端 $Q$（$\bar{Q}$）也是保持不变的。

2) 当 $\bar{S} = 1$、$\bar{R} = 0$ 时，则 $\bar{Q} = 1$、$Q = 0$，触发器处于稳定的 0 态，称为置 0。

3) 当 $\bar{S} = 0$、$\bar{R} = 1$ 时，则 $\bar{Q} = 0$、$Q = 1$，触发器处于稳定的 1 态，称为置 1。

4) 当 $\bar{S} = \bar{R} = 0$ 时，则 $Q = \bar{Q} = 1$，违背了触发器输出端 $Q$ 和 $\bar{Q}$ 是互补关系的规定。在这种情况下，如果 $\bar{S}$ 和 $\bar{R}$ 继续由 0 同时跳变为 1，触发器输出端 $Q$ 的新状态将无法判定。把这种无法判定新状态的情况称为状态不确定，不确定状态是禁止使用的。

上述四种情况如表 8-1 所示。

表 8-1　由两个与非门构成的基本 RS 触发器的逻辑状态表

| $\bar{S}$ | $\bar{R}$ | $Q^n$ | $Q^{n+1}$ | 功能 |
|---|---|---|---|---|
| 0 | 0 | 0 | × | 不定（禁用） |
| 0 | 0 | 1 | × | |
| 0 | 1 | 0 | 1 | 置位 |
| 0 | 1 | 1 | 1 | |
| 1 | 0 | 0 | 0 | 复位 |
| 1 | 0 | 1 | 0 | |
| 1 | 1 | 0 | 0 | 保持 |
| 1 | 1 | 1 | 1 | |

根据状态表绘制卡诺图如图 8-2 所示。

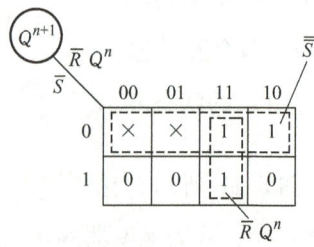

图 8-2　基本 RS 触发器卡诺图

描述触发器次态 $Q^{n+1}$ 和原态 $Q^n$ 关系的方程称作触发器的特性方程，由图 8-2 可以得到

基本 RS 触发器的状态方程为

$$\begin{cases} Q^{n+1} = \overline{\overline{S} + \overline{R}Q^n} = S + \overline{R}Q^n \\ \overline{R} + \overline{S} = 1 \quad\quad\quad\text{（约束条件）} \end{cases} \quad (8\text{-}1)$$

由两个与非门构成的基本 RS 触发器的逻辑功能也可以用如图 8-3 所示的波形图来说明，其中基本 RS 触发器输出端 $Q$ 的初始状态设为 0 态。

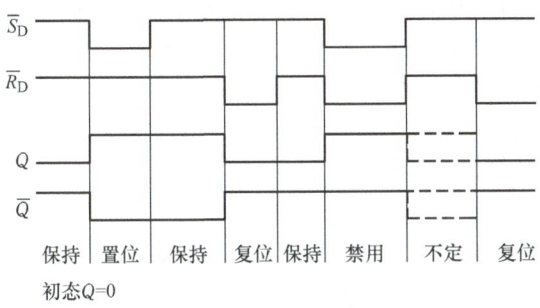

图 8-3　基本 RS 触发器的波形图

由以上分析可得基本 RS 触发器的特点如下。
1）触发器的次态不仅与输入信号状态有关，而且与触发器的现态有关。
2）电路具有两个稳定状态，在无外来触发信号作用时，电路将保持原状态不变。
3）在外加触发信号有效时，电路可以触发翻转，实现置 0 或置 1。
4）在稳定状态下两个输出端的状态必须是互补关系，不确定状态是禁止出现的。

常见的集成基本 RS 触发器有 74LS279 和 CC4044 等，如图 8-4a 所示为 74LS279 引脚布置图，图 8-4b 所示为 CC4044 引脚布置图。

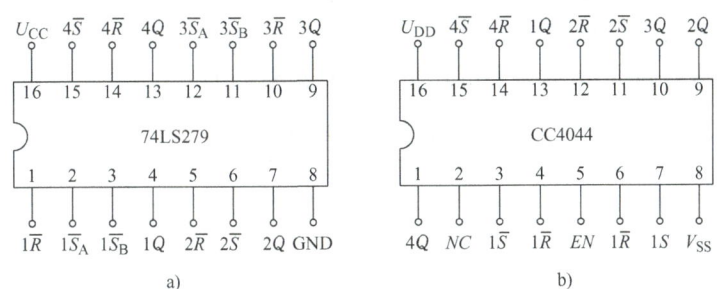

图 8-4　常见的集成基本 RS 触发器引脚图

**2. 同步 RS 触发器**（时钟脉冲控制的 RS 触发器）

基本 RS 触发器的触发翻转过程直接由输入信号控制，但是在实际应用中，常常需要系统中的各触发器在规定的时刻按各自输入信号所决定的状态同步触发翻转，这就需要用一个时钟脉冲控制，使系统中的触发器状态改变能与时钟同步（也称为钟控触发器）。同步 RS 触发器就是受一个 CP 信号控制的钟控触发器，因而又称为可控 RS 触发器。同步 RS 触发器的电路结构如图 8-5a 所示，它的逻辑符号如图 8-5b 所示。

从图 8-5a 中可以看到，同步 RS 触发器包括两部分：与非门 $G_1$ 和 $G_2$ 组成的基本 RS 触发器和两个与非门 $G_3$ 和 $G_4$ 组成的控制电路。除了 R 和 S 两个输入端外，还有时钟信号输

入端 $CP$,可以控制 $G_3$ 和 $G_4$。

在电路中,$\overline{S}_D$ 端为低电平有效的直接置位端,$\overline{R}_D$ 端为低电平有效的直接复位端。$\overline{S}_D$ 端和 $\overline{R}_D$ 端是在触发器工作之初,用来预置初始状态的。在触发器的工作过程中,$\overline{S}_D$ 端和 $\overline{R}_D$ 端始终处于 1 态(高电平)。$\overline{S}_D$ 端和 $\overline{R}_D$ 端进行置位或复位时操作时,具有最优先权,不受 $CP$、$R$ 和 $S$ 的影响。

如图 8-5a 所示,当 $CP=0$ 时,不管 $R$ 和 $S$ 信号如何,控制电路的与非门 $G_3$ 和 $G_4$ 被封锁,$G_3$ 和 $G_4$ 的输出均为 1。$G_3$ 和 $G_4$ 的输出是基本 RS 触发器($G_1$ 和 $G_1$)的输入信号,由基本 RS 触发器的逻辑功能可知触发器输出端 $Q$ 的状态不会变化。

当 $CP=1$ 时,与非门 $G_3$ 和 $G_4$ 被打开,$R$ 和 $S$ 两个输入端的状态可以影响 $Q$ 的状态。下面分析在 $CP=1$ 的条件下,同步 RS 触发器的工作过程。

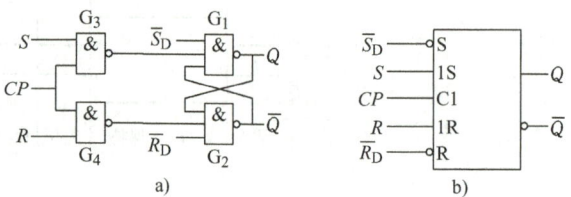

图 8-5 同步 RS 触发器电路结构

1)当 $R=S=0$ 时,$G_3$ 和 $G_4$ 的输出均为 1,根据基本 RS 触发器的逻辑关系,输出端 $Q$ 的状态保持不变,即 $Q^{n+1}=Q^n$。

2)当 $S=1$、$R=0$ 时,$G_4$ 输出为 1,$G_3$ 输出为 0,根据基本 RS 触发器的逻辑关系,输出端 $Q$ 处于 1 态(置 1),即 $Q^{n+1}=1$。

3)当 $S=0$、$R=1$ 时,$G_4$ 输出为 0,$G_3$ 输出为 1,根据基本 RS 触发器的逻辑关系,输出端 $Q$ 处于 0 态(置 0),即 $Q^{n+1}=0$。

4)当 $S=R=1$ 时,$G_3$ 和 $G_4$ 输出均为 0,根据基本 RS 触发器的逻辑关系,输出端 $Q$ 和 $\overline{Q}$ 不再满足互补关系,而是同为 1。如果 $CP$ 正脉冲过去或 $R$ 和 $S$ 同时恢复到 0 时,$Q^{n+1}$ 的状态不确定,这种情况是禁止使用的。

由以上分析可得同步 RS 触发器的逻辑功能如表 8-2 所示。

表 8-2 同步 RS 触发器的逻辑状态表

| $CP$ | $S$ | $R$ | $Q^n$ | $Q^{n+1}$ | 功能 |
| --- | --- | --- | --- | --- | --- |
| 0 | × | × | 0 | 0 | 保持 |
| | | | 1 | 1 | |
| 1 | 0 | 0 | 0 | 0 | 保持 |
| | | | 1 | 1 | |
| | 0 | 1 | 0 | 0 | 复位 |
| | | | 1 | 0 | |
| | 1 | 0 | 0 | 1 | 置位 |
| | | | 1 | 1 | |
| | 1 | 1 | 0 | 0 | 不定(禁用) |
| | | | 1 | 1 | |

由同步 RS 触发器的状态表可求得同步 RS 触发器的状态方程为

$$\begin{cases} Q^{n+1} = \bar{R} \cdot \bar{S} \cdot Q^n + S = S + \bar{R}Q^n & CP = 1 \text{ 时有效} \\ RS = 0 & \text{约束条件} \end{cases} \quad (8\text{-}2)$$

如图 8-6 所示为同步 RS 触发器逻辑功能的波形图，输出端 Q 的初态设为 0。

同步 RS 触发器增加了时钟脉冲，可以在翻转时间上进行控制。但在 $CP = 1$ 期间，如 R 和 S 信号发生变化，则可能引起触发器翻转两次或两次以上，称为空翻。所以使用同步 RS 触发器一般要求在 $CP = 1$ 期间，R 和 S 信号不能发生变化。同步 RS 触发器产生空翻现象，如图 8-7 所示。

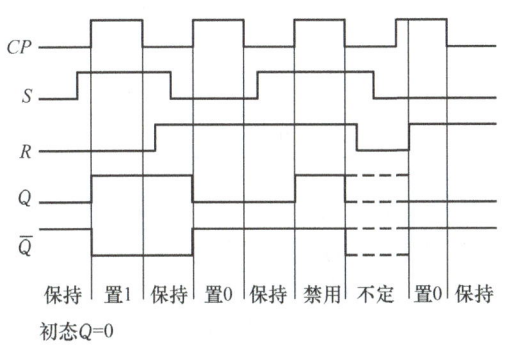

图 8-6 初态 $Q = 0$ 时的波形图

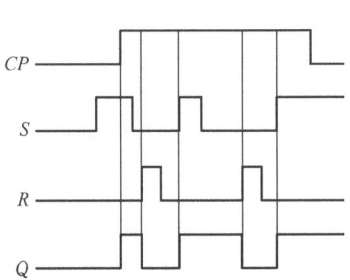

图 8-7 同步 RS 触发器空翻现象

## 8.1.2 边沿 JK 触发器

**1. 边沿 JK 触发器的逻辑符号**

在实际使用中为了克服同步触发器的空翻问题，会采用边沿触发器。边沿触发器的特点包括：

1）边沿触发，即只在 CP 边沿到来时，状态发生翻转。
2）功能与同步触发器相同，使用方便灵活。
3）抗干扰能力极强，工作速度很高。

下降沿有效的边沿 JK 触发器的逻辑符号如图 8-8a 所示。图中 CP 端与方框相连处的三角"▷"表示电路是边沿触发器；小圆圈"○"表示 Q 端的状态在 CP 时钟脉冲的下降沿翻转；反之，若没有小圆圈"○"，则表示 Q 端的状态在 CP 时钟脉冲的上升沿翻转，如图 8-8b 所示。

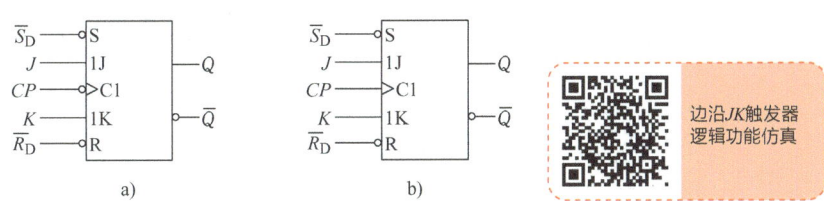

图 8-8 边沿 JK 触发器两种情况下的逻辑符号

**2. 边沿 JK 触发器的逻辑功能**

边沿 JK 触发器具有置位（置1）、复位（置0）、保持和计数的功能。表 8-3 所示为边沿 JK 触发器的逻辑状态表。

表 8-3 边沿 JK 触发器的逻辑状态表

| J | K | $Q^n$ | $Q^{n+1}$ | 功　能 |
|---|---|---|---|---|
| 0 | 0 | 0 | 0 | 保持 |
| 0 | 0 | 1 | 1 | |
| 0 | 1 | 0 | 0 | 复位 |
| 0 | 1 | 1 | 0 | |
| 1 | 0 | 0 | 1 | 置位 |
| 1 | 0 | 1 | 1 | |
| 1 | 1 | 0 | 1 | 翻转（计数） |
| 1 | 1 | 1 | 0 | |

假设边沿 JK 触发器在 CP 脉冲的下降沿有效，根据逻辑状态表可以推导出输入端 J 和 K 对输出 Q 状态影响。表中的 $Q^n$ 和 $Q^{n+1}$ 分别表示触发器的现态和次态。

1）当 $J = K = 0$ 时，输出端 Q 的状态保持不变，即 $Q^{n+1} = Q^n$。
2）当 $J = 1$、$K = 0$ 时，输出端 Q 处于 1 态（置1），即 $Q^{n+1} = 1$。
3）当 $J = 0$、$K = 1$ 时，输出端 Q 处于 0 态（置0），即 $Q^{n+1} = 0$。
4）当 $J = K = 1$ 时，输出端 Q 的状态翻转，即 $Q^{n+1} = \overline{Q^n}$。

根据表 8-3 所示可以分析出 CP 脉冲的下降沿有效的边沿 JK 触发器输出状态的波形如图 8-9 所示。边沿 JK 触发器的状态方程为

$$Q^{n+1} = J\overline{Q^n} + \overline{K}Q^n \qquad (8-3)$$

为了满足实际的应用，也有上升沿翻转的边沿 JK 触发器，其逻辑符号如图 8-8b 所示。此外，还有多输入结构的 JK 触发器。

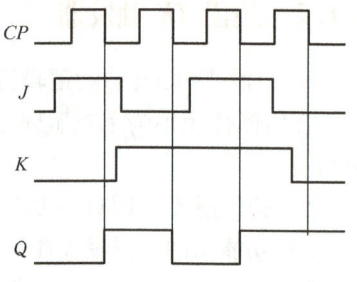

图 8-9 主从 JK 触发器的波形图

常见 74LS112 为 CP 下降沿触发集成边沿 JK 触发器，其引脚分布如图 8-10a 所示，CC4027 为 CP 上升沿触发集成边沿 JK 触发器，其引脚分布如图 8-10b 所示。

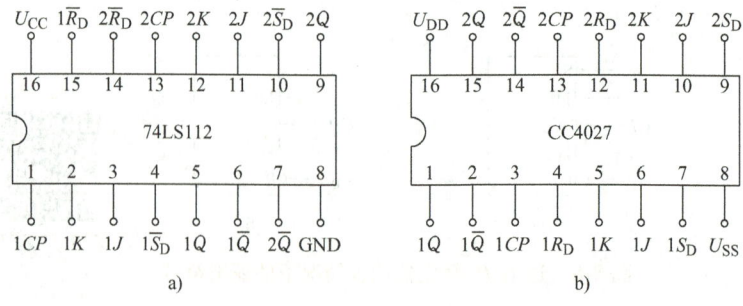

图 8-10 集成边沿 JK 触发器的引脚图

### 8.1.3 D 触发器

D 触发器大多为边沿结构的触发器,它的次态仅取决于 CP 脉冲的边沿(上升沿或下降沿)到达时刻输入信号的状态,而与其他时刻的输入状态无关,因而可以提高它的可靠性和抗干扰能力。如图 8-11a 所示为上升沿触发的维持阻塞边沿 D 触发器的逻辑符号,如图 8-11b 所示为下降沿触发的维持阻塞边沿 D 触发器的逻辑符号。

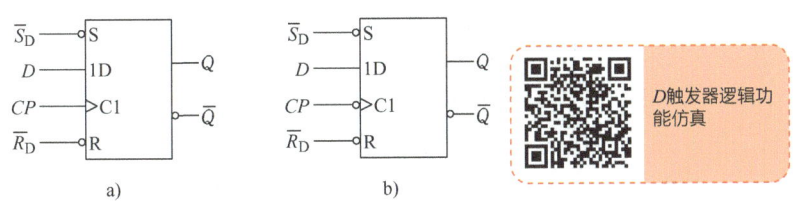

图 8-11 维持阻塞边沿 D 触发器逻辑符号

如图 8-11a 所示,维持阻塞型 D 触发器具有在 CP 脉冲上升沿触发的特点,这种维持阻塞作用建立后,即使 CP = 1 期间 D 信号改变也不会影响输出。其逻辑功能为:输出端 Q 的状态随着输入端 D 的状态而变化,即某个时钟脉冲来到之后 Q 的状态和该脉冲来到之前 D 的状态一样,其逻辑状态表如表 8-4 所示。

表 8-4 维持阻塞边沿 D 触发器的逻辑状态表

| CP | D | $Q^n$ | $Q^{n+1}$ | 功能 |
|---|---|---|---|---|
| 无上升沿 | × | 0 | 0 | 保持 |
| | | 1 | 1 | |
| ↑ | 0 | 0 | 0 | 复位 |
| | | 1 | 0 | |
| | 1 | 0 | 1 | 置位 |
| | | 1 | 1 | |

由上升沿有效的维持阻塞边沿 D 触发器的逻辑状态表可知,当 CP 上升沿来临时,如 $D = 1$,则 $Q^{n+1} = 1$;如 $D = 0$,则 $Q^{n+1} = 0$,所以状态方程为

$$Q^{n+1} = D \qquad CP 上升沿有效 \qquad (8-4)$$

在实际应用中,也有多输入结构的 D 触发器,如图 8-12 所示为上升沿有效的三输入维持阻塞边沿 D 触发器的逻辑符号,其中三个输入端 $D_1$、$D_2$ 和 $D_3$ 是"与"的逻辑关系,即 $D = D_1 D_2 D_3$。

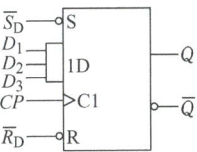

图 8-12 多输入结构的 D 触发器

常见 74LS74 为 CP 上升沿触发集成边沿 D 触发器,其引脚分布如图 8-13a 所示,其异

步输入端 $\overline{R}_D$ 和 $\overline{S}_D$ 为低电平有效。CC4013 为 $CP$ 上升沿触发集成边沿 $D$ 触发器，其引脚分布如图 8-13b 所示，且其异步输入端 $R_D$ 和 $S_D$ 为高电平有效。

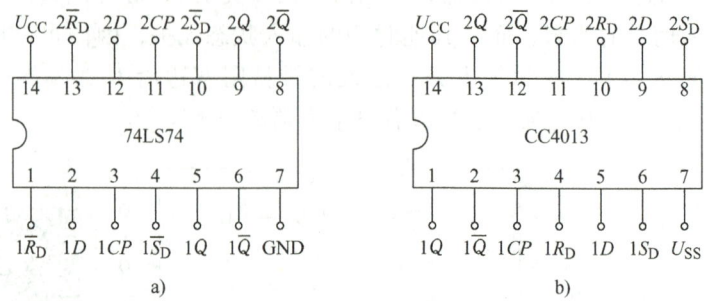

图 8-13 常用集成 $D$ 触发器引脚排列图

### 8.1.4 触发器逻辑功能的转换

每一种触发器有其自己的逻辑功能，有时候也可以根据需要将某种逻辑功能的触发器，经过改接和附加一些门电路后，转换成另一种类型的触发器。通常的转换方法是：利用已有触发器和待求触发器的特性方程相等的原则，求出转换逻辑关系，转换步骤如下。

1）写出已有触发器和待求触发器的特性方程。
2）变换待求触发器的特性方程，使之形式与已有触发器的特性方程一致。
3）比较已有和待求触发器的特性方程，根据两个方程相等的原则求出转换逻辑关系。
4）根据转换逻辑关系画出逻辑电路图。

**1. 将 $JK$ 触发器转换成 $T$ 触发器**

在数字电路中，凡在 $CP$ 时钟脉冲控制下，根据输入信号 $T$ 取值的不同，具有保持和翻转功能的电路，即当 $T=0$ 时能保持状态不变、$T=1$ 时一定翻转的电路，都称为 $T$ 触发器。$T$ 触发器的逻辑状态表如表 8-5 所示。如图 8-14 所示为下降沿有效的 $T$ 触发器的逻辑符号。

表 8-5 $T$ 触发器的逻辑状态表

| $T$ | $Q^n$ | $Q^{n+1}$ | 功能 |
|---|---|---|---|
| 0 | 0 | 0 | 保持 |
| 0 | 1 | 1 | |
| 1 | 0 | 1 | 翻转 |
| 1 | 1 | 0 | |

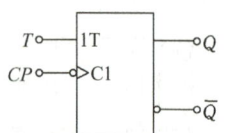

图 8-14 下降沿有效 $T$ 触发器的逻辑符号

由 $T$ 触发器的逻辑状态表可以推导出 $T$ 触发器状态方程为

$$Q^{n+1} = T\overline{Q^n} + \overline{T}Q^n \qquad (8-5)$$

JK 触发器的状态方程为 $Q^{n+1} = J\overline{Q^n} + \overline{K}Q^n$，比较 JK 触发器和 T 触发器的状态方程可知，只要满足 $J=T$、$K=T$，就可以将一个 JK 触发器转换成 T 触发器，转换逻辑电路图如图 8-15 所示。

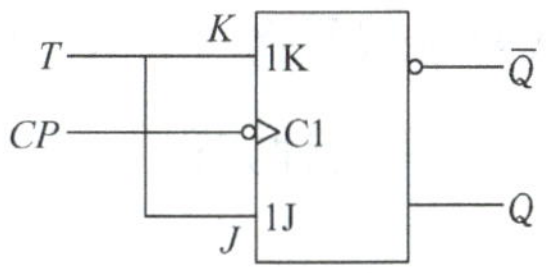

图 8-15　从 JK 触发器转换到 T 触发器

**2. 从 JK 触发器到 T′ 触发器的转换**

在数字电路中，凡每来一个时钟脉冲就翻转一次的电路，都称为 T′ 触发器。T′ 触发器的逻辑状态表如表 8-6 所示，如图 8-16 所示为下降沿有效的 T′ 触发器的逻辑符号。

表 8-6　T′ 触发器的逻辑状态表

| $Q^n$ | $Q^{n+1}$ | 功能 |
| --- | --- | --- |
| 0 | 1 | 翻转 |
| 1 | 0 | |

由 T′ 触发器的逻辑状态表可知，T′ 触发器状态方程为

$$Q^{n+1} = \overline{Q^n} = 1 \cdot \overline{Q^n} + \overline{1} \cdot Q^n \tag{8-6}$$

JK 触发器的特性方程为 $Q^{n+1} = J\overline{Q^n} + \overline{K}Q^n$，比较 JK 触发器和 T′ 触发器的状态方程可知，只要满足 $J=1$、$K=1$，就可以将一个 JK 触发器转换成 T′ 触发器，转换逻辑电路图如图 8-17 所示。

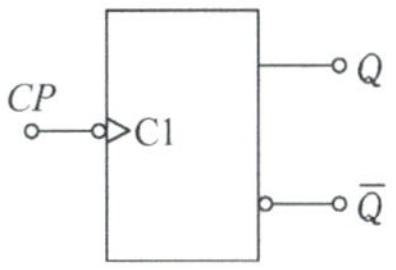

图 8-16　下降沿有效 T′ 触发器的逻辑符号 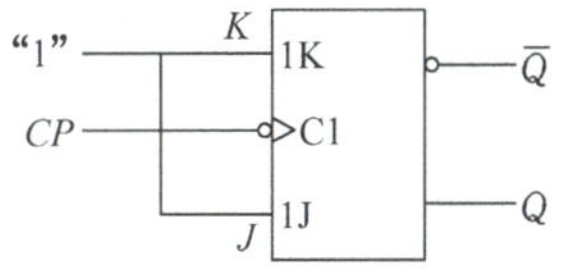　　图 8-17　从 JK 触发器转换到 T′ 触发器

**3. 从 D 触发器到 T 触发器的转换**

T 触发器特性方程为 $Q^{n+1} = T\overline{Q^n} + \overline{T}Q^n$，D 触发器特性方程为 $Q^{n+1} = D$，比较 D 触发器和 T 触发器的状态方程可知，只要满足 $D = T\overline{Q^n} + \overline{T}Q^n = T \oplus Q^n$，就可以将一个 D 触发器转换成 T 触发器，转换逻辑电路图如图 8-18 所示，该电路上升沿有效。

**4. 从 D 触发器到 T′ 触发器的转换**

T′ 触发器特性方程为 $Q^{n+1} = \overline{Q^n}$，D 触发器特性方程为 $Q^{n+1} = D$，比较 D 触发器和 T′ 触发器的状态方程可知，只要满足 $D = \overline{Q^n}$，就可以将一个 D 触发器转换成 T′ 触发器，转换逻辑电路图如图 8-19 所示，该电路上升沿有效。

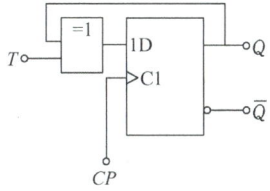

图 8-18　从 D 触发器转换到 T 触发器

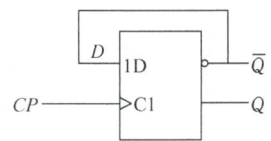

图 8-19　从 D 触发器转换到 T′ 触发器

**5. 从 $D$ 触发器到可控 $RS$ 触发器的转换**

$D$ 触发器的特性方程为 $Q^{n+1}=D$，可控 $RS$ 触发器的特性方程为 $Q^{n+1}=S+\overline{R}\cdot Q^n$，比较 $D$ 触发器和可控 $RS$ 触发器的状态方程可知，只要满足 $D=S+\overline{R}\cdot Q^n=\overline{\overline{S}\cdot\overline{\overline{R}\cdot Q^n}}$，就可以将一个 $D$ 触发器转换成可控 $RS$ 触发器，转换逻辑电路图如图 8-20 所示，该电路上升沿有效。

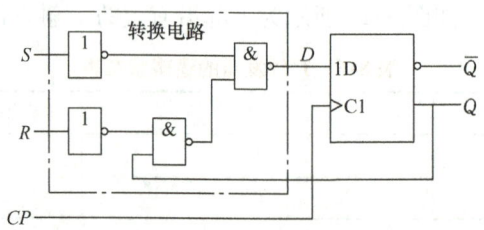

图 8-20　$D$ 触发器转换为可控 $RS$ 触发器

**6. 从 $JK$ 触发器到可控 $RS$ 触发器的转换**

$JK$ 型触发器的特性方程为 $Q^{n+1}=J\overline{Q^n}+\overline{K}Q^n$，可控 $RS$ 型触发器的特性方程为 $Q^{n+1}=S+\overline{R}\cdot Q^n$，将可控 $RS$ 型触发器的特性方程作如下变化。

$$Q^{n+1}=S+\overline{R}\cdot Q^n$$
$$=S(Q^n+\overline{Q^n})+\overline{R}\cdot Q^n$$
$$=SQ^n+S\overline{Q^n}+\overline{R}\cdot Q^n$$
$$=S\overline{Q^n}+(S+\overline{R})Q^n$$
$$=S\overline{Q^n}+\overline{\overline{S}R}Q^n$$

比较 $JK$ 触发器和可控 $RS$ 触发器的状态方程可知，只要满足 $J=S$、$K=\overline{S}\cdot R$，就可以将 $JK$ 触发器转换为可控 $RS$ 触发器，转换逻辑电路图如图 8-21 所示，该电路下降沿有效。

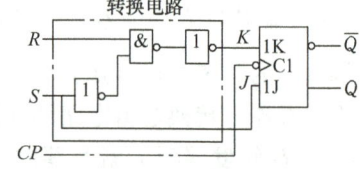

图 8-21　$JK$ 触发器转换为可控 $RS$ 触发器

## 8.2　时序逻辑电路的分析

时序逻辑电路在任何一个时刻的输出状态不仅与这一时刻的输入状态有关，还与电路输出端原来的状态有关，其结构框图如图 8-22 所示。从图中可知，一个时序逻辑电路是由存储电路和组合逻辑电路构成的，触发器具有记忆功能，所以可以用作存储电路。

按照时钟脉冲加入方式的不同，时序逻辑电路分为同步时序逻辑电路和异步时序逻辑电路。同步时序逻辑电路就是所有触发器的时钟脉冲输入端（$CP$ 端）共用一个时钟脉冲源，电路中的所有触发器的状态变化与时钟脉冲信号同步。异步时序逻辑电路就是加入触发器时钟脉冲输入端（$CP$ 端）的信号不共用同一个脉冲信号，因而有的触发器动作与时钟脉冲不

# 第8章 触发器和时序逻辑电路

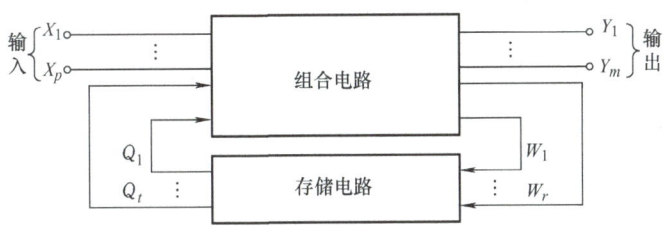

图 8-22　时序逻辑电路的结构框图

再同步。一般来说，同步时序逻辑电路的速度高于异步时序逻辑电路，但电路的复杂程度也高于异步时序逻辑电路。

时序电路的逻辑功能可用逻辑表达式、状态表、卡诺图、状态图、时序图和逻辑图六种方式表示，这些表示方法在本质上是相同的，可以互相转换。

时序逻辑电路的分析就是对已知的时序逻辑电路进行逻辑功能分析。其步骤如下。

1）确定已知电路的工作方式，也就是通过对各触发器 $CP$ 脉冲信号判断电路是同步时序逻辑电路，还是异步时序逻辑电路，写出 $CP$ 的逻辑表达式。

2）如果电路有外部输出时，写出时序电路的输出方程。

3）写出各个触发器的驱动方程。根据时序逻辑电路的组成情况，写出每个触发器控制输入端的逻辑表达式。

4）确定触发器的状态方程。也称为次态方程，就是根据驱动方程，推导出各触发器次态 $Q^{n+1}$ 和现有状态 $Q^n$ 之间的路基关系。

5）列状态表。根据触发器脉冲信号的次序，确定各触发器输入端的状态和输出的现态，逐次推断触发器的次态。

6）画出状态循环图或者时序波形图。

7）用文字描述时序逻辑电路的逻辑功能。

【例 8-1】 分析图 8-23 所示电路的逻辑功能，设输出端 $Q_3Q_2Q_1$ 的初始状态为 "000"。

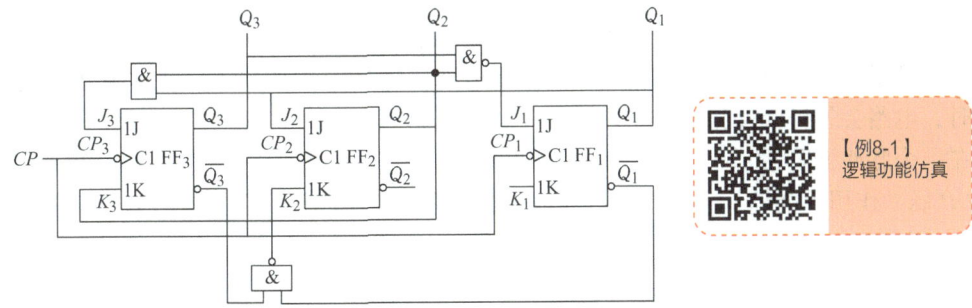

图 8-23　【例 8-1】时序逻辑电路图

**解：** 1）确定已知电路的工作方式，写出 $CP$ 的逻辑表达式。如图 8-23 所示的时序逻辑电路是由三个 $JK$ 触发器 $FF_3$、$FF_2$、$FF_1$ 和三个门电路构成，$FF_3$、$FF_2$、$FF_1$ 的时钟脉冲是同一个时钟脉冲，且下降沿有效，电路是同步时序逻辑电路，即

$$CP_3 \downarrow = CP_2 \downarrow = CP_1 \downarrow = CP \downarrow$$

2）写出各个触发器的驱动方程。由图 6-24 可知各触发器输入端 $J$ 和 $K$ 的逻辑表达式为

$$\begin{cases} J_1 = \overline{Q_3 \cdot Q_2} \\ K_1 = 1 \end{cases} \begin{cases} J_2 = Q_1 \\ K_2 = \overline{Q_3 \cdot \overline{Q_1}} \end{cases} \begin{cases} J_3 = Q_2 \cdot Q_1 \\ K_3 = Q_2 \end{cases}$$

3）确定触发器的状态方程。将各个触发器的驱动方程代入 $Q^{n+1} = J\overline{Q^n} + \overline{K}Q^n$ 可得状态方程

$$\begin{cases} Q_1^{n+1} = J_1 \overline{Q_1^n} + \overline{K_1} Q_1^n = \overline{Q_3^n Q_2^n}\ \overline{Q_1^n} \\ Q_2^{n+1} = J_2 \overline{Q_2^n} + \overline{K_2} Q_2^n = Q_1^n \overline{Q_2^n} + \overline{Q_3^n}\ \overline{Q_1^n} Q_2^n \\ Q_3^{n+1} = J_3 \overline{Q_3^n} + \overline{K_3} Q_3^n = Q_2^n Q_1^n \overline{Q_3^n} + \overline{Q_2^n} Q_3^n \end{cases}$$

4）列出时序逻辑电路的逻辑状态表。将初始状态 $Q_3Q_2Q_1 = 000$ 代入状态方程，开始推导逻辑电路的次态。当时钟脉冲 CP 为 "0" 时，即无脉冲的情况下，$Q_3^n Q_2^n Q_1^n = 000$，在第一个 CP 脉冲下降沿时，由状态方程可得：$Q_3^{n+1} Q_2^{n+1} Q_1^{n+1} = 001$；在第二个 CP 脉冲下降沿时，逻辑电路的输出状态由 $Q_3^n Q_2^n Q_1^n = 001$ 变化成 $Q_3^{n+1} Q_2^{n+1} Q_1^{n+1} = 010$；以此类推，直到电路的状态回到 $Q_3^{n+1} Q_2^{n+1} Q_1^{n+1} = 000$，工作状态出现循环，见表 8-7。

表 8-7　【例 8-1】电路逻辑状态表

| CP 顺序 | $Q_3^n$ | $Q_2^n$ | $Q_1^n$ | $Q_3^{n+1}$ | $Q_2^{n+1}$ | $Q_1^{n+1}$ |
|---|---|---|---|---|---|---|
| ↓1 | 0 | 0 | 0 | 0 | 0 | 1 |
| ↓2 | 0 | 0 | 1 | 0 | 1 | 0 |
| ↓3 | 0 | 1 | 0 | 0 | 1 | 1 |
| ↓4 | 0 | 1 | 1 | 1 | 0 | 0 |
| ↓5 | 1 | 0 | 0 | 1 | 0 | 1 |
| ↓6 | 1 | 0 | 1 | 1 | 1 | 0 |
| ↓7 | 1 | 1 | 0 | 0 | 0 | 0 |

5）讨论无效状态，画出状态循环图。由表 8-7 可知，电路输出端 $Q_3Q_2Q_1$ 为 000～110，共出现了七个状态，而 "111" 状态没有出现，这是个无效状态，如果初始状态为 "111" 时，电路会怎样呢？将 $Q_3Q_2Q_1 = 111$ 代入状态方程，可得 $Q_3^{n+1} Q_2^{n+1} Q_1^{n+1} = 000$。也就是说在一个脉冲下降沿后，电路会进入 "000" 状态，然后开始循环，如图 8-24 所示。电路在 CP 脉冲作用下能够从无效状态自动进入有效循环，说明该电路具有自启动功能。

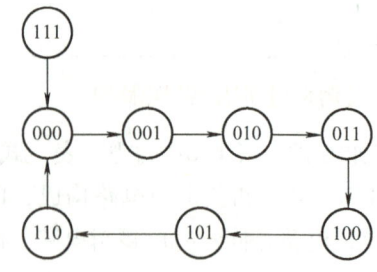

图 8-24　电路的状态循环图（$Q_3Q_2Q_1$）

6）电路输出的时序波形图如图 8-25 所示。

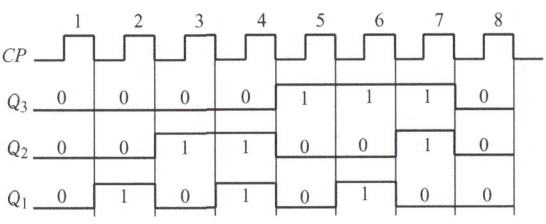

图 8-25　【例 8-1】输出时序波形图

描述电路的逻辑功能：此电路为具有自启动功能的同步七进制加法计数器。

【例 8-2】分析图 8-26 所示电路的逻辑功能，设初始状态为"000"。

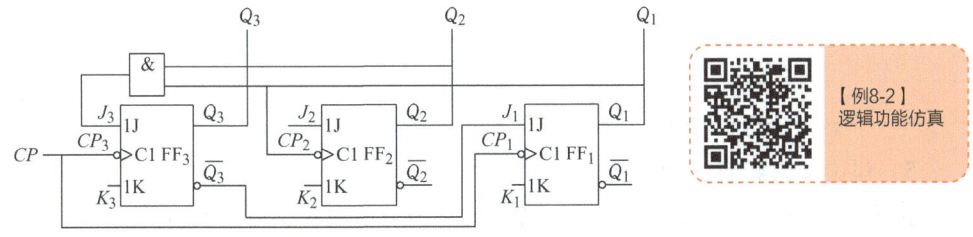

图 8-26　【例 8-2】逻辑电路图

**解：** 1）确定已知电路的工作方式，写出 CP 的逻辑表达式。如图 8-26 所示的时序逻辑电路是由三个 JK 触发器 $FF_3$、$FF_2$、$FF_1$ 和一个门电路构成，$FF_3$ 和 $FF_1$ 的时钟脉冲是同一个时钟脉冲；$FF_2$ 的时钟脉冲由 $FF_1$ 的输出 $Q_1$ 控制；所有触发电路的时钟脉冲均为下降沿有效；电路是异步时序逻辑电路，由此可得

$$CP_3 \downarrow = CP_1 \downarrow = CP \downarrow$$
$$CP_2 \downarrow = Q_1$$

2）写出各个触发器的驱动方程。由图 6-27 可知各触发器输入端 J 和 K 的逻辑表达式为

$$触发器\ FF_1: \begin{cases} J_1 = \overline{Q_3} \\ K_1 = 1 \end{cases}$$

$$触发器\ FF_2: \begin{cases} J_2 = 1 \\ K_2 = 1 \end{cases}$$

$$触发器\ FF_3: \begin{cases} J_3 = Q_2 \cdot Q_1 \\ K_2 = 1 \end{cases}$$

3）确定触发器的状态方程。将各个触发器的驱动方程代入 $Q^{n+1} = J\overline{Q^n} + \overline{K}Q^n$ 可得状态方程

$$\begin{cases} Q_1^{n+1} = J_1 \overline{Q_1^n} + \overline{K_1} Q_1^n = \overline{Q_3^n}\ \overline{Q_1^n} & (CP \downarrow) \\ Q_2^{n+1} = J_2 \overline{Q_2^n} + \overline{K_2} Q_2^n = \overline{Q_2^n} & (Q_1 \downarrow) \\ Q_3^{n+1} = J_3 \overline{Q_3^n} + \overline{K_3} Q_3^n = Q_2^n Q_1^n \overline{Q_3^n} & (CP \downarrow) \end{cases}$$

4）列出时序逻辑电路的逻辑状态表。初始状态 $Q_3Q_2Q_1=000$，在第一个 $CP$ 脉冲的下降沿时次态分析：$Q_1^{n+1}=1$、$Q_3^{n+1}=0$，由于此时的 $Q_1$ 没有下降沿的变化，所以 $Q_2^{n+1}=0$，由此可得状态为 $Q_3^{n+1}Q_2^{n+1}Q_1^{n+1}=001$；在第二个 $CP$ 脉冲的下降沿时次态分析：$Q_1^{n+1}=0$、$Q_3^{n+1}=0$，此时的 $Q_1$ 出现下降沿的变化（从"1"变化到"0"），则 $Q_2^{n+1}=1$，由此可得状态为 $Q_3^{n+1}Q_2^{n+1}Q_1^{n+1}=010$；以此类推，直到电路的状态 $Q_3^{n+1}Q_2^{n+1}Q_1^{n+1}=000$，工作状态出现循环，见表8-8。

表8-8 【例8-2】电路逻辑状态表

| $CP$ 顺序 | $Q_3^n$ | $Q_2^n$ | $Q_1^n$ | $Q_3^{n+1}$ | $Q_2^{n+1}$ | $Q_1^{n+1}$ |
|---|---|---|---|---|---|---|
| 1 | 0 | 0 | 0 | 0 | 0 | 1 |
| 2 | 0 | 0 | 1 | 0 | 1 | 0 |
| 3 | 0 | 1 | 0 | 0 | 1 | 1 |
| 4 | 0 | 1 | 1 | 1 | 0 | 0 |
| 5 | 1 | 0 | 0 | 0 | 0 | 0 |

5）讨论无效状态，画出状态循环图。

由表8-8可知，电路输出端 $Q_3Q_2Q_1$ 从 000～100，共出现了五个状态，而"101""110""111"三个状态没有出现，这三个是无效状态。

如果初始状态为"101"，将 $Q_3Q_2Q_1=101$ 代入状态方程，在下一个 $CP$ 脉冲的下降沿时，$Q_1^{n+1}=0$、$Q_3^{n+1}=0$；因为 $Q_1$ 出现下降沿的变化（从"1"变化到"0"），所以 $Q_2^{n+1}=1$，即 $Q_3^{n+1}Q_2^{n+1}Q_1^{n+1}=010$，由此逻辑电路进入循环状态。

如果初始状态为"110"，将 $Q_3Q_2Q_1=110$ 代入状态方程，在下一个 $CP$ 脉冲的下降沿时，$Q_1^{n+1}=0$、$Q_3^{n+1}=0$；因为 $Q_1$ 没有下降沿的变化（从"0"变化到"0"），所以 $Q_2^{n+1}=1$，即 $Q_3^{n+1}Q_2^{n+1}Q_1^{n+1}=010$，由此逻辑电路进入循环状态。

如果初始状态为"111"，将 $Q_3Q_2Q_1=111$ 代入状态方程，在下一个 $CP$ 脉冲的下降沿时，$Q_1^{n+1}=0$、$Q_3^{n+1}=0$；因为 $Q_1$ 出现下降沿的变化（从"1"变化到"0"），所以 $Q_2^{n+1}=0$，即 $Q_3^{n+1}Q_2^{n+1}Q_1^{n+1}=000$，由此逻辑电路进入循环状态。

由以上分析可知，电路在 $CP$ 脉冲作用下能够从无效状态自动进入有效循环，说明该电路具有自启动功能。电路的状态循环图如图8-27所示。

6）电路输出的时序波形图如图8-28所示。

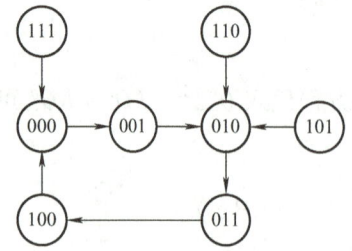

图8-27 【例8-2】电路的状态循环图

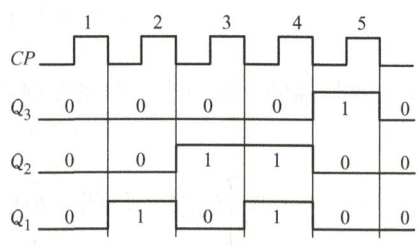

图8-28 【例8-2】电路输出的时序波形图

描述电路的逻辑功能：此电路为具有自启动功能的异步五进制加法计数器。

## 8.3 寄存器

在数字电路中，用来存放二进制数据或代码的电路称为寄存器。寄存器是由具有存储功能的触发器组合起来构成的。一个触发器可以存储 1 位二进制代码，存放 $n$ 位二进制代码的寄存器，需用 $n$ 个触发器来构成。按照功能的不同，可将寄存器分为数据寄存器和移位寄存器两大类。

### 8.3.1 数据寄存器

在数字系统中，用来暂时存放数码的寄存器称为数据寄存器，在数据寄存器中，数据送入和输出都只能是并行状态，按其接收数据的方式又分为单拍式和双拍式两种。

单拍工作方式数据寄存器电路如图 8-29 所示。在此类工作方式中，无论寄存器中原来的内容是什么，只要送数控制时钟脉冲 $CP$ 上升沿到来，加在并行数据输入端的数据 $D_0 \sim D_3$ 立即被送入进寄存器中。

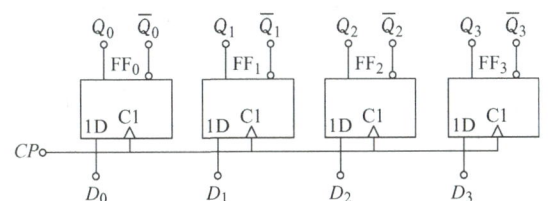

图 8-29　单拍工作方式数据寄存器

即 $Q_3^{n+1} Q_2^{n+1} Q_1^{n+1} Q_0^{n+1} = D_3 D_2 D_1 D_0$。

双拍工作方式数据寄存器电路如图 8-30 所示。在此类工作方式中，接收存放输入数据需要两步完成：第一步清零，第二步接收数据。如果在接收寄存数据前，数据寄存器没有清零，接收存放数据会出现错误。

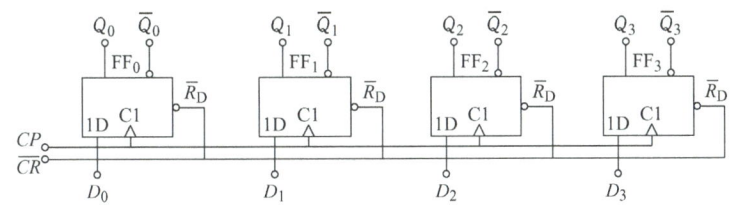

图 8-30　双拍工作方式数据寄存器

（1）清零

按照清零信号与 $CP$ 脉冲信号的关系可分为同步清零和异步清零。同步清零是指触发器得到清零信号后不能立即清零，而是要等到 $CP$ 脉冲信号到达后才能将触发器清零。异步清零是指触发器得到清零信号立即清零，清零功能与 $CP$ 脉冲信号无关。

在如图 8-30 所示电路中，$\overline{CR}$ 为清零信号，与 $CP$ 脉冲信号无关，当 $\overline{CR} = 0$，触发器的输出清零，即有

$$Q_3^{n+1}Q_2^{n+1}Q_1^{n+1}Q_0^{n+1} = 0000$$

（2）送数

$\overline{CR}=1$ 时，在 $CP$ 上升沿时传送数据，此时 $D_3 \sim D_0$ 数据并行输入，即有

$$Q_3^{n+1}Q_2^{n+1}Q_1^{n+1}Q_0^{n+1} = D_3D_2D_1D_0$$

（3）保持

在 $\overline{CR}=1$ 时，$CP$ 上升沿以外时间，寄存器内容将保持不变。

### 8.3.2 移位寄存器

移位寄存器中的数据可以在移位脉冲作用下依次逐位右移或左移，数据可以并行输入、并行输出、串行输入、串行输出，还可以并行输入、串行输出，串行输入、并行输出。

**1. 单向移位寄存器**

四位右移位寄存器电路如图 8-31 所示。图中 $CP$ 为时钟信号，$D_i$ 为右移输入信号，$Q_3$、$Q_2$、$Q_1$、$Q_0$ 构成四位并行输出信号，同时 $Q_3$ 又作为右移输出信号。

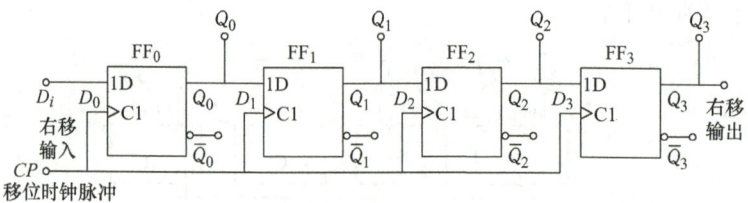

图 8-31 四位右移位寄存器

其驱动方程为

$$D_3D_2D_1D_0 = Q_2^n Q_1^n Q_0^n D_i$$

其状态方程为

$$Q_3^{n+1}Q_2^{n+1}Q_1^{n+1}Q_0^{n+1} = Q_2^n Q_1^n Q_0^n D_i$$

四位右移位寄存器状态表见表 8-9。

表 8-9 四位右移位寄存器状态表

| 输入 | | 现态 | | | | 次态 | | | | 说明 |
|---|---|---|---|---|---|---|---|---|---|---|
| $D_i$ | $CP$ | $Q_0$ | $Q_1$ | $Q_2$ | $Q_3$ | $Q_0^{n+1}$ | $Q_1^{n+1}$ | $Q_2^{n+1}$ | $Q_3^{n+1}$ | |
| 1 | ↑ | 0 | 0 | 0 | 0 | 1 | 0 | 0 | 0 | |
| 1 | ↑ | 1 | 0 | 0 | 0 | 1 | 1 | 0 | 0 | 连续输入 |
| 1 | ↑ | 1 | 1 | 0 | 0 | 1 | 1 | 1 | 0 | 4 个 1 |
| 1 | ↑ | 1 | 1 | 1 | 0 | 1 | 1 | 1 | 1 | |

四位左移位寄存器电路如图 8-32 所示。图中 $CP$ 为时钟信号，$D_i$ 为右移输入信号，$Q_3$、$Q_2$、$Q_1$、$Q_0$ 构成四位并行输出信号，同时 $Q_0$ 又作为左移输出信号。

其驱动方程为

$$D_3D_2D_1D_0 = D_i Q_3^n Q_2^n Q_1^n$$

其状态方程为

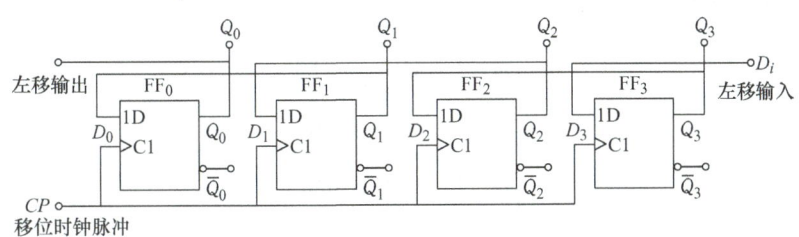

图 8-32 四位左移位寄存器

$$Q_3^{n+1} Q_2^{n+1} Q_1^{n+1} Q_0^{n+1} = D_i Q_3^n Q_2^n Q_1^n$$

四位左移位寄存器状态表见表 8-10。

表8-10 四位左移位寄存器状态表

| 输入 | | 现态 | | | | 次态 | | | | 说明 |
|---|---|---|---|---|---|---|---|---|---|---|
| $D_i$ | $CP$ | $Q_0$ | $Q_1$ | $Q_2$ | $Q_3$ | $Q_0^{n+1}$ | $Q_1^{n+1}$ | $Q_2^{n+1}$ | $Q_3^{n+1}$ | |
| 1 | ↑ | 0 | 0 | 0 | 0 | 0 | 0 | 0 | 1 | 连续输入四个1 |
| 1 | ↑ | 0 | 0 | 0 | 1 | 0 | 0 | 1 | 1 | |
| 1 | ↑ | 0 | 0 | 1 | 1 | 0 | 1 | 1 | 1 | |
| 1 | ↑ | 0 | 1 | 1 | 1 | 1 | 1 | 1 | 1 | |

单向移位寄存器具有以下主要特点。

1) 单向移位寄存器中的数码,在 CP 脉冲操作下,可以依次右移或左移。

2) n 位单向移位寄存器可以寄存 n 位二进制代码。n 个 CP 脉冲即可完成串行输入工作,此后可从 $Q_0 \sim Q_{n+1}$ 端获得并行的 n 位二进制数码,再用 n 个 CP 脉冲又可实现串行输出操作。

3) 若串行输入端状态为 0,则 n 个 CP 脉冲后,寄存器便被清零。

**2. 双向移位寄存器**

双向移位寄存器是通过增加控制电路使寄存器具有双向移位的功能。双向移位寄存器如图 8-33 所示。图中 CP 为时钟信号,$D_{SR}$ 为右移输入信号,$D_{SL}$ 为左移输入信号,$Q_3$、$Q_2$、$Q_1$、$Q_0$ 构成四位并行输出信号,同时 $Q_0$ 又作为左移输出信号,$Q_3$ 又作为右移输出信号,而 M 作为移位方向控制信号。

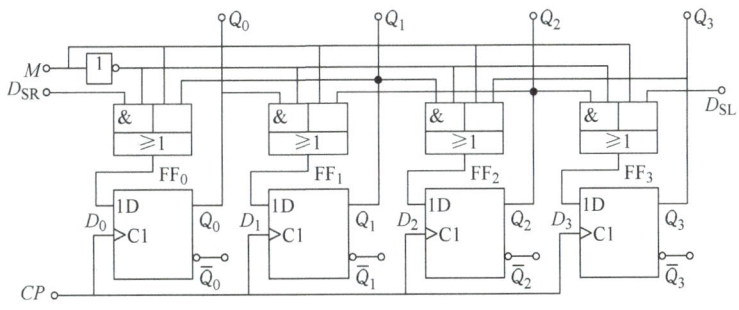

图 8-33 双向移位寄存器

双向移位寄存器状态方程为

$$\begin{cases} Q_0^{n+1} = \overline{M}D_{SR} + MQ_1^n \\ Q_1^{n+1} = \overline{M}Q_0^n + MQ_2^n \\ Q_2^{n+1} = \overline{M}Q_1^n + MQ_3^n \\ Q_3^{n+1} = \overline{M}Q_2^n + MD_{SL} \end{cases}$$

当 $M = 0$ 时右移,此时对应的状态方程为

$$\begin{cases} Q_0^{n+1} = D_{SR} \\ Q_1^{n+1} = Q_0^n \\ Q_2^{n+1} = Q_1^n \\ Q_3^{n+1} = Q_2^n \end{cases}$$

当 $M = 1$ 时左移,此时对应的状态方程为

$$\begin{cases} Q_0^{n+1} = Q_1^n \\ Q_1^{n+1} = Q_2^n \\ Q_2^{n+1} = Q_3^n \\ Q_3^{n+1} = D_{SL} \end{cases}$$

**3. 集成双向移位寄存器**

集成双向移位寄存器 74LS194,其引脚布置图如图 8-34a 所示,其逻辑功能示意图如图 8-34b 所示。

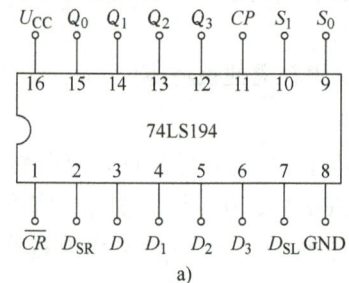
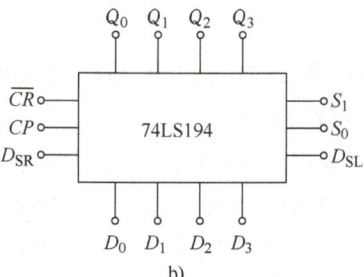

图 8-34　74LS194 集成双向移位寄存器

a) 引脚布置图　b) 逻辑功能示意图

集成双向移位寄存器 74LS194 具有异步清零、保持、右移、左移、并行输入等基本功能。其功能表见表 8-11,$S_1$ 和 $S_0$ 是控制端,配合 $\overline{CR}$ 和 $CP$ 共同使用,可以选择集成双向移位寄存器不同的工作状态。

表 8-11　集成双向移位寄存器 74LS194 功能表

| $\overline{CR}$ | $S_1$ | $S_0$ | $CP$ | 工作状态 |
| --- | --- | --- | --- | --- |
| 0 | × | × | × | 异步清零 |
| 1 | 0 | 0 | × | 保持 |

（续）

| $\overline{CR}$ | $S_1$ | $S_0$ | $CP$ | 工作状态 |
|---|---|---|---|---|
| 1 | 0 | 1 | ↑ | 右移 |
| 1 | 1 | 0 | ↑ | 左移 |
| 1 | 1 | 1 | ↑ | 并行输入 |

## 8.4 计数器

在数字电路中，能够记忆输入脉冲个数的电路称为计数器。计数器有很多种分类方法，常用的分类方法见表 8-12。

表 8-12 计数器的分类

| 分类方法 | 计数器名称 |
|---|---|
| 计数规律 | 加法计数器、减法计数器和可逆计数器（可加、可减） |
| $CP$ 脉冲输入方式 | 异步计数器和同步计数器 |
| 计数进制 | 二进制计数器、十进制（BCD）计数器和任意进制计数器 |

### 8.4.1 二进制计数器

**1. 异步二进制计数器**

异步二进制计数器是计数器中最基本最简单的电路，它一般由工作在计数状态的触发器连接而成，所有触发器的 $CP$ 端不是接入同一个时钟脉冲。异步二进制计数器的计数脉冲加到最低位触发器的 $CP$ 端，低位触发器的输出 $Q$ 或 $\overline{Q}$ 作为相邻高位触发器的时钟脉冲，即用低位输出推动相邻高位触发器，各触发器的翻转时刻不同步，异步计数器结构简单，但计数速度较慢。如图 8-35 所示为三位异步二进制加法计数器。

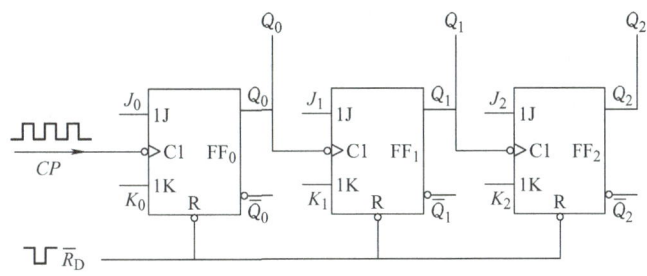

图 8-35 三位异步二进制加法计数器

图 8-35 所示的电路中，三个 $JK$ 触发器都接成了 $T'$ 触发器，其中，$FF_0$ 是最低位触发器，$FF_2$ 是最高位触发器，它们对应的输出为 $Q_2Q_1Q_0$；$CP$ 脉冲只与 $FF_0$ 的 $CP$ 端相连，$Q_0$ 是 $FF_1$ 的 $CP$ 脉冲，$Q_1$ 是 $FF_2$ 的 $CP$ 脉冲，即电路为异步触发，且时钟脉冲为下降沿有效；$\overline{R_D}$ 端是计数器的清零端。

计数器的工作过程：触发器初始由 $\overline{R_D}$ 对电路清零，使 $Q_2Q_1Q_0=000$；在第一个 $CP$ 脉冲的下降沿时，$FF_0$ 的输出 $Q_0$ 由 0 变成 1；此时 $Q_0$ 没有出现下降沿，故 $FF_1$ 的输出 $Q_1$ 不发生变化；同理 $FF_2$ 的输出 $Q_2$ 也不发生变化，此时 $Q_2Q_1Q_0 = 001$。在第二个 $CP$ 脉冲的下降沿时，$FF_0$ 的输出 $Q_0$ 由 1 变成 0；$Q_0$ 出现下降沿变化，故 $FF_1$ 的输出 $Q_1$ 由 0 变成 1；$Q_1$ 没有出现下降沿，$FF_2$ 的输出 $Q_2$ 不发生变化，此时 $Q_2Q_1Q_0 = 010$。以此类推可以得到三位异步二进制加法计数器的状态表见表 8-13，三位异步二进制加法计数器输出波形图如图 8-36 所示。从波形图中可以看出，$Q_0$ 为 $CP$ 的二分频信号，$Q_1$ 为 $CP$ 的四分频信号，$Q_2$ 为 $CP$ 的八分频信号。

表 8-13  三位异步二进制加法计数器的状态表

| 计数脉冲 | $Q_2$ | $Q_1$ | $Q_0$ |
|---|---|---|---|
| 0 | 0 | 0 | 0 |
| 1 | 0 | 0 | 1 |
| 2 | 0 | 1 | 0 |
| 3 | 0 | 1 | 1 |
| 4 | 1 | 0 | 0 |
| 5 | 1 | 0 | 1 |
| 6 | 1 | 1 | 0 |
| 7 | 1 | 1 | 1 |
| 8 | 0 | 0 | 0 |

从状态表或波形图可以看出，从状态"000"开始，每来一个计数脉冲，计数器中的数值便加 1，输入八个计数脉冲时满归零，所以该电路也称为异步八进制计数器。

如图 8-37 所示为三位异步二进制减法计数器。其中，$FF_0$ 是最低位触发器，$FF_2$

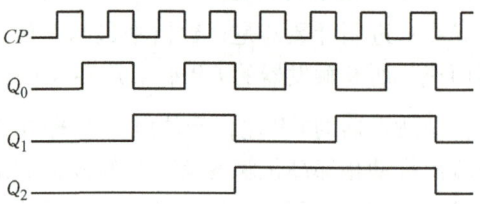

图 8-36  三位异步二进制加法计数器输出波形图

是最高位触发器，它们对应的输出为 $Q_2Q_1Q_0$，$\overline{S}_D$ 端是置 1 端，$CP$ 脉冲与 $FF_0$ 的 $CP$ 端相连，$\overline{Q}_0$ 是 $FF_1$ 的 $CP$ 脉冲，$\overline{Q}_1$ 是 $FF_2$ 的 $CP$ 脉冲。触发器初始由 $\overline{S}_D$ 对电路置 1，使 $Q_2Q_1Q_0 = 111$，在 $CP$ 脉冲的作用下开始减计数，其工作过程请读者自行分析。

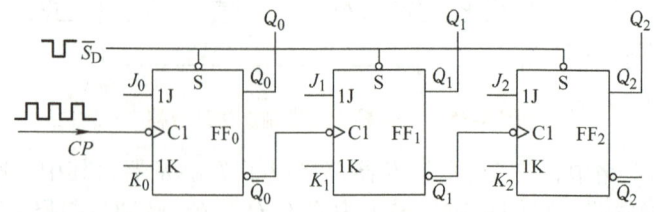

图 8-37  三位异步二进制减法计数器

**2. 同步二进制计数器**

如图 8-38 所示为三位同步二进制加法计数器，其特点是计数器中的所有触发器的时钟脉冲输入端接入同一个时钟脉冲,当计数 CP 脉冲到来时,各触发器同时被触发,计数器的工作速度较快,工作频率也较高,同步计数器也称为并行计数器。

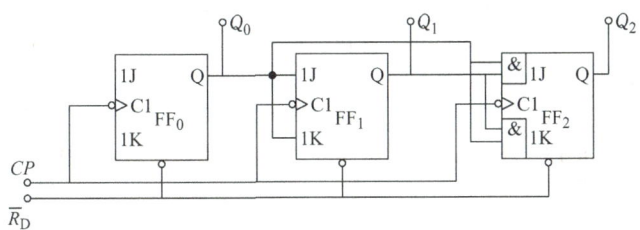

图 8-38　三位同步二进制加法计数器

由图 8-38 可知,三位同步二进制加法计数器的驱动方程为

$$\begin{cases} J_0 = K_0 = 1 \\ J_1 = K_1 = Q_0 \\ J_2 = K_2 = Q_1 Q_0 \end{cases}$$

计数器初始状态由 $\overline{R}_D$ 对电路清零,使 $Q_2 Q_1 Q_0 = 000$;$FF_0$ 每输入一个时钟脉冲翻转一次;$FF_1$ 在 $Q_0 = 1$ 时,在下一个 CP 触发沿到来时翻转;$FF_2$ 在 $Q_0 = Q_1 = 1$ 时,在下一个 CP 触发沿到来时翻转。请读者自行分析三位同步二进制加法计数器的状态表和输出波形图。

**3. 集成二进制计数器**

74LS161 型四位同步二进制计数器的引脚排列图如图 8-39a 所示,74LS161 型四位同步二进制计数器的逻辑符号如图 8-39b 所示。各引脚的功能见表 8-14。表 8-15 是 74LS161 型四位同步二进制计数器的功能状态表。

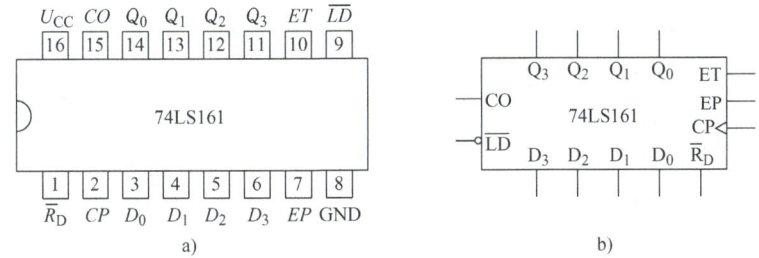

图 8-39　74LS161 型四位同步二进制计数器的引脚排列图和逻辑符号

表 8-14　74LS161 型四位同步二进制计数器各引脚的功能表

| 引脚号 | 引脚名称 | 功　能 |
| --- | --- | --- |
| 1 | $\overline{R}_D$ | 异步清零端,低电平有效 |
| 2 | CP | 时钟脉冲输入端,上升沿有效 |
| 3~6 | $D_0 \sim D_3$ | 数据输入端,是预置数,可预置任何一个四位二进制数 |
| 7、10 | EP、ET | 计数控制端,当两者或其中一个为低电平时,计数器保持原态;当两者均为高电平时,计数 |
| 8 | GND | 接地端 |
| 9 | $\overline{LD}$ | 同步并行置数控制端,低电平有效 |

(续)

| 引脚号 | 引脚名称 | 功能 |
|---|---|---|
| 11~14 | $Q_3 \sim Q_0$ | 数据输出端 |
| 15 | CO | 进位输出端,且 $CO = ET \cdot Q_3 Q_2 Q_1 Q_0$ |
| 16 | $U_{CC}$ | 电压源端 |

表 8-15　74LS161 型四位同步二进制计数器的功能状态表

| 输入 | | | | | | | | | 输出 | | | | 功能 |
|---|---|---|---|---|---|---|---|---|---|---|---|---|---|
| $\overline{R_D}$ | $\overline{LD}$ | CP | EP | ET | $D_3$ | $D_2$ | $D_1$ | $D_0$ | $Q_3$ | $Q_2$ | $Q_1$ | $Q_0$ | |
| 0 | × | × | × | × | × | × | × | × | 0 | 0 | 0 | 0 | 清零 |
| 1 | 0 | ↑ | × | × | $d_3$ | $d_2$ | $d_1$ | $d_0$ | $d_3$ | $d_2$ | $d_1$ | $d_0$ | 置数 |
| 1 | 1 | ↑ | 1 | 1 | × | × | × | × | 计数 | | | | 计数 |
| 1 | 1 | × | 0 | × | × | × | × | × | 保持 | | | | 保持 |
| 1 | 1 | × | × | 0 | × | × | × | × | | | | | |

如图 8-40 所示为用一片 74LS161 直接作为十六进制计数器,工作过程:工作前用 $\overline{R_D}$ 直接清零;也可以将数据输入端 $D_0 \sim D_3$ 接地,用同步并行置数控制端 $\overline{LD}$ 同步置 0,然后对 CP 脉冲进行计数,当 $Q_3Q_2Q_1Q_0 = 1111$ 时,CO 端输出 1。

多片 74LS161 芯片级联使用可以构成大于十六进制的计数器,如图 8-41 所示为 256 进制计数器,它

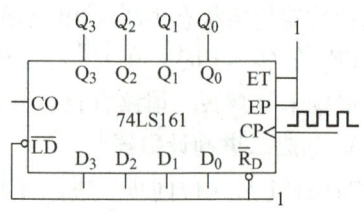

图 8-40　74LS161 可以直接用来作为十六进制计数器

由两片 74LS161 芯片级联构成。工作前用 $\overline{R_D}$ 直接对 74LS161(1) 和 74LS161(2) 清零;计数脉冲同时送入两片 74LS161 芯片的 CP 端;74LS161(1) 的 CO 端同时与 74LS161(2) 的 EP 和 ET 端相连,当 74LS161(1) 芯片计数未满时,没有进位信号 CO = 0,即 EP = 0,ET = 0,74LS161(2) 不能计数;当 74LS161(1) 芯片计数满时,有进位信号输出 CO = 1,即 EP = 1,ET = 1,74LS161(2) 开始计数。同理,用 N 片级联可组成 $2^{4 \times N}$ 进制计数器。

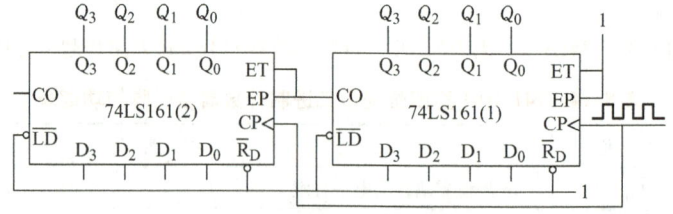

图 8-41　74LS161 构成 256 进制计数器

### 8.4.2　十进制计数器

**1. 异步十进制加法计数器**

十进制数包含了 0~9 十个数,因此十进制计数必须有十个状态与之对应。十进制的编

码方式较多，8421BCD 码是一种常用的编码方式，就是用四位二进制数来表示一位十进制数，能够实现 8421BCD 码计数的计数器称为"二-十进制计数器"。表 8-16 所示为 8421BCD 编码表。

表 8-16  8421BCD 编码表

| 计数脉冲 | BCD 编码 | | | | 十进制数 |
|---|---|---|---|---|---|
| | $Q_3$ | $Q_2$ | $Q_1$ | $Q_0$ | |
| 0 | 0 | 0 | 0 | 0 | 0 |
| 1 | 0 | 0 | 0 | 1 | 1 |
| 2 | 0 | 0 | 1 | 0 | 2 |
| 3 | 0 | 0 | 1 | 1 | 3 |
| 4 | 0 | 1 | 0 | 0 | 4 |
| 5 | 0 | 1 | 0 | 1 | 5 |
| 6 | 0 | 1 | 1 | 0 | 6 |
| 7 | 0 | 1 | 1 | 1 | 7 |
| 8 | 1 | 0 | 0 | 0 | 8 |
| 9 | 1 | 0 | 0 | 1 | 9 |
| 10 | 0 | 0 | 0 | 0 | 进位 |

异步十进制加法计数器如图 8-42 所示。电路由四个 JK 触发器构成，$\overline{R}_D$ 端为清零端，CP 时钟脉冲只与 $FF_0$ 的 CP 端相连，$Q_0$ 与 $FF_1$ 和 $FF_3$ 的 CP 端相连，$Q_1$ 与 $FF_2$ 的 CP 端相连。从图中可以看出四个 JK 触发器不是由同一个时钟脉冲触发的，计数器是一个异步计数器。

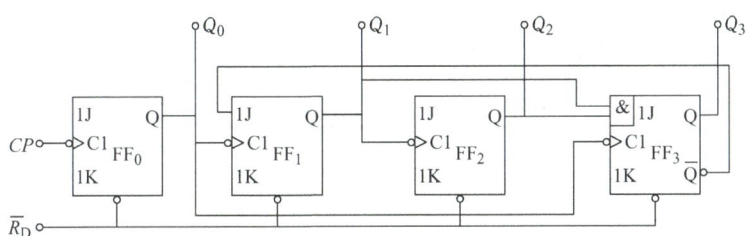

图 8-42  异步十进制加法计数器

由图可知异步十进制加法计数器的驱动方程为

$$\begin{cases} J_0 = K_0 = 1 \\ J_1 = \overline{Q_3}, K_1 = 1 \\ J_2 = K_2 = 1 \\ J_3 = Q_2 Q_1, K_3 = 1 \end{cases}$$

（1）工作过程

工作过程如下。

用 $\overline{R}_D$ 直接清零，使计数器初始状态为 $Q_3 Q_2 Q_1 Q_0 = 0000$。

1) CP 第一个脉冲，$Q_0 = 1$，其余的触发器的时钟脉冲不符合条件，输出均为"0"，即

$Q_3Q_2Q_1Q_0 = 0001$。

2) $CP$ 第二个脉冲，$Q_0 = 0$；此时，$J_1 = \overline{Q_3} = 1$、$K_1 = 1$，$FF_1$ 的时钟脉冲为下降沿（$Q_0$ 由 "1" 变为 "0"），所以，$Q_1 = 1$；$FF_2$ 没有时钟脉冲，其输出 $Q_2 = 0$；$FF_3$ 的时钟脉冲为下降沿（与 $FF_1$ 的时钟脉冲相同），但此时 $J_3 = Q_2Q_1 = 0$，所以，$Q_3 = 0$，即 $Q_3Q_2Q_1Q_0 = 0010$。

3) $CP$ 第三个脉冲，$Q_0 = 1$，此时，$FF_1$ 的时钟脉冲信号 $Q_0$ 由 "0" 变为 "1"，$Q_1 = 1$；其余触发器的输出状态不变，即 $Q_3Q_2Q_1Q_0 = 0011$。

4) $CP$ 第四个脉冲，$Q_0 = 0$（$Q_0$ 由 "1" 变为 "0"），使 $Q_1 = 0$（$Q_1$ 由 "1" 变为 "0"）；此时，$J_2 = K_2 = 1$，所以使 $Q_2 = 1$；此时 $J_3 = Q_2Q_1 = 0$，所以，$Q_3 = 0$，即 $Q_3Q_2Q_1Q_0 = 0100$。

5) $CP$ 第五个脉冲，$Q_3Q_2Q_1Q_0 = 0101$。

6) $CP$ 第六个脉冲，$Q_3Q_2Q_1Q_0 = 0110$。

7) $CP$ 第七个脉冲，$Q_3Q_2Q_1Q_0 = 0111$。

8) $CP$ 第八个脉冲，$Q_0 = 0$（$Q_0$ 由 "1" 变为 "0"），使 $Q_1 = 0$（$Q_1$ 由 "1" 变为 "0"），同时 $Q_2 = 0$（$Q_2$ 由 "1" 变为 "0"）；此时，$FF_3$ 的时钟脉冲为下降沿（与 $FF_1$ 的时钟脉冲相同），在脉冲加入的时候，$J_3 = Q_2Q_1 = 1$、$K_1 = 1$，所以 $Q_3 = 1$（$Q_3$ 由 "1" 变为 "0"）；$Q_3Q_2Q_1Q_0 = 1000$。

9) $CP$ 第九个脉冲，$Q_3Q_2Q_1Q_0 = 1001$。

10) $CP$ 第十个脉冲，$Q_0 = 0$；$J_1 = \overline{Q_3} = 0$、$K_1 = 1$，$FF_1$ 的时钟脉冲为下降沿（$Q_0$ 由 "1" 变为 "0"），所以，$Q_1 = 0$；$FF_2$ 没有时钟脉冲，其输出 $Q_2 = 0$；$FF_3$ 的时钟脉冲为下降沿（与 $FF_1$ 的时钟脉冲相同），但此时 $J_3 = Q_2Q_1 = 0$，所以，$Q_3 = 0$，即 $Q_3Q_2Q_1Q_0 = 0000$，计数器回到初始状态。

异步十进制加法计数器输出波形图如图 8-43 所示。

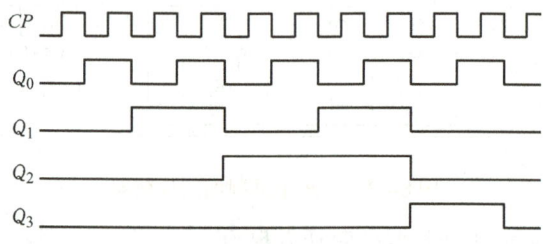

图 8-43　异步十进制加法计数器输出波形图

(2) 74LS290 计数器

74LS290 芯片是一个集成异步二-五-十进制计数器。如图 8-44a 所示为 74LS290 芯片的引脚排列图，其中，$R_{0(1)}$（12 引脚）和 $R_{0(2)}$（13 引脚）是清零输入端；$S_{9(1)}$（1 引脚）和 $S_{9(2)}$（3 引脚）是置 9 输入端；钟脉冲输入端 $CP_0$（10 引脚）和 $CP_1$（11 引脚）；输出端为 $Q_3$（8 引脚）、$Q_2$（4 引脚）、$Q_1$（5 引脚）和 $Q_0$（9 引脚）；电源端 $U_{CC}$（14 引脚），接地端 GND（7 引脚）。如图 8-44b 所示为 74LS290 芯片的逻辑符号。

如表 8-17 所示为 74LS290 计数器的功能表。

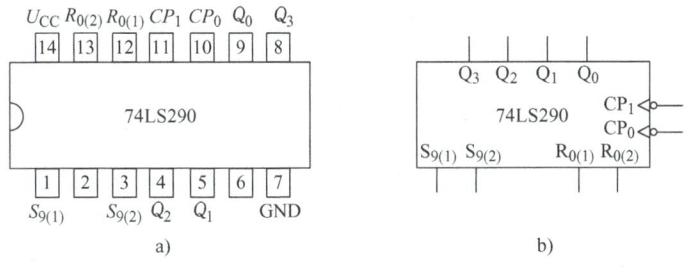

图 8-44 74LS290 芯片的引脚排列图和逻辑符号

表 8-17 74LS290 计数器的功能表

| $R_{0(1)}$ | $R_{0(2)}$ | $S_{9(1)}$ | $S_{9(2)}$ | $Q_3$ | $Q_2$ | $Q_1$ | $Q_0$ | 功能 |
|---|---|---|---|---|---|---|---|---|
| 1 | 1 | 0 | × | 0 | 0 | 0 | 0 | 清零 |
| 1 | 1 | × | 0 | 0 | 0 | 0 | 0 | 清零 |
| 0 | × | 1 | 1 | 1 | 0 | 0 | 1 | 置9 |
| × | 0 | 1 | 1 | 1 | 0 | 0 | 1 | 置9 |
| 0 | × | × | 0 | | 计数 | | | 计数 |
| 0 | × | 0 | × | | 计数 | | | 计数 |
| × | 0 | × | 0 | | 计数 | | | 计数 |
| × | 0 | 0 | × | | 计数 | | | 计数 |

当 $R_{0(1)}$ 和 $R_{0(2)}$ 两端全为 1 时, $S_{9(1)}$ 和 $S_{9(2)}$ 中至少有一个为 0，计数器四个输出端清零; 当 $S_{9(1)}$ 和 $S_{9(2)}$ 两端全为 1 时, $R_{0(1)}$ 和 $R_{0(2)}$ 中至少有一个为 0，计数器四个输出端置9，即 $Q_3Q_2Q_1Q_0=1001$; 两个时钟脉冲 $CP_0$ 和 $CP_1$ 的组合可以实现二进制、五进制和十进制计数功能，具体接法如图 8-45 所示。当只有 $CP_0$ 输入计数脉冲, $CP_1$ 悬空，则只有 $Q_0$ 输出, $Q_1$、$Q_2$、$Q_3$ 无输出，此时构成了一位的二进制计数器，如图 8-45a 所示; 当只有 $CP_1$ 输入计数脉冲, $CP_0$ 悬空，则由 $Q_3$、$Q_2$、$Q_1$ 输出, $Q_0$ 无输出，此时构成了三位的五进制计数器，如图 8-45b 所示; 若将 $Q_0$ 端 $CP_1$ 端连接，计数脉冲从 $CP_0$ 输入，如图 8-45c 所示，就构成了异步 8421 码十进制计数器，电路从初始状态 0000 开始计数，经过十个脉冲后恢复 0000。

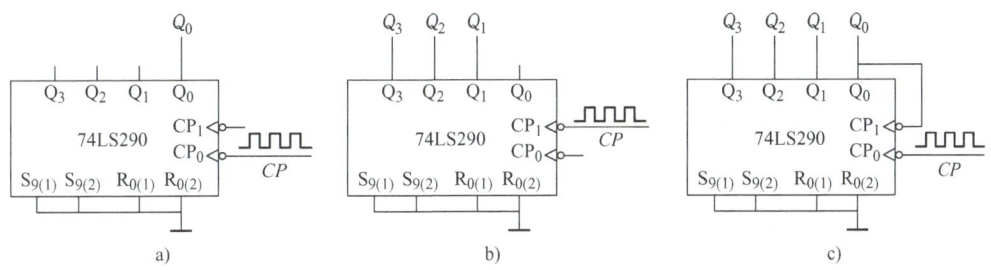

图 8-45 74LS290 的二 – 五 – 十进制的电路连接
a) 一位二进制计数器　b) 三位五进制计数器　c) 异步 8421 码十进制计数器

### 2. 同步十进制加法计数器

同步十进制加法计数器如图 8-46 所示。电路由四个 JK 触发器构成, $\overline{R_D}$ 端为清零端,

四个触发器的 $CP$ 端接在同一个 $CP$ 时钟脉冲，计数器是一个同步计数器。

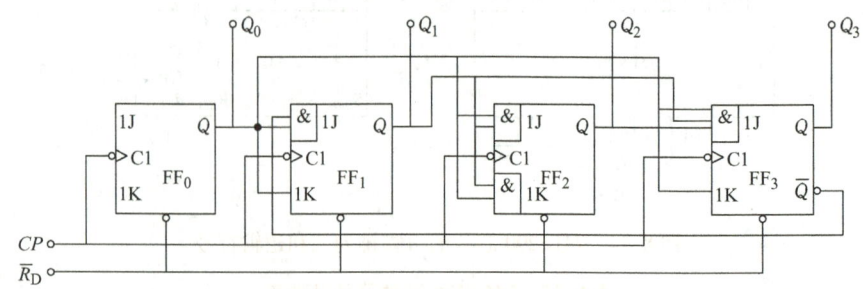

图 8-46　同步十进制加法计数器

由图 8-46 可知，同步十进制加法计数器的驱动方程为

$$\begin{cases} J_0 = K_0 = 1 \\ J_1 = \overline{Q}_3 Q_0, K_1 = Q_0 \\ J_2 = K_2 = Q_1 Q_0 \\ J_3 = Q_2 Q_1 Q_0, K_3 = Q_0 \end{cases}$$

用 $\overline{R}_D$ 直接清零，使计数器初始状态为 $Q_3 Q_2 Q_1 Q_0 = 0000$。

$FF_0$：因为 $J_0 = K_0 = 1$，可知每加入一个计数脉冲 $CP$，触发器就翻转一次。

$FF_1$：因为 $J_1 = \overline{Q}_3 Q_0$、$K_1 = Q_0$，可知在 $Q_3 = 0$、$Q_0 = 1$ 时，加入一个计数脉冲 $CP$，触发器才翻转，但在 $Q_3 = 1$ 时，触发器不翻转。

$FF_2$：因为 $J_2 = K_2 = Q_1 Q_0$，可知只有在 $Q_0 = Q_1 = 1$ 时，加入一个计数脉冲 $CP$，触发器才翻转。

$FF_3$：因为 $J_3 = Q_2 Q_1 Q_0$，$K_3 = Q_0$，可知在 $Q_0 = Q_1 = Q_2 = 1$ 时，加入一个计数脉冲 $CP$ 触发器翻转。

在第十个脉冲到来时，四个触发器均应由 1 变为 0。

同步十进制加法计数器的输出波形如图 8-47 所示。

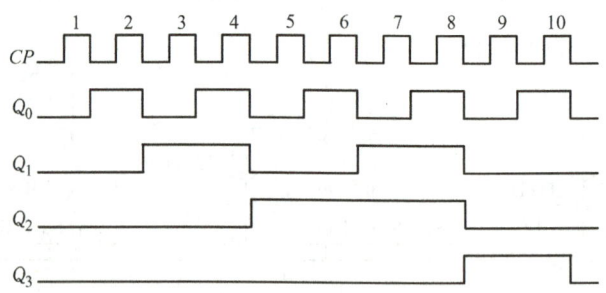

图 8-47　同步十进制加法计数器的输出波形

### 8.4.3　任意进制计数器的设计与实现

利用集成计数器的清零端和置数端实现归零，从而构成按自然态序进行计数的 $N$ 进制计数器。任意进制计数器可以用现有的计数器改接而成，以 74LS290 和 74LS161 两种集成计

数器为例来讨论改接方法。

**1. 归零法（利用清零端构造 $N$ 进制计数器）**

归零法构造 $N$ 进制计数器就是利用集成计数器的清零端在需要的时候将计数器清零，从而实现 $N$ 进制计数器功能。

【例 8-3】采用归零法，试分别用 74LS290 和 74LS161 集成计数器构成一个八进制计数器。

解：（1）用 74LS290 实现八进制计数器（归零法）

1）八进制计数器循环状态：输出从 0000 状态开始，经过八个脉冲循环计数器又回到初态 0000，如图 8-48 所示。

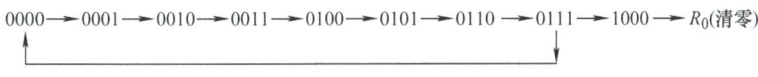

图 8-48  用清零端构造八进制计数器的循环状态

2）74LS290 集成计数器的清零端为 $R_{0(1)}$ 和 $R_{0(2)}$，当计数器的端口 $S_{9(1)}$ 和 $S_{9(2)}$ 接地，$R_{0(1)}$ 和 $R_{0(2)}$ 接收信号为 1 时，电路强制清零。如果选择 0111（计数 7）状态的编码作为归零信号，那会造成这一状态出现后转瞬即逝，显示不出来，因此只能选择 1000 状态的编码作为归零信号。

3）归零信号的逻辑表达式为 $R_{0(1)} = R_{0(2)} = Q_3 = 1$，逻辑电路图如图 8-49 所示。

（2）用 74LS161 实现八进制计数器（归零法）

循环状态分析和归零信号状态的选择与用 74LS290 实现八进制计数器的结果是一致的，在此不再赘述。74LS161 芯片的清零端为 $\overline{R_D}$ 端，低电平有效，且强制清零。取 $\overline{R_D} = \overline{Q_3}$ 作为清零信号即可实现八进制计数功能，逻辑电路图如图 8-50 所示。

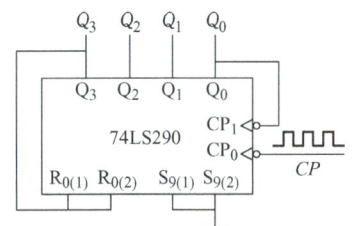

图 8-49  用 74LS290 芯片实现八进制
计数器（归零法）

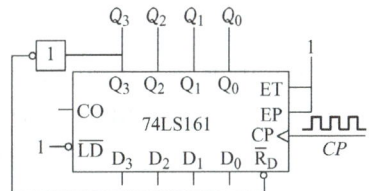

图 8-50  用 74LS161 芯片实现八进制
计数器（归零法）

【例 8-4】试采用归零法，用 74LS290 计数器芯片构成三十二进制电路。

解：（1）确定芯片个数

74LS290 芯片是一个集成异步二-五-十进制计数器，先要构成三十二进制，需要两片级联才能实现。其中，74LS290(1) 为个位计数器，74LS290(2) 为十位计数器。

（2）计数脉冲的确定

两片芯片均采用十进制计数模式，故每个芯片的 $CP_1$ 均与本芯片的 $Q_0$ 相连，$CP_0$ 送入时钟脉冲。其中，三十二进制计数电路的时钟脉冲送入 74LS290(1) 的 $CP_0$ 端；74LS290(2) 的 $CP_0$ 端与 74LS290(1) 的 $Q_3$ 端相连，每当 74LS290(1) 从 1001 状态变化到 0000 状态时，

$Q_3$ 从 1 变成 0，即 74LS290(2) 的 $CP_0$ 端获得一个下降沿信号，十位计数器加 1。

（3）确定归零状态

采用归零法，要求实现三十二进制计数，所以选择 32 对应的 8421BCD 码作为归零状态，即 0011 0010。74LS290 集成计数器的清零端 $R_{0(1)}$ 和 $R_{0(2)}$ 需要 1 信号，电路强制清零，所以将 74LS290(1) 的 $Q_1$、74LS290(2) 的 $Q_1$、$Q_0$ 三个信号的与信号作为归零信号，同时接入两个芯片的 $R_{0(1)}$ 和 $R_{0(2)}$，逻辑电路图如图 8-51 所示。

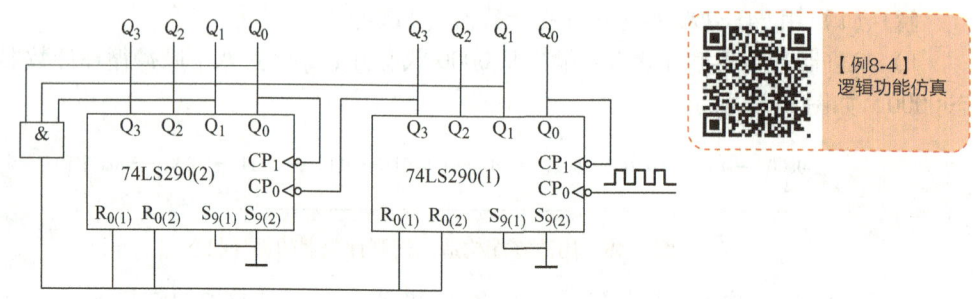

图 8-51　由 74LS290 集成计数器构成三十二进制计数电路（归零法）

**2. 置位法（利用置位端构造 N 进制计数器）**

利用集成计数器芯片的置位功能在需要的时候将计数器强制置位，从而可以实现进制的计数循环。

**【例 8-5】** 试用 74LS290 的置 9 端口，构成一个 8421 编码接法的六进制计数器。

**解：**

1）利用置位法实现六进制（置 9）计数器循环状态如图 8-52 所示。

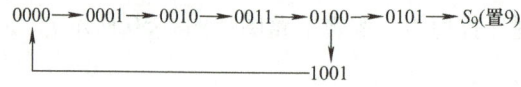

图 8-52　用置位端构造六进制（置 9）计数器的循环状态

2）当 74LS290 集成计数器的 $R_{0(1)}$ 和 $R_{0(2)}$ 接地，置位端 $S_{9(1)}$ 和 $S_{9(2)}$ 端接收信号为 1 时，电路强制置 9。选择 0101（计数 5）状态的编码作为置位信号，将 $Q_2 = Q_0 = 1$ 接到 $S_{9(1)}$ 和 $S_{9(2)}$，虽然 0101 这一状态转瞬即逝，显示不出来，但电路会显示 1001 状态，下一个状态返回 0000 状态，电路保持六个状态输出。

3）由 74LS290 集成计数器构成六进制计数电路（置位法）如图 8-53 所示。

**【例 8-6】** 试用 74LS161 的置位端口，构成一个六进制计数器。

**解：**

1）利用置位法实现六进制（置 0）计数器循环状态如图 8-54 所示。

2）当 74LS161 集成计数器芯片的置位端 $\overline{LD}$ 接收到低电平后，在 CP 脉冲的上升沿时，才可以完成芯片的置数功能。由此可知，选择 0101（计数 5）状态的编码作为置位信号，当将 $\overline{Q_2 Q_0}$ 接到 $\overline{LD}$ 端时，0101（计数 5）状态是可以显示出来的，在下一个 CP 脉冲的上升沿时，如果

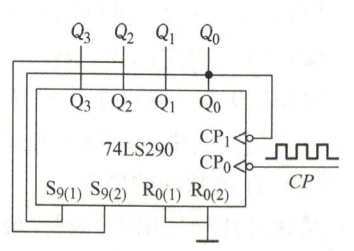

图 8-53　由 74LS290 集成计数器构成六进制计数电路（置位法）

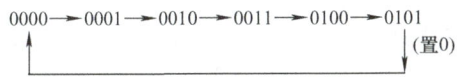

图 8-54 用置位端构造六进制（置 0）计数器的循环状态

$D_3D_2D_1D_0 = 0000$，则芯片的输出 $Q_3Q_2Q_1Q_0 = D_3D_2D_1D_0 = 0000$，从而实现六进制计数功能。

3）由 74LS161 集成计数器构成六进制计数电路（置位法）如图 8-55 所示。

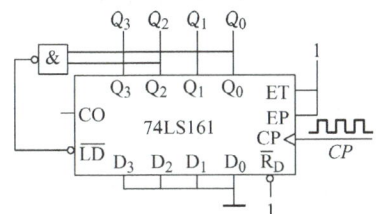

图 8-55 由 74LS161 集成计数器构成六进制计数电路（置位法）

## 8.5  555 集成定时器

### 8.5.1  555 集成定时器的工作原理

555 集成定时器是一种多用途的中规模集成电路，通过外部配接少量阻容元件就可构成施密特触发器、单稳态触发器和多谐振荡器，在波形的产生与变换、测量与控制、家用电器和电子玩具等许多领域中都得到了广泛的应用。

555 集成定时器工作的电源电压很宽，并可承受较大的负载电流。双极型定时器电源电压范围 5~16V，最大负载电流可达 200mA；CMOS 定时器电源电压变化范围 3~18V，最大负载电流在 4mA 以下。555 集成定时器的逻辑符号如图 8-56a 所示，引脚排列如图 8-56b 所示。555 集成定时器各引脚功能见表 8-18。

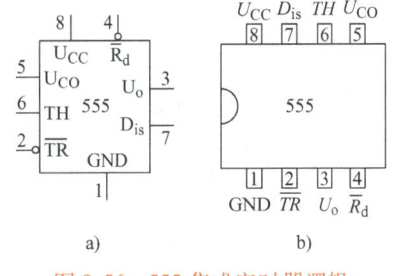

图 8-56  555 集成定时器逻辑符号和引脚排列图

表 8-18  555 集成定时器各引脚功能

| 引脚号 | 引脚名称 | 功　能 |
| --- | --- | --- |
| 1 | GND | 接地端 |
| 2 | $\overline{TR}$ | 低电平触发端，简称低触发端 |
| 3 | $U_o$ | 输出端，输出电流可达 200mA，由此可直接驱动继电器、发光二极管、扬声器、指示灯等。输出高电压时，其大小低于电压源 $U_{CC}$ |
| 4 | $\overline{R_d}$ | 复位端，由此输入负脉冲而使触发器直接复位（置 0） |
| 5 | $U_{CO}$ | 电压控制端，可外加电压改变比较器的参考电压。不用时，可用 $0.01\mu F$ 的电容接地，以消除高频干扰，保证该点电压为稳定值 |
| 6 | TH | 高电平触发端，又称阈值端 |
| 7 | $D_{is}$ | 放电端，其作用是提高定时电路的负载能力，并隔离负载对定时电路的影响 |
| 8 | $U_{CC}$ | 电源端，可接 5~18V 的电压 |

555集成定时器的内部电路框图如图8-57所示。555集成定时器输入端由三个阻值为 5kΩ 的电阻 R 组成的分压网络，产生 $\frac{1}{3}U_{CC}$ 和 $\frac{2}{3}U_{CC}$ 两个基准电压；两个由运放构成的电压比较器 $A_1$、$A_2$；与非门 $G_1$、$G_2$ 组成的基本 RS 触发器（低电平触发）；晶体管 VT 为放电管；输出反相缓冲器 $G_3$。$\overline{R}_d$ 是复位端，低电平有效。复位后，基本 RS 触发器的 $\overline{Q}$ 端为"1"（高电平），经反相缓冲器后，输出为"0"（低电平）。

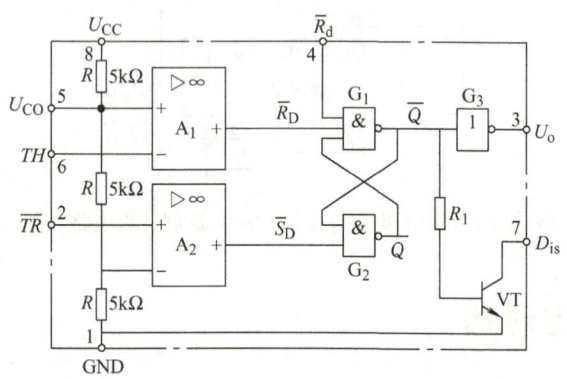

图 8-57  555 集成定时器的内部电路框图

在555集成定时器的 $U_{CC}$ 端和地之间加上电压，并让 $U_{CO}$ 悬空，则比较器 $A_1$ 的同相输入端接参考电压 $\frac{2}{3}U_{CC}$，比较器 $A_2$ 反相输入端接参考电压 $\frac{1}{3}U_{CC}$。

1）低触发：当 $U_{TR} < \frac{1}{3}U_{CC}$、$U_{TH} < \frac{2}{3}U_{CC}$ 时，比较器 $A_2$ 输出为低电平，$A_1$ 输出为高电平，即 $\overline{S}_D = 0$，$\overline{R}_D = 1$，基本 RS 触发器置位（置1），即 $Q = 1$、$\overline{Q} = 0$，经输出反相缓冲器后，输出端 $U_O = 1$，放电晶体管 VT 截止，这时称555集成定时器"低触发"。

2）保持：当 $U_{TR} > \frac{1}{3}U_{CC}$、$U_{TH} < \frac{2}{3}U_{CC}$，比较器 $A_2$ 和 $A_1$ 输出都为高电平，即 $\overline{R}_D = \overline{S}_D = 1$，基本 RS 触发器保持，因此输出端 $U_O$ 和放电晶体管 VT 也保持不变，这时称555集成定时器"保持"。

3）高触发：当 $U_{TH} > \frac{2}{3}U_{CC}$，比较器 $A_1$ 输出为低电平，即 $\overline{R}_D = 0$，无论比较器 $A_2$ 输出何种电平，基本 RS 触发器的输出端 $\overline{Q} = 1$，经输出反相缓冲器后，输出端 $U_O = 0$，放电晶体管 VT 导通，这时称555集成定时器"高触发"。

$U_{CO}$ 为控制电压端，在 $U_{CO}$ 端加入电压，可改变两个比较器 $A_1$、$A_2$ 的参考电压。正常工作时，要在 $U_{CO}$ 和地之间接一个 $0.01\mu F$ 的电容。放电晶体管 VT 的输出端 $D_{is}$ 为集电极开路输出。

555集成定时器的控制功能见表8-19。根据555集成定时器的控制功能，可以制成各种不同的脉冲信号产生与处理电路，如单稳态触发器和多谐振荡器等。

表 8-19 555 集成定时器的控制功能表

| $\overline{R}_d$ | TH 端的输入电压 | $\overline{TR}$ 端的输入电压 | $\overline{R}_D$ | $\overline{S}_D$ | $\overline{Q}$ | $U_o$ | T |
|---|---|---|---|---|---|---|---|
| 0 | × | × | × | × | 1 | 低电平电压（0） | 导通 |
| 1 | $>\frac{2}{3}U_{CC}$ | × | 0 | × | 1 | 低电平电压（0） | 导通 |
| 1 | $<\frac{2}{3}U_{CC}$ | $<\frac{1}{3}U_{CC}$ | 1 | 0 | 0 | 高电平电压（1） | 截止 |
| 1 | $<\frac{2}{3}U_{CC}$ | $>\frac{1}{3}U_{CC}$ | 1 | 1 | 保持 | 保持 | 保持 |

## 8.5.2  555 集成定时器构成的单稳态触发器

单稳态触发器是指电路具有一个稳态和一个暂稳态；在触发脉冲作用下，由稳态翻转到暂稳态；暂稳状态维持一段时间后，自动返回到稳态。555 集成定时器构成的单稳态触发器如图 8-58a 所示，其输入与输出波形图如图 8-58b 所示。

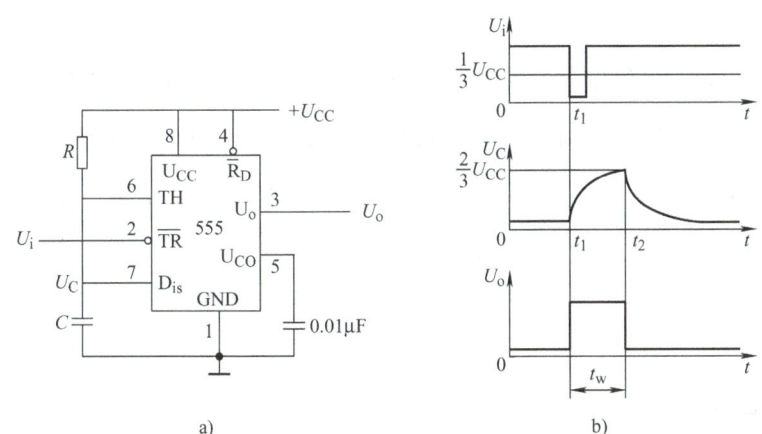

图 8-58  555 集成定时器构成单稳态触发器电路及输入与输出波形图

**1. 工作原理**

555 集成定时器构成的单稳态触发器的工作原理如下。

（1）稳定状态（$0 \sim t_1$）

在 $t_1$ 以前，$U_i$ 为高电平时，其值大于 $\frac{1}{3}U_{CC}$，比较器 $A_2$ 的输出 $\overline{S}_D = 1$。如果基本 RS 触发器的输出端初始状态为 $Q = 0$、$\overline{Q} = 1$，则放电晶体管 VT 处于饱和状态，即 $U_C \approx 0.3V$，使高电平触发端 TH 的电压小于 $\frac{2}{3}U_{CC}$，故比较器 $A_1$ 输出高电平，即 $\overline{R}_D = 1$，基本 RS 触发器保持不变。如果基本 RS 触发器的输出端初始状态为 $Q = 1$、$\overline{Q} = 0$，则放电晶体管 VT 处于截止状态，电源 $U_{CC}$ 通过电阻 R 对电容 C 充电，当电容 C 上的电压 $U_C$ 上升略高于 $\frac{2}{3}U_{CC}$ 时，比较器 $A_1$ 输出为低电平，即 $\overline{R}_D = 0$，使得基本 RS 触发器的输出端状态变为 $Q = 0$、$\overline{Q} = 1$。因此，无论基本 RS 触发器的输出端初始状态如何，在稳定状态（$0 \sim t_1$）期间，基本 RS 触

发器的输出端 $Q=0$、$\bar{Q}=1$，则经过输出反相缓冲器后，输出电压 $U_o$ 为低电平，放电晶体管 VT 饱和导通，定时电容器 C 上的电压（6、7 脚电压）$U_C = U_{TH} \approx 0.3V$，555 集成定时器工作在"保持"态。

（2）暂稳状态（$t_1 \sim t_2$）

在 $t_1$ 时刻，$U_i$ 为低电平，555 集成定时器的 $\overline{TR}$ 端电压小于 $\frac{1}{3}U_{CC}$，故比较器 $A_2$ 输出为低电平，即 $\bar{S}_D = 0$，而比较器 $A_1$ 由上述稳定状态的分析可知输出高电平，即 $\bar{R}_D = 1$，所以基本 RS 触发器置位（置1），即 $Q=1$、$\bar{Q}=0$，则经过输出反相缓冲器后，输出电压 $U_o$ 由低电平变为高电平，电路进入暂稳状态。这时放电晶体管 VT 截止，电源 $U_{CC}$ 通过电阻 R 对电容 C 充电，当电容 C 上的电压 $U_C$ 上升略高于 $\frac{2}{3}U_{CC}$ 时（即 $t_2$ 时刻），比较器 $A_1$ 输出为低电平，即 $\bar{R}_D = 0$，从而使得基本 RS 触发器的输出端 $\bar{Q} = 1$，则输出电压 $U_o$ 由高电平恢复为低电平，这个过程为暂稳状态。

（3）恢复过程（$t_2$ 以后）

在 $t_2$ 时刻，基本 RS 触发器的输出端 $Q=0$、$\bar{Q}=1$，则放电晶体管 VT 饱和导通，电容 C 迅速放电，使得 $U_C < \frac{2}{3}U_{CC}$，而此时 $U_i$ 为高电平，即 $U_i > \frac{1}{3}U_{CC}$，于是比较器 $A_1$ 和 $A_2$ 都输出高电平，即 $\bar{R}_D = \bar{S}_D = 1$，则基本 RS 触发器保持 $Q=0$、$\bar{Q}=1$ 不变，则输出电压 $U_o$ 也保持低电平不变。

输出电压 $U_o$ 产生的高电平脉冲的脉宽 $t_W$ 由充电电路的电阻 R 和电容 C 决定，其计算公式为

$$t_W = RC\ln 3 \approx 1.1RC \tag{8-7}$$

**2. 单稳态触发器的应用**

单稳态触发器在数字电路中常用于脉冲整形和定时控制。

（1）脉冲整形

由光电转换电路产生的脉冲信号 $U_i$，边沿不陡、幅度不齐，不能直接输入数字电路中，此时需要经单稳态触发器进行整形，得到幅度和宽度一定的矩形脉冲信号 $U_o$，如图 8-59 所示。

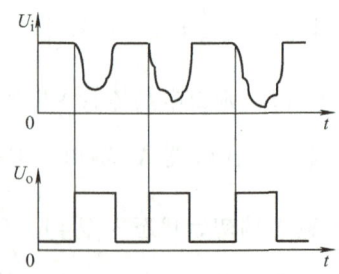

图 8-59　单稳态触发器的脉冲整形

（2）定时控制

由脉宽 $t_W$ 的公式可知，调整 RC 的值可以进行定时控制，如图 8-60a 所示的单稳态触发

器的定时控制电路中，单稳态触发器输出 $U_o$ 与被控信号 $CP$ 作为与门的输入，在给单稳态触发器一个低电平信号后，被控信号 $CP$ 只有在 $t_W$ 时间内才能通过与门，输出到 $Y$，如图 8-60b 所示。

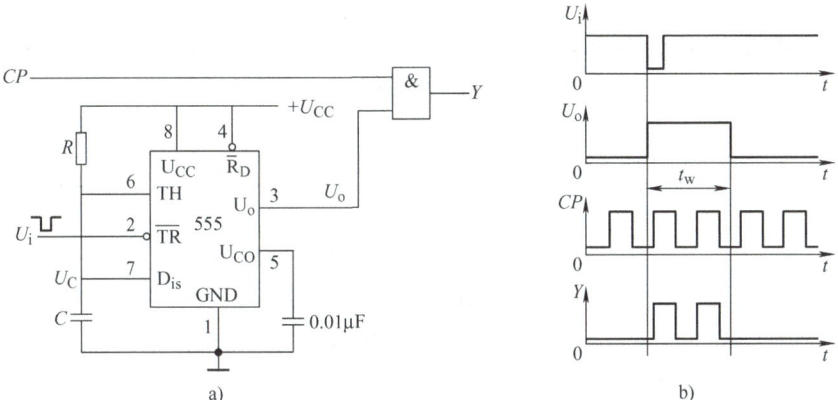

图 8-60　单稳态触发器的定时控制电路及波形图

## 8.5.3　555 集成定时器构成的多谐振荡器

多谐振荡器是指能产生矩形脉冲波的自激振荡器。由 555 定时器构成多谐振荡器电路如图 8-61a 所示，电路采用电阻 $R_1$、$R_2$ 和电容 $C$ 组成 $RC$ 定时电路，用于设定脉冲的周期和宽度。如图 8-61b 所示为由 555 集成定时器构成多谐振荡器电路输出波形图。

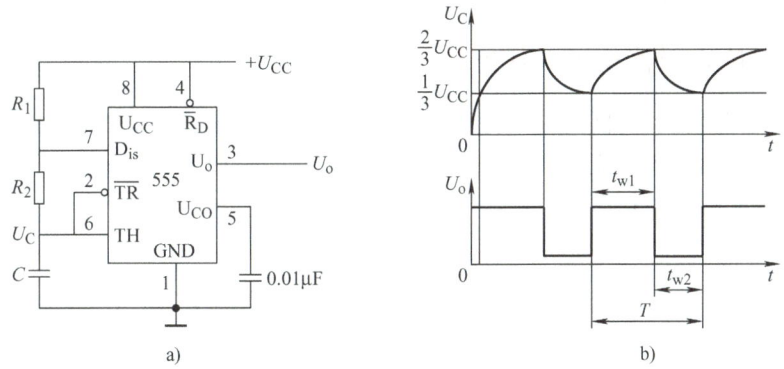

图 8-61　555 集成定时器构成多谐振荡器电路及波形图

工作过程：接通电源 $U_{CC}$ 后，经电阻 $R_1$ 和 $R_2$ 对电容 $C$ 充电，电容上的电压 $U_C$ 不断上升。

1) 当 $0 < U_C < \dfrac{1}{3}U_{CC}$ 时，$\overline{S}_D = 0$、$\overline{R}_D = 1$，基本 $RS$ 触发器置位（置1），即 $Q = 1$、$\overline{Q} = 0$，放电晶体管 VT 截止，输出电压 $U_o$ 为高电平。

2) 当 $\dfrac{1}{3}U_{CC} < U_C < \dfrac{2}{3}U_{CC}$ 时，$\overline{S}_D = 1$、$\overline{R}_D = 1$，基本 $RS$ 触发器保持状态不变，即 $Q = 1$、$\overline{Q} = 0$，输出电压 $U_o$ 仍为高电平；当 $U_C$ 上升略高于 $\dfrac{2}{3}U_{CC}$ 时，$\overline{R}_D = 0$，基本 $RS$ 触发器复位

（置0），即 $Q=0$、$\overline{Q}=1$，此时输出电压 $U_o$ 由高电平变为低电平，放电晶体管 VT 饱和导通，电容 $C$ 通过 $R_2$ 和 T 放电，电容上的电压 $U_C$ 下降。

3）当 $U_C$ 下降略低于 $\frac{1}{3}U_{CC}$ 时，$\overline{S}_D=0$，$\overline{R}_D=1$，基本 RS 触发器置位（置1），即 $Q=1$、$\overline{Q}=0$，输出电压 $U_o$ 由低电平变为高电平，同时，放电晶体管 VT 截止，电源 $U_{CC}$ 又一次经电阻 $R_1$ 和 $R_2$ 对电容 $C$ 充电。如此周而复始，循环不止，输出电压 $U_o$ 为连续的矩形波，如图 8-61b 所示。

输出电压 $U_o$ 产生的脉宽 $t_{W1}$ 是电容 $C$ 充电的时间，由电阻 $R_1$、$R_2$ 和电容 $C$ 决定，其计算公式为

$$t_{W1}=(R_1+R_2)C\ln 2\approx 0.7(R_1+R_2)C \tag{8-8}$$

脉宽 $t_{W2}$ 是电容 $C$ 放电的时间，由电阻 $R_2$ 和电容 $C$ 决定，其计算公式为

$$t_{W2}=R_2 C\ln 2\approx 0.7 R_2 C \tag{8-9}$$

输出电压 $U_o$ 的占空比 $\delta$

$$\delta=\frac{t_{W1}}{t_{W1}+t_{W2}}\times 100\%=\frac{R_1+R_2}{R_1+2R_2}\times 100\% \tag{8-10}$$

输出电压 $U_o$ 的振荡周期

$$T=t_{W1}+t_{W2}=(R_1+2R_2)C\ln 2\approx 0.7(R_1+2R_2)C \tag{8-11}$$

输出电压 $U_o$ 的振荡频率

$$f=\frac{1}{T}=\frac{1}{(R_1+2R_2)C\ln 2}\approx \frac{1.43}{(R_1+2R_2)C} \tag{8-12}$$

由 555 定时器构成的振荡电路，其振荡频率最高可达 300kHz。

### 8.5.4 555 集成定时器构成的施密特触发器

施密特触发器是指具有回差电压特性，能将边沿变化缓慢的电压波形整形为边沿陡峭的矩形脉冲的电路。由 555 集成定时器构成施密特触发器电路如图 8-62a 所示，如图 8-62b 所示为电路的输入和输出波形图。

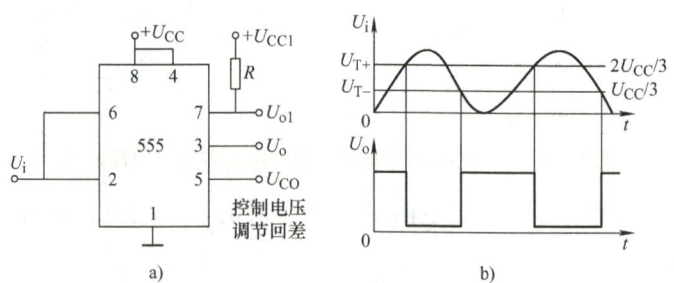

图 8-62 555 集成定时器构成施密特触发器电路及输入和输出波形图

**1. 施密特触发器的工作过程**

$U_i=0$ 时，$R_D=1$、$S_D=0$，触发器置1，即 $Q=1$、$\overline{Q}=0$、$U_{o1}=U_o=1$。$U_i$ 升高时，在未到达 $\frac{2}{3}U_{CC}$ 以前，$U_{o1}=U_o=1$ 的状态不会改变。

$U_i$ 升高到 $\frac{2}{3}U_{CC}$ 时，比较器 $A_1$ 输出 $R_D=0$、$A_2$ 输出为 $S_D=1$，触发器置 0，即 $Q=0$、$\overline{Q}=1$、$U_{o1}=U_o=0$。此后，$U_i$ 继续上升到最大值，然后再降低，但在未降低到 $\frac{1}{3}U_{CC}$ 以前，$U_{o1}=U_o=0$ 的状态不会改变。

$U_i$ 下降到 $\frac{1}{3}U_{CC}$ 时，比较器 $A_1$ 输出 $R_D=1$、$A_2$ 输出 $S_D=0$，触发器置 1，即 $Q=1$、$\overline{Q}=0$、$U_{o1}=U_o=1$。此后，$U_i$ 继续下降到 0，但 $U_{o1}=U_o=1$ 的状态不会改变。

**2. 施密特触发器的应用**

施密特触发器主要应用在以下几个方面。

1）用作接口电路。将缓慢变化的输入信号，转换成为符合 TTL 系统要求的脉冲波形，如图 8-63 所示为用于慢输入波形的 TTL 系统接口。

2）用作整形电路。把不规则的输入信号整形成为矩形脉冲，如图 8-64 所示。

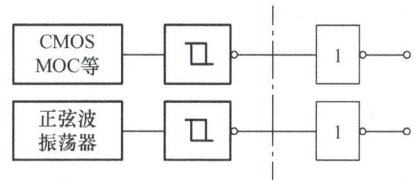

图 8-63　慢输入波形的 TTL 系统接口

3）用于脉冲鉴幅。从一系列幅度不同的脉冲信号中，选出幅度大于 $U_{T+}$ 的输入脉冲，如图 8-65 所示。

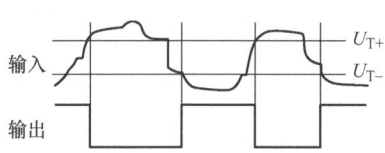

图 8-64　整形电路的输入和输出波形

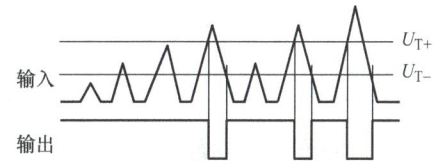

图 8-65　幅度鉴别的输入和输出波形

## 8.6　实验

### 8.6.1　实验1　JK 触发器逻辑功能的测试

**一、实验目的**

1）掌握 JK 触发器和 T 触发器的逻辑功能测试方法。
2）掌握常用集成触发器的使用方法和逻辑功能的测试方法。
3）了解触发器之间逻辑功能相互转换的方法。
4）学习用 JK 触发器组成功能电路。

**二、实验设备与器件**

数字电路实验箱、示波器、芯片 CC4027B、逻辑开关信号、逻辑电平显示装置（一组发光二极管指示灯）。

**三、实验内容与步骤**

**1. 认识 CC4027B 集成双 JK 触发器芯片**

如图 8-66 所示为 CC4027B 集成双 JK 触发器的引脚图。CC4027B 是 CMOS 上升沿触发的双 JK 触发器，R 端是直接复位、S 端是直接置位，两个端口均为高电平有效；16 引脚为电源端 $U_{DD}$，8 引脚为电源端 $U_{SS}$。

**2. 直接置位功能和直接复位功能的测试**

1）将 CC4027B 安装在集成电路插座上，注意芯片的正确安装方向，否则会在接通电路的时候将芯片烧毁。

2）按照芯片电源电压等级和电源供电方式的要求，接入电源，确保电路能够正常工作。

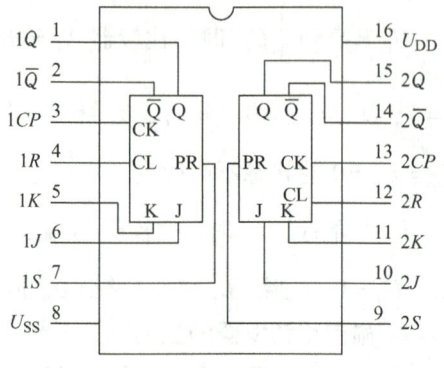

图 8-66 CC4027B 的引脚功能

3）任选 CC4027B 集成双 JK 触发器芯片中的一个 JK 触发器，将逻辑开关信号分别接在 JK 触发器的 R 端（4 引脚或者 12 引脚）和 S 端（7 引脚或者 9 引脚），将所选的 JK 触发器的输出端接到逻辑电平显示装置上，用来显示输出信号的状态。按表 8-20 中的要求改变 R、S 端的信号状态，观察 Q 端输出状态，并将结果填入表 8-20 中。

表 8-20 双 JK 触发器 CC4027B 的置位复位功能测试

| R | S | CP | J | K | $Q^{n+1}$ | |
|---|---|---|---|---|---|---|
| | | | | | $Q^n=0$ | $Q^n=1$ |
| 0 | 1 | × | × | × | | |
| 1 | 0 | × | × | × | | |

**3. JK 触发器逻辑功能测试**

由 8.1.2 节分析可知，JK 触发器的状态方程为 $Q^{n+1} = J\overline{Q^n} + \overline{K}Q^n$。

1）完成了直接置位功能和直接复位功能的测试后，将 R、S 端置低电平。

2）选择 3 个逻辑开关信号分别接入已测试过的 JK 触发器的 J、K 和 CP 端。按表 8-21 要求改变 J、K 和 CP 的状态，观察 Q 端状态并将结果填入表 8-21 中。

表 8-21 双 JK 触发器 CC4027B 的逻辑功能测试

| R | S | J | K | CP | $Q^{n+1}$ | |
|---|---|---|---|---|---|---|
| | | | | | $Q^n=0$ | $Q^n=1$ |
| 0 | 0 | 0 | 0 | 0→1 | | |
| | | | | 1→0 | | |
| | | 0 | 1 | 0→1 | | |
| | | | | 1→0 | | |
| | | 1 | 0 | 0→1 | | |
| | | | | 1→0 | | |
| | | 1 | 1 | 0→1 | | |
| | | | | 1→0 | | |

**4. 将 JK 触发器转换成 T′触发器**

将 J 端和 K 端并接在一起，接线方式如图 8-67 所示，使 J = K = 1，就构成了 T′触发器。

用逻辑开关信号送入四个单脉冲于 $CP$ 端,将观察到的触发器状态记录在表8-22中。

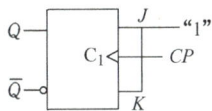

图 8-67　JK 触发器转换成 $T'$ 触发器

表 8-22　$T'$ 触发器逻辑功能测试

| $CP$ | $T'$ | $Q^n$ | $Q^{n+1}$ |
|---|---|---|---|
| 1 | 1 | | |
| 2 | 1 | | |
| 3 | 1 | | |
| 4 | 1 | | |

**5. JK 触发器构成二进制减法计数器**

1)如图 8-68 所示为由两个 JK 触发器构成的异步二进制减法计数器。按照图 8-68 所示电路完成电路的接线,接线时注意电源的接法。

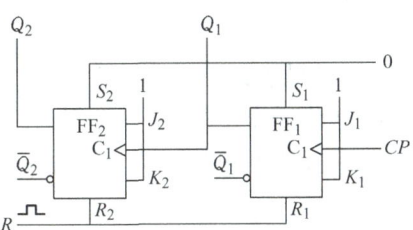

图 8-68　JK 触发器组成的二进制减法计数器

2)用逻辑开关信号将 $S$ 端设定为低电平,在 $R$ 端送入高电平将两个触发器先清零,然后在 $R$ 端送入低电平。

3)用逻辑开关信号在 $CP$ 端送入四个单脉冲,观察输出端 $Q_2$、$Q_1$ 的状态,填入表8-23中。

表 8-23　二进制减法计数器测试

| $CP$ | $Q_2$ | $Q_1$ |
|---|---|---|
| 0 | | |
| 1 | | |
| 2 | | |
| 3 | | |
| 4 | | |

**四、实验注意事项**

1)使用集成芯片的时候注意必须先接通电源后接通信号。实验结束或者改接线路时应先撤除信号再关掉电源。

2)芯片引脚相互不可短路,否则会损坏芯片。

3）在改变电路连线或插拔电路时,应切断电源,严禁带电操作。

## 8.6.2 实验 2 D 触发器逻辑功能的测试

### 一、实验目的

1）掌握 D 触发器逻辑功能测试方法。
2）掌握常用集成触发器的使用方法。
3）逻辑功能的测试方法。

### 二、实验设备与器件

数字电路实验箱、示波器、芯片 CC4013B、逻辑开关信号、逻辑电平显示装置（一组发光二极管指示灯）。

### 三、实验内容与步骤

**1. 认识 CC4013B 集成双 D 触发器芯片**

如图 8-69 所示为 CC4013B 集成双 D 触发器芯片的引脚图。CC4013B 是 CMOS 上升沿触发的双 D 触发器,直接复位 R 端、直接置位 S 端,两个端口均为高电平有效；14 引脚为电源端 $U_{DD}$,7 引脚为电源端 $U_{SS}$。

**2. 直接置位功能和直接复位功能的测试**

1）将 CC4013B 安装在集成电路插座上,注意芯片的正确安装方向,否则会在接通电路的时候将芯片烧毁。

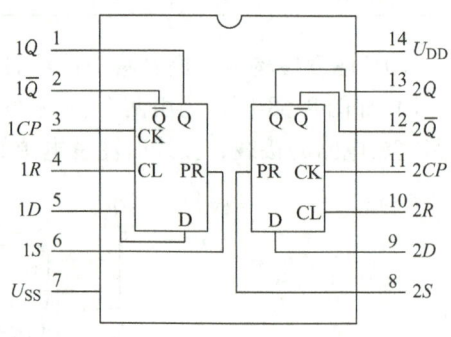

图 8-69 CC4013B 的引脚功能

2）按照芯片电源电压等级和电源供电方式的要求,接入电源,确保电路能够正常工作。

3）任选 CC4013B 集成双 D 触发器芯片中的一个 D 触发器,将逻辑开关信号分别接在 D 触发器的 R 端（4 引脚或者 10 引脚）和 S 端（6 引脚或者 8 引脚）,将所选的 D 触发器的输出端接到逻辑电平显示装置上,用来显示输出信号的状态。按表 8-24 中的要求改变 R、S 端的信号状态,观察 Q 端输出状态,并将结果填入表 8-24 中。

表 8-24 双 D 触发器 CC4013B 置位复位功能测试

| R | S | CP | $D^n$ | $Q^{n+1}$ | |
|---|---|---|---|---|---|
| | | | | $Q^n = 0$ | $Q^n = 1$ |
| 0 | 1 | × | × | | |
| 1 | 0 | × | × | | |

**3. D 触发器逻辑功能测试**

由 8.1.3 节分析可知,D 触发器的状态方程为 $Q^{n+1} = D$。

1）完成了直接置位功能和直接复位功能的测试后,将 R、S 端置低电平。

2）选择两个逻辑开关信号分别接入已测试过的 D 触发器的 D 和 CP 端。按表 8-25 要求改变 D 和 CP 的状态,观察 Q 端状态并将结果填入表 8-25 中。

表 8-25  双 $D$ 触发器 CC4013B 逻辑功能测试

| $R$ | $S$ | $D_n$ | $CP$ | $Q^{n+1}$ | |
|---|---|---|---|---|---|
| | | | | $Q^n = 0$ | $Q^n = 1$ |
| 0 | 0 | 0 | 0→1 | | |
| | | | 1→0 | | |
| | | 1 | 0→1 | | |
| | | | 1→0 | | |

#### 四、实验注意事项

1) 使用集成芯片的时候注意必须先接通电源后接通信号。实验结束或者改接线路时应先撤除信号再关掉电源。

2) 芯片引脚相互不可短路,否则会损坏芯片。

3) 在改变电路连线或插拔电路时,应切断电源,严禁带电操作。

### 8.6.3  实验 3  计数器的测试与应用

#### 一、实验目的

1) 了解用集成触发器构成计数器的方法。
2) 掌握中规模集成计数器的使用和功能测试。
3) 掌握用归零法构成 $N$ 进制加减计数器的原理和方法。

#### 二、实验设备与器件

数字电路实验箱,示波器,芯片 CC40192、CC4013B、CC4011B 或 74LS00、CC4012B 或 74LS20,逻辑开关信号,逻辑电平显示装置(一组发光二极管指示灯)。

#### 三、实验内容与步骤

(1) 用 CC4013B 双 $D$ 触发器构成四位二进制异步加法计数器

1) 如图 8-70 所示是用四个 $D$ 触发器构成的四位二进制异步加法计数器电路。选用两片 CC4013B 集成芯片,按照四位二进制异步加法计数器电路图完成接线图的绘制。

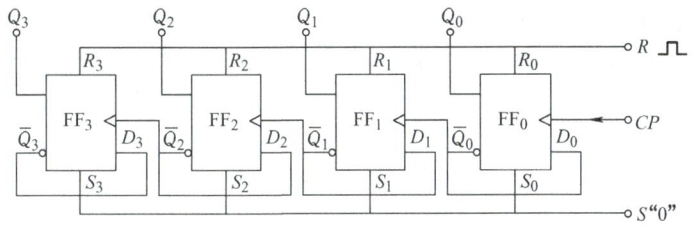

图 8-70  四位二进制异步加法计数器

2) 根据接线图完成电路的接线。将芯片正确地安装在集成电路插座上;接入电源和接地;将四个 $D$ 触发器的复位端连接在一起,然后接至逻辑开关信号的插口上,作为电路的复位端 $R$;将四个 $D$ 触发器的置位端连接在一起,与接地相连,即 $S = 0$;四个触发器的输出端 $Q_3Q_2Q_1Q_0$ 接到逻辑电平显示装置上。

3) 用逻辑开关信号在电路的复位端 $R$ 送入一个复位信号(高电平有效),让计数器复位,即 $Q_3Q_2Q_1Q_0 = 0000$。

4)在最低位 $D$ 触发器的 $CP$ 端接入 1Hz 的计数脉冲,观察 $Q_3Q_2Q_1Q_0$ 的指示灯的亮与灭,并记录 $Q_3Q_2Q_1Q_0$ 的状态,填入表 8-26 中。

表 8-26 输出端 $Q_3Q_2Q_1Q_0$ 的状态

| CP | $Q_3$ | $Q_2$ | $Q_1$ | $Q_0$ | CP | $Q_3$ | $Q_2$ | $Q_1$ | $Q_0$ |
| --- | --- | --- | --- | --- | --- | --- | --- | --- | --- |
| 0 | | | | | 8 | | | | |
| 1 | | | | | 9 | | | | |
| 2 | | | | | 10 | | | | |
| 3 | | | | | 11 | | | | |
| 4 | | | | | 12 | | | | |
| 5 | | | | | 13 | | | | |
| 6 | | | | | 14 | | | | |
| 7 | | | | | 15 | | | | |

5)把 1Hz 的连续脉冲改为 1kHz 的连续脉冲,送给低位触发器的 $CP$ 端,用示波器双踪分别显示计数脉冲和 $Q_3$ 输出端、计数脉冲和 $Q_2$ 输出端、计数脉冲和 $Q_1$ 输出端、计数脉冲和 $Q_0$ 输出端的波形,并记录在图 8-71 中。

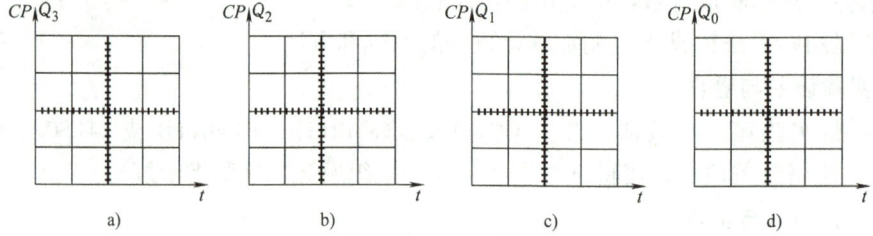

图 8-71 四位二进制异步加法计数器波形记录

a)示波器双踪显示 $CP$ 和 $Q_3$ 的波形关系　b)示波器双踪显示 $CP$ 和 $Q_2$ 的波形关系
c)示波器双踪显示 $CP$ 和 $Q_1$ 的波形关系　d)示波器双踪显示 $CP$ 和 $Q_0$ 的波形关系

(2)认识芯片 CC40192B 的逻辑功能

CC40192B 芯片是 CMOS 型的四位十进制可预置数同步加减计数器(双时钟,有清除端),其引脚排列图如图 8-72 所示,引脚功能如表 8-27 所示,逻辑状态表如表 8-28 所示。

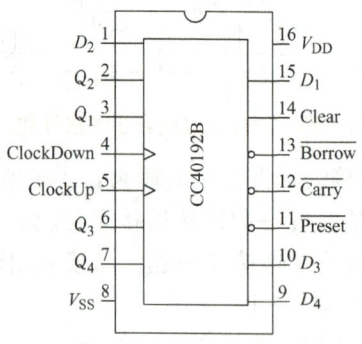

图 8-72 CC40192B 的引脚排列图

表 8-27　CC40192B 引脚功能

| 引脚号 | 引脚名称 | 功　能 |
|---|---|---|
| 14 | Clear | 清零端，高电平清零 |
| 11 | $\overline{\text{Preset}}$ | 置数端，低电平有效 |
| 15、1、10、9 | $D_1$、$D_2$、$D_3$、$D_4$ | 置数输入端，当清零端 14 为低电平，置数端 11 为低电平时，数据直接从 15、1、10、9 端置入计数器 |
| 3、2、6、7 | $Q_1$、$Q_2$、$Q_3$、$Q_4$ | 数据输出端 |
| 12 | $\overline{\text{Carry}}$ | 进位输出端，低电平有效 |
| 13 | $\overline{\text{Borrow}}$ | 借位输出端，低电平有效 |
| 4 | ClockDown | 减法计数脉冲输入端，上升沿有效 |
| 5 | ClockUp | 加法计数脉冲输入端，上升沿有效 |

表 8-28　CC40192B 的逻辑状态表

| 输入端 | | | | | | | | 输出端 | | | |
|---|---|---|---|---|---|---|---|---|---|---|---|
| Clear | $\overline{\text{Preset}}$ | ClockDown | ClockUp | $D_4$ | $D_3$ | $D_2$ | $D_1$ | $Q_4$ | $Q_3$ | $Q_2$ | $Q_1$ |
| 1 | × | × | × | × | × | × | × | 0 | 0 | 0 | 0 |
| 0 | 0 | × | × | d | c | b | a | d | c | b | a |
| 0 | 1 | ↑ | 1 | × | × | × | × | 减法计数 | | | |
| 0 | 1 | 1 | ↑ | × | × | × | × | 加法计数 | | | |

1）将 CC40192B 芯片安装在集成电路插座上，注意芯片的正确安装方向，否则会在接通电路的时候将芯片烧毁。

2）按照芯片电源电压等级和电源供电方式的要求，接入电源，确保电路能够正常工作。

3）将逻辑开关信号接入清零端、置数端、数据输入，输出端 $Q_4Q_3Q_2Q_1$ 依次接入数字电路实验箱的一个译码显示输入端的相应插口 A、B、C、D，计数脉冲由单次脉冲源提供，$\overline{\text{Carry}}$ 和 $\overline{\text{Borrow}}$ 端接逻辑电平显示插口。

4）清除功能测试：用逻辑开关信号在芯片的 14 脚送入高电平，使 Clear = 1，其他输入为任意状态，如果 $Q_3Q_2Q_1Q_0 = 0000$，译码器显示数字为 0，说明芯片清除功能完成，然后在 14 脚送入低电平，使 Clear = 0。

5）置数功能测试：使 Clear = 0，ClockUp、ClockDown 为任意状态，用逻辑开关信号在芯片的 11 脚送入低电平，使 $\overline{\text{Preset}} = 0$，数据输入端 $D_4D_3D_2D_1$ 输入任意一组二进制数，观察计数译码显示输出是否与输入相同。预置数功能实现后，在 11 脚送入高电平，使 $\overline{\text{Preset}} = 1$。

6）加计数功能测试：令 $\overline{\text{Preset}}$ = ClockDown = 1，Clear = 1 清零操作后，令 Clear = 0，在 ClockUp 接入单次脉冲源，连续送入 10 个单脉冲，观察输出端 $Q_3Q_2Q_1Q_0$ 的状态变化，并判断输出端的变化是否发生在 ClockUp 的上升沿。

7）减计数功能测试：令 $\overline{\text{Preset}}$ = ClockUp = 1，Clear = 1 清零操作后，令 Clear = 0，在

ClockDown 接入单次脉冲源，连续送入 10 个单脉冲，观察输出端 $Q_3Q_2Q_1Q_0$ 的状态变化，并判断输出端的变化是否发生在 ClockDown 的上升沿。

（3）归零法构成六进制加计数器

如图 8-73 所示为用归零法构成六进制加计数器的电路原理图。电路由一片 CC40192B 四位十进制可预置数同步加减计数器和一片 CC4011B 四个两输入与非门构成。

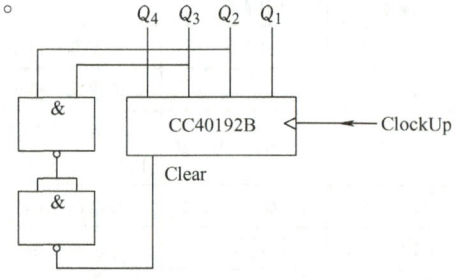

图 8-73 归零法构成六进制加计数器的原理图

1）将 CC40192B 芯片和 CC4011 芯片安装在集成电路插座上，注意芯片的正确安装方向，否则会在接通电路的时候将芯片烧毁。

2）按照芯片电源电压等级和电源供电方式的要求，接入电源，确保电路能够正常工作。

3）按照实际要求完成状态循环图，确定归零状态和归零信号的逻辑关系如图 8-74 所示。六进制加计数器选用 $Q_4Q_3Q_2Q_1 = 0110$ 为归零状态，Clear $= Q_3Q_2 = \overline{\overline{Q_3Q_2}} = 11$。

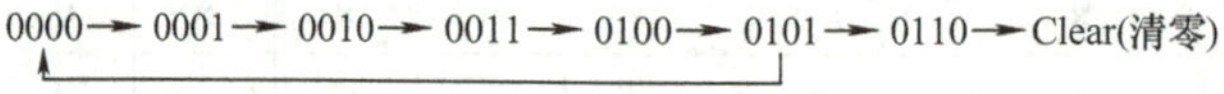

0000 → 0001 → 0010 → 0011 → 0100 → 0101 → 0110 → Clear(清零)

图 8-74 归零法构成六进制加计数器状态循环图

4）按照图 8-73 所示完成电路的接线，同时用逻辑开关信号将 $\overline{Preset}$ = ClockDown = 1，利用 Clear 端清零后，将 Clear 端与 $\overline{Q_3Q_2}$ 的输出端相连，在 ClockUp 接入单次脉冲源，连续送入单脉冲，观察输出端 $Q_3Q_2Q_1Q_0$ 的状态变化，并将变化状态填入表 8-29 中。

表 8-29 归零法构成六进制加计数器输出状态记录

| CP | $Q_1^n$ | $Q_2^n$ | $Q_3^n$ | $Q_4^n$ | $Q_1^{n+1}$ | $Q_2^{n+1}$ | $Q_3^{n+1}$ | $Q_4^{n+1}$ |
|---|---|---|---|---|---|---|---|---|
|  |  |  |  |  |  |  |  |  |
|  |  |  |  |  |  |  |  |  |
|  |  |  |  |  |  |  |  |  |
|  |  |  |  |  |  |  |  |  |
|  |  |  |  |  |  |  |  |  |
|  |  |  |  |  |  |  |  |  |

5）采用归零法，用一片 CC40192B 和一片 CC4011B 设计一个七进制加计数器，并用上述的实验方法验证。

（4）计数器的级联应用

如图 8-75 所示为用归零法构成二十七进制计数器的电路原理图。电路由两片 CC40192B 四位十进制可预置数同步加减计数器和一片 CC4012 双四输入与非门构成。

1）将两片 CC40192B 芯片和一片 CC4012 芯片正确安装在集成电路插座上，按照芯片电源电压等级和电源供电方式的要求，接入电源，确保电路能够正常工作。

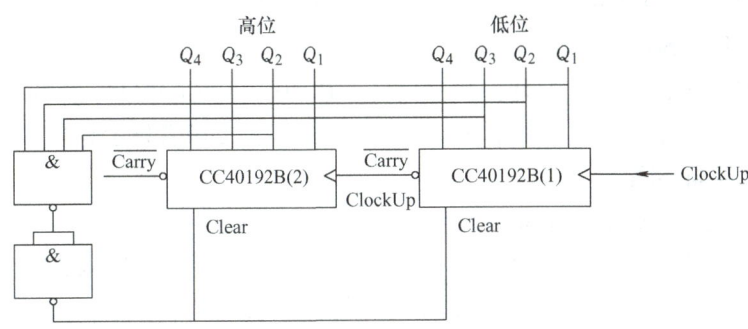

图 8-75 归零法构成二十七进制的原理图

2) 按照实际要求完成确定归零状态和归零信号的逻辑关系，二十七进制加计数器选用个位（低位）的 $Q_3Q_2Q_1=111$ 和十位（高位）的 $Q_2=1$ 四位信号的与门信号为归零状态，即 Clear $= Q_{2(十位)}Q_3Q_2Q_1 = \overline{\overline{Q_{2(十位)}Q_3Q_2Q_{12}}} = 1111$。

3) 按照图 8-75 所示完成电路的接线，同时用逻辑开关信号将 $\overline{Preset} = \overline{ClockDown} = 1$，利用 Clear 端清零后，将 Clear 端与 $\overline{Q_{2(十位)}Q_3Q_2Q_{12}}$ 的输出端相连，在 ClockUp 接入单次脉冲源，连续送入单脉冲，观察输出端 $Q_3Q_2Q_1Q_0$ 的状态变化，并将变化状态填入表 8-30 中。

表 8-30 归零法构成二十七进制加计数器输出状态记录

| 时钟脉冲 | 十位 | | | | 个位 | | | | 时钟脉冲 | 十位 | | | | 个位 | | | |
|---|---|---|---|---|---|---|---|---|---|---|---|---|---|---|---|---|---|
| CP | $Q_4$ | $Q_3$ | $Q_2$ | $Q_1$ | $Q_4$ | $Q_3$ | $Q_2$ | $Q_1$ | CP | $Q_4$ | $Q_3$ | $Q_2$ | $Q_1$ | $Q_4$ | $Q_3$ | $Q_2$ | $Q_1$ |
| | | | | | | | | | | | | | | | | | |
| | | | | | | | | | | | | | | | | | |
| | | | | | | | | | | | | | | | | | |
| | | | | | | | | | | | | | | | | | |

注：请根据实际的测试结果增加表格的行数。

4) 采用归零法，用两片 CC40192 和一片 CC4012 与非门芯片设计一个三十六进制计数器，并用上述的实验方法验证。

**四、实验注意事项**

1) 集成芯片使用的时候注意：必须先接通电源后接通信号。实验结束或者改接线路时应先撤除信号后关掉电源。

2) 在改变电路连线或插拔电路时，应切断电源，严禁带电操作。

3) TTL 芯片引脚悬空时，相当于接入了高电平，但 CMOS 芯片输入端引脚不允许悬空。

### 8.6.4 实验 4 时序逻辑电路的分析与测试

**一、实验目的**

1) 熟悉由集成触发器构成的时序逻辑电路及其工作原理。

2）掌握时序逻辑电路的分析方法和逻辑功能测试的方法。

**二、实验设备与器件**

数字电路实验箱，双踪示波器，集成芯片：CC4027B、CC4011B 或 74LS00、CC4012B 或 74LS20，逻辑开关信号，逻辑电平显示装置（一组发光二极管指示灯）。

**三、实验内容与步骤**

**1. 同步时序电路的分析与测试**

如图 8-76 所示为一个同步时序逻辑电路。电路由三个 JK 触发器构成，$S_1$、$S_2$ 和 $S_3$ 接在一起作为 $S$ 端；$R_1$、$R_2$ 和 $R_3$ 接在一起作为 $R$ 端；输出为 $Q_3Q_2Q_1$。

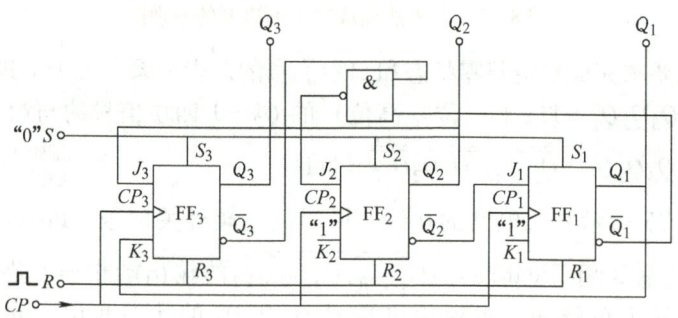

图 8-76 同步时序逻辑电路

（1）根据图 8-76 所示电路图分析电路

- 说明图 8-76 所示电路是同步逻辑电路的原因：_____。

- 列出各触发器的输入端的驱动方程和时钟脉冲方程。

$J_1 = $ _____，$K_1 = $ _____，$CP_1 = $ _____；

$J_2 = $ _____，$K_2 = $ _____，$CP_2 = $ _____；

$J_3 = $ _____，$K_3 = $ _____，$CP_3 = $ _____；

$R_1 = R_2 = R_3 = $ _____，$S_1 = S_2 = S_3 = $ _____。

- 确定各触发器的状态方程，并设初始状态 $Q_3Q_2Q_1 = 000$，分析给定的时序逻辑电路的状态，填入表 8-31 中。

$Q_1^{n+1} = $ _____；$Q_2^{n+1} = $ _____；$Q_3^{n+1} = $ _____。

表 8-31 同步时序逻辑电路的状态表

| 时钟脉冲 | $Q_3^n$ | $Q_2^n$ | $Q_1^n$ | $Q_3^{n+1}$ | $Q_2^{n+1}$ | $Q_1^{n+1}$ |
|---|---|---|---|---|---|---|
|  |  |  |  |  |  |  |
|  |  |  |  |  |  |  |
|  |  |  |  |  |  |  |
|  |  |  |  |  |  |  |

注：请根据实际的测试结果增加表格的行数。

- 根据表 8-31 中的逻辑关系，画出状态循环图和输出波形图，说明实验电路的逻辑功能。

（2）电路功能的实现
- 选择两片 CC4027B 芯片和一片 CC4011B 芯片正确安装到集成电路插座上，接入电源和接地，按图 8-76 接好实验电路。
- 经检查无误后接通电源开关，先在 R 端送入一个高电平信号，电路输出清零；在 CP 端送入单次脉冲，观察并列表记录 $Q_3$、$Q_2$、$Q_1$ 状态，记录表格与表 8-31 相同。
- 把单次脉冲改为 1Hz 的连续脉冲，观察并记录 $Q_3$、$Q_2$、$Q_1$ 的状态。
- 把 1Hz 的连续脉冲改为 1kHz，用双踪示波器观察 $Q_3$、$Q_2$、$Q_1$ 的波形与 CP 脉冲的关系。

**2. 异步时序逻辑电路的分析与测试**

如图 8-77 所示为一个异步时序逻辑电路。电路由三个 JK 触发器构成，$S_1$、$S_2$ 和 $S_3$ 接在一起作为 S 端；$R_1$、$R_2$ 和 $R_3$ 接在一起作为 R 端；输出为 $Q_3Q_2Q_1$。

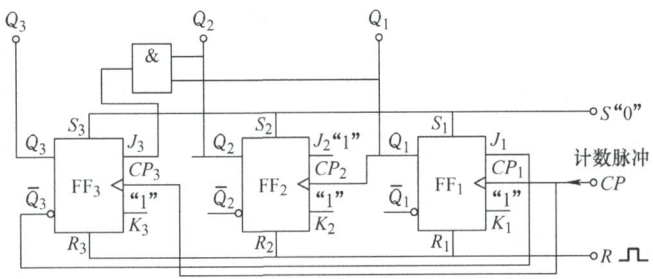

图 8-77 异步时序逻辑电路

（1）根据图 8-77 所示电路图分析电路
- 说明图 8-77 所示电路是异步逻辑电路的原因：_____
_____。
- 列出各触发器的输入端的驱动方程和时钟脉冲方程。

$J_1 = $ _____，$K_1 = $ _____，$CP_1 = $ _____；
$J_2 = $ _____，$K_2 = $ _____，$CP_2 = $ _____；
$J_3 = $ _____，$K_3 = $ _____，$CP_3 = $ _____；
$R_1 = R_2 = R_3 = $ _____，$S_1 = S_2 = S_3 = $ _____。

- 确定各触发器的状态方程，并设初始状态 $Q_3Q_2Q_1 = 000$，分析给定的时序逻辑电路的状态（表明每个触发器的实际时钟脉冲），填入表 8-32 中。

$Q_1^{n+1} = $ _____；$Q_2^{n+1} = $ _____；$Q_3^{n+1} = $ _____。

表 8-32 异步时序逻辑电路的状态表

| 时钟脉冲 | $Q_3^n$ | $Q_2^n$ | $Q_1^n$ | $Q_3^{n+1}$ | $Q_2^{n+1}$ | $Q_1^{n+1}$ |
|---|---|---|---|---|---|---|
|  |  |  |  |  |  |  |
|  |  |  |  |  |  |  |
|  |  |  |  |  |  |  |

注：请根据实际的测试结果增加表格的行数。

● 根据表 8-32 中的逻辑关系，画出状态循环图和输出波形图，说明实验电路的逻辑功能。

（2）电路功能的实现

● 选择两片 CC4027B 芯片和一片 CC4011B 芯片正确安装到集成电路插座上，接入电源和接地，按图 8-77 所示接好实验电路。

● 经检查无误后接通电源开关，先在 $R$ 端送入一个高电平信号，电路输出清零；在 $CP$ 端送入单次脉冲，观察并列表记录 $Q_3$、$Q_2$、$Q_1$ 状态，记录表格与表 8-32 相同。

● 把单次脉冲改为 1Hz 的连续脉冲，观察并记录 $Q_3$、$Q_2$、$Q_1$ 的状态。

● 把 1Hz 的连续脉冲改为 1kHz，用双踪示波器观察 $Q_3$、$Q_2$、$Q_1$ 的波形与 $CP$ 脉冲的关系。

#### 四、实验注意事项

1）集成芯片的安装方向一定要正确，电源的接入极性也要正确，否则通电后会烧毁芯片。

2）本实验选用的是与非集成芯片，接线时注意要将电路中的与门电路转换成与非门，或者可以直接选用与门芯片。

3）在实验结束或者改接线路时的操作应符合安全用电的要求。

## 8.7 思考与练习

1. 某同步 $RS$ 触发器的输入端 $CP$、$R$ 和 $S$ 的波形如图 8-78 所示，设触发器的初始状态为 1，试画出可控 $RS$ 触发器输出端 $Q$ 的波形图。

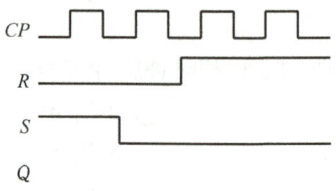

图 8-78 分析 1 题图

2. 某 $JK$ 触发器电路如图 8-79a 所示，其输入端 $\overline{R}_D$、$CP$、$J$ 和 $K$ 的波形如图 8-79b 所示，试画出 $JK$ 触发器输出端 $Q$ 的波形图。

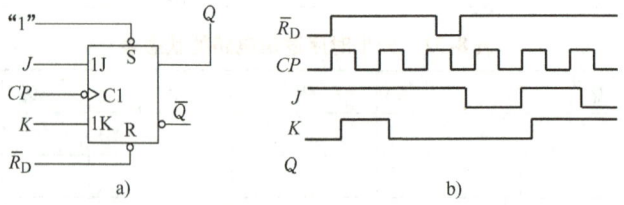

图 8-79 分析 2 题图

3. 某 $D$ 触发器电路如图 8-80a 所示，其输入端 $CP$、$A$ 和 $B$ 的波形如图 8-80b 所示，试画出 $D$ 触发器输出端 $Q$ 和输出量 $Y$ 的波形图。

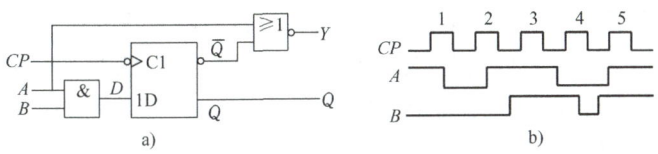

图 8-80　分析 3 题图

4. 已知时钟脉冲 $CP$ 的波形如图 8-81 所示,设它们初始状态均为"1"。要求:1) 试分别画出图中各触发器输出端 $Q$ 的波形。2) 指出哪些触发器电路具有计数功能。

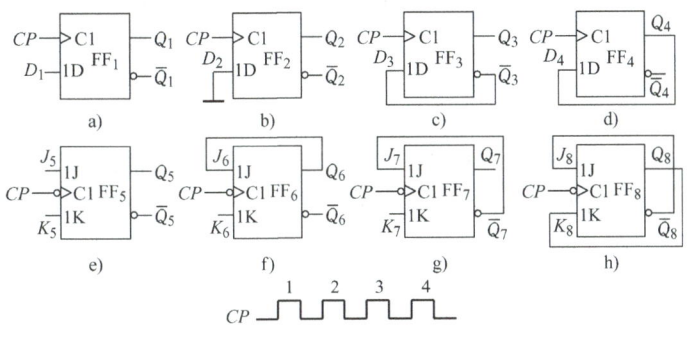

图 8-81　分析 4 题图

5. 由 $D$ 触发器和 $JK$ 触发器构成的时序电路如图 8-82a 所示,已知两个触发器的初始状态均为 11 时钟脉冲 $CP$ 的波形如图 8-82b 所示,试画出 $D$ 触发器和 $JK$ 触发器输出端 $Q_2$ 和 $Q_1$ 的波形图。

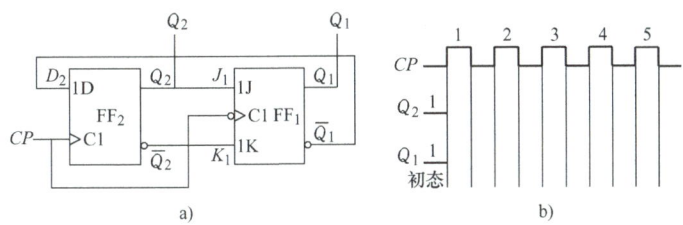

图 8-82　分析 5 题图

6. 由 $JK$ 触发器构成的时序逻辑电路如图 8-83 所示,已知时钟脉冲 $CP$ 和输入变量 $A$ 的

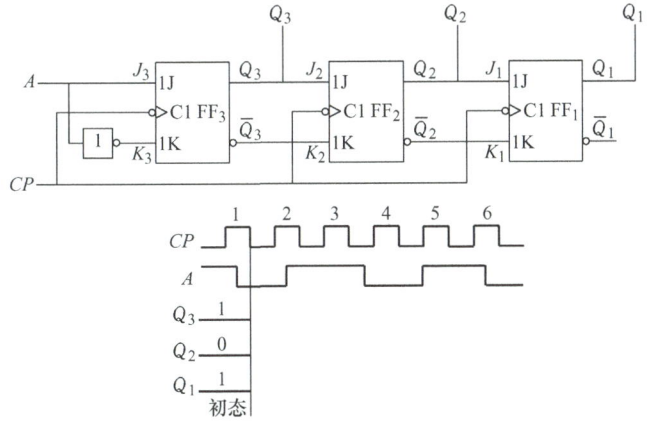

图 8-83　分析 6 题图

波形，试画出各触发器输出端 $Q_3$、$Q_2$、$Q_1$ 的波形。设各触发器的初始状态为 101。

7. 如图 8-84 所示为某一计数器电路。设各触发器的初始状态为"001"。要求：1）判断此电路是同步计数器还是异步计数器。2）写出各触发器输入端的逻辑关系式。3）写出该计数器输出端 $Q_2Q_1Q_0$ 的状态表。

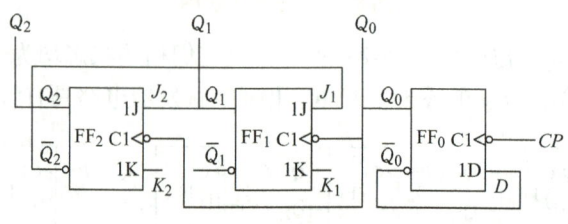

图 8-84　分析 7 题图

8. 分别采用归零法和置位法，用 74LS290 实现一个三十二进制计数器。
9. 分别采用归零法和置位法，用 74LS161 实现一个三十二进制计数器。

# 第9章 综合实践

 教学导航

通过本章节的学习可以达到:

1)能够阅读、分析锯齿波发生器线路图,并进行锯齿波发生器线路的安装接线;能进行锯齿波发生器线路的安装与通电调试,正确使用示波器测量绘制波形。

2)能分析由按钮防抖电路、双向移位电路、JK 触发器、D 触发器、多谐振荡器组成的单脉冲控制移位寄存器构成的环形计数器工作原理,能够独立完成电路的安装和调试。

3)能分析由按钮控制电路、计数器、译码器、多谐振荡器构成的"脉冲顺序控制器"的原理,能够独立完成电路的安装和调试。

4)进一步熟练掌握电子仪器、仪表的使用维护方法。

## 9.1 综合实践1 锯齿波发生器的组装与测试

### 9.1.1 实践要求

1)掌握集成运算放大器的实际应用电路,其中包括线性和非线性的应用。
2)理解、分析由集成运算放大器组成的各类电路的原理。
3)会使用各种仪器仪表,能对电路中的关键点进行测试,并对测试数据进行分析、判断。

### 9.1.2 锯齿波发生器的工作原理

锯齿波发生器电路原理图如图 9-1 所示。图中,由运算放大器 $N_1$ 为核心组成一个滞回特性比较器,输出矩形波。图中 VZ 为双向稳压管,对 $u_{o1}$ 输出的电压进行双向限幅。由运

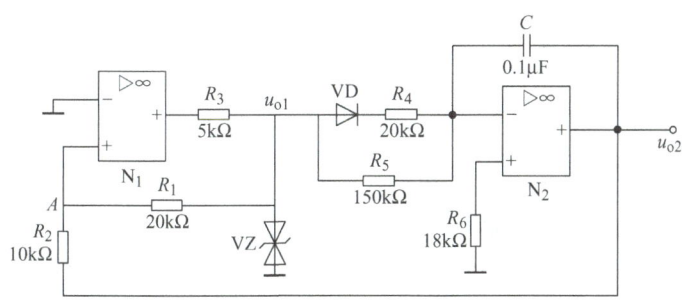

图 9-1 锯齿波发生器电路原理图

算放大器 $N_2$ 为核心组成一个积分器，输出锯齿波。比较器输出的矩形波经积分器积分可得到锯齿波，锯齿波由触发比较器自动翻转形成矩形波，这样即可构成锯齿波发生器和矩形波发生器。如图 9-2 所示为锯齿波发生器和矩形波发生器输出波形图关系。

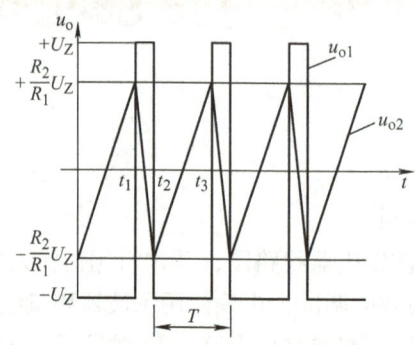

图 9-2　锯齿波发生器和矩形波发生器输出波形图关系

（1）主要知识点

锯齿波发生器电路涉及的关键知识点包括运算放大器的特性、积分电路和滞回比较器，请参照第 4 章相关内容，或扫码复习。

主要知识点

（2）运算放大器选用

运算放大器均采用集成电路构成，集成运算放大器电路品种繁多，型号也很多，在一块集成芯片上可以集成两个、四个或更多个运算放大器。在使用集成运算放大器前，必须掌握集成芯片引出引脚的功能。如型号为 NE5532、4558 的芯片为双运放集成电路，它的引脚分布图与运放器电路对应关系如图 9-3 所示，其中图 9-3a 为引脚分布图，图 9-3b 为双运算放大器实物照片图。型号为 LM324 的芯片为四运放集成电路，它的引出引脚分布与运放器电路对应关系如图 9-4 所示。

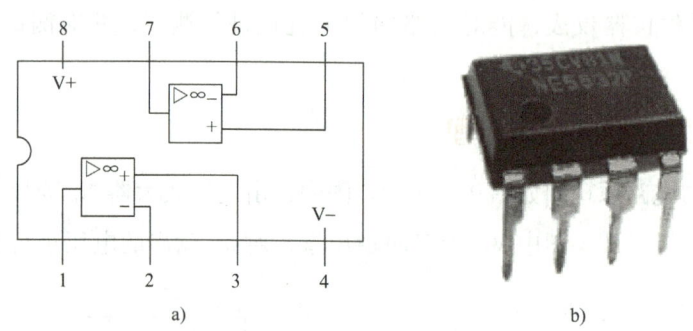

图 9-3　双运算放大器引脚分布与实物图

（3）锯齿波发生电路的工作原理

设比较器在初始时输出电压 $u_{o1}$ 为正电压 $+U_Z$，此时二极管 VD 处于正向导通，电压通过 $R_5$ 和 $R_4$ 对积分器电容 $C$ 进行充电，如图 9-5 所示，虚线为电容 $C$ 的充电电流。积分器输出电压 $u_{o2}$ 为线性下降负电压，如图 9-2 中 $t_1 \sim t_2$ 时间段。积分器输出负电压 $u_{o2}$ 与比较器输出正电压 $U_Z$ 在比较器的正相输入端 $A$ 点进行叠加，当比较器的正相输入端口 $A$ 点电压小于零时，比较器输出翻转。

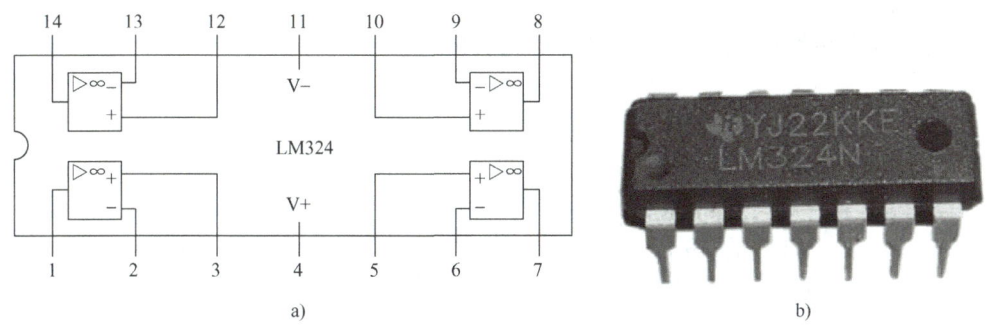

图 9-4 四运算放大器引脚分布与实物图

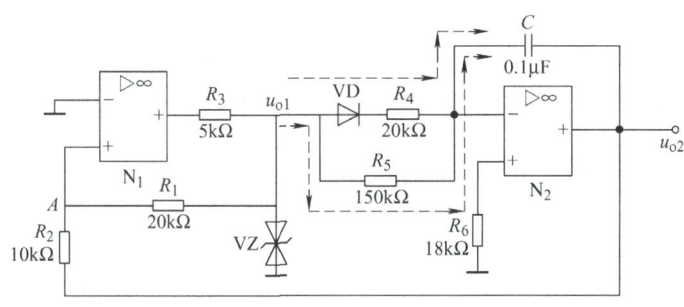

图 9-5 电容 $C$ 的充电电流

当输出的 $u_{o1}$ 为 $-U_Z$ 时,二极管 VD 反向截止,积分器电容通过电阻 $R_5$ 进行放电,如图 9-6 所示,虚线为电容 $C$ 的放电电流。此时,积分器输出电压 $u_{o2}$ 上升,如图 9-2 中 $t_2 \sim t_3$ 时间段。当上升到一定数值使比较器的正相输入端口 $A$ 点电压大于零时,比较器输出再次翻转,输出正电压。

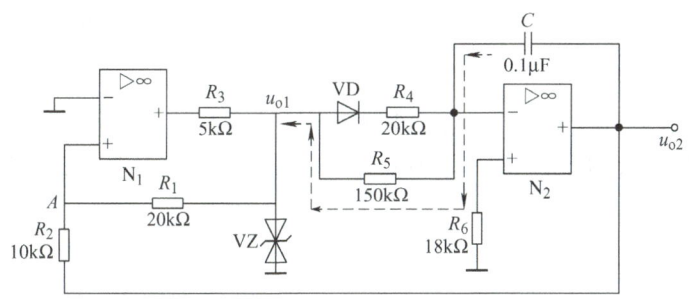

图 9-6 电容 $C$ 的放电电流

由于二极管 VD 的单向导电性,使积分电路的充放电回路不同,造成积分电路输出波形为锯齿波。同时由于采用了运算放大器组成的积分电路,因此可实现恒流充电,使三角波线性大大改善。

### 9.1.3 锯齿波发生器安装调试步骤及实测波形记录

1)以如图 9-7 所示电路为电压跟随器电路,可利用该电路测试运算放大器好坏。如输出能跟随输入变化,则说明该运放完好,否则说明该运放损坏。在有运算放大器的电路中,安装之前都需要对运算放大器进行测试以确定能否正常使用。

2）完成如图 9-8 所示，运放 $N_1$ 部分电路的接线。

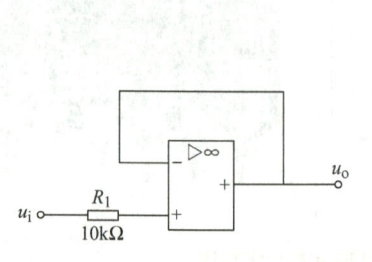

图 9-7　电压跟随器　　　　图 9-8　运放 $N_1$ 部分电路的接线图

3）通过函数发生器产生频率为 50Hz、峰值为 6V 的正弦波，在运放 $N_1$ 的输入端（$R_2$ 前）输入该波形，用双踪示波器测量并同时显示输入电压及输出电压 $u_{o1}$ 的波形，如图 9-9 所示。

4）按下双踪示波器 "X-Y" 键，测量显示传输特性如图 9-10a 所示。在图 9-10b 中记录传输特性。

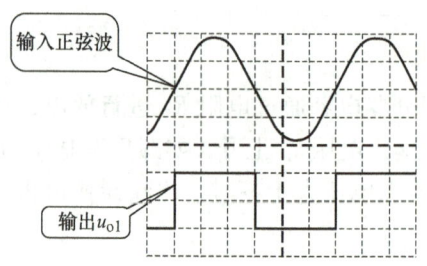
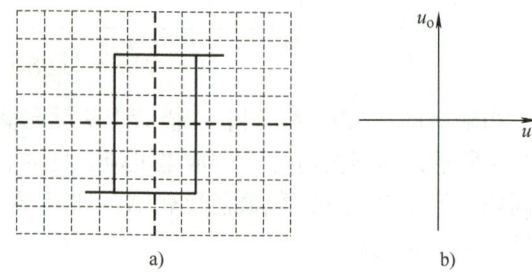

图 9-9　双踪示波器显示的输入电压　　图 9-10　测量显示并记录传输特性波形
　　　　及输出电压 $u_{o1}$ 波形

5）完成全部电路的接线，用双踪示波器测量输出电压 $u_{o1}$ 的波形如图 9-11 所示，输出电压 $u_{o2}$ 的波形如图 9-12 所示。双踪示波器显示 $u_{o1}$ 和 $u_{o2}$ 波形对应关系如图 9-13 所示。

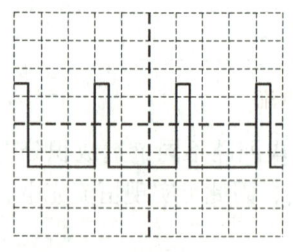
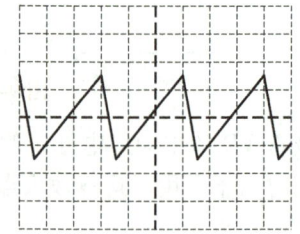

图 9-11　双踪示波器测量输出电压 $u_{o1}$ 的波形　　图 9-12　双踪示波器测量输出电压 $u_{o2}$ 的波形

6）记录输出电压 $u_{o1}$ 和 $u_{o2}$ 波形，如图 9-14 所示。在波形图中标出波形的幅度和锯齿波电压上升及下降的时间，计算频率。

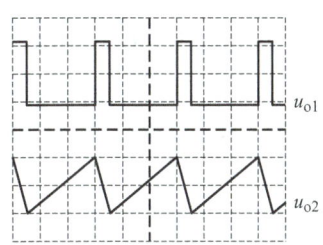
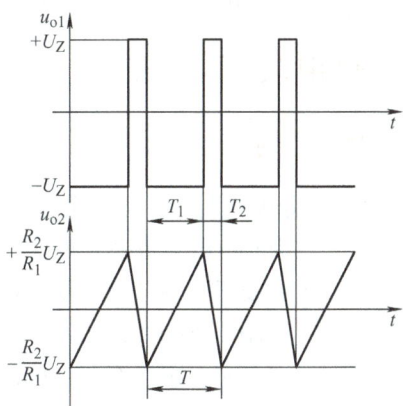

图 9-13 双踪示波器显示 $u_{o1}$ 和 $u_{o2}$ 波形对应关系　　　　图 9-14 记录输出电压 $u_{o1}$ 和 $u_{o2}$ 波形

图 9-14 中上升时间为 $T_1$、下降时间为 $T_2$，波形周期为 $T = T_1 + T_2$，其频率 $f = \dfrac{1}{T}$。

## 9.1.4　知识拓展　锯齿波发生器的故障排除

在锯齿波发生器电路中前后两级互为输入，第一级的输出 $u_{o1}$ 作为第二级的输入信号，同时第二级的输出 $u_{o2}$ 又作为第一级的输入信号。通常任何一级无信号，则整个线路输出均无信号。要排除故障必须借助信号发生器。

以信号发生器作为输入信号，将整个电路断开为 $N_1$、$N_2$ 两个电路，$N_1$ 电路如图 9-15 所示。在第一级的输入端 $u_i$ 输入正弦波或三角波，由于第一级为滞回比较器电路，其输出应为方波，则说明第一级电路正常，否则说明故障出在第一级，可进一步排查故障。若输出电压超过稳压管 VZ 稳压值，则通常是稳压管支路出现断路。

$N_2$ 部分电路如图 9-16 所示。在第二级的输入端 $u_i$ 输入方波，由于第二级是积分电路，且由于二极管 VD 的作用造成电容 $C$ 充放电时间常数不同，因此第二级输出应为锯齿波。若第二级输出为锯齿波则说明第二级电路工作正常，否则说明故障出在第二级，可进一步排查故障。如出现波形为三角波，而非锯齿波，说明充放电时间常数相同，造成此故障的原因通常是二极管 VD 支路断路或二极管短路。

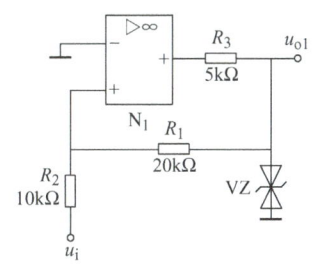
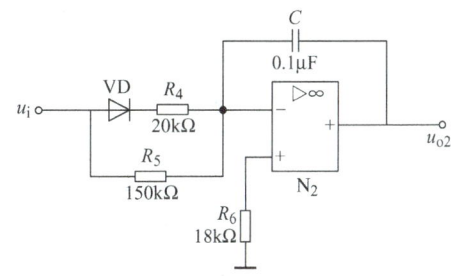

图 9-15　第一级为滞回比较器电路　　　　图 9-16　第二级锯齿波形成电路

注意：无论排查哪一级故障，首先应确定运算放大器工作电源是否正常，这也是测试各级电路的先决条件。

## 9.2 综合实践 2 单脉冲控制移位寄存器构成的环形计数器的组装与调试

### 9.2.1 实践要求

1) 掌握集成电路的实际应用电路,本课题涉及 CC4011B、CC4013B、CC40194、CC4027B、555 等 CMOS 集成芯片的实际应用。

2) 能分析由按钮防抖电路、双向移位电路、JK 触发器组成的计数电路、D 触发器组成的计数器、多谐振荡器各单元电路的原理。

3) 掌握上述单元电路的安装与调试。

4) 掌握各单元电路组合后的系统调试。

5) 能使用各种仪器仪表,对电路中的关键点进行测试,对测试的数据进行分析、判断,对电路中设置的故障能分析并排除。

### 9.2.2 各单元电路的工作原理

单脉冲控制移位寄存器电路如图 9-17 所示,移位寄存器型环形计数器电路如图 9-18 所示。

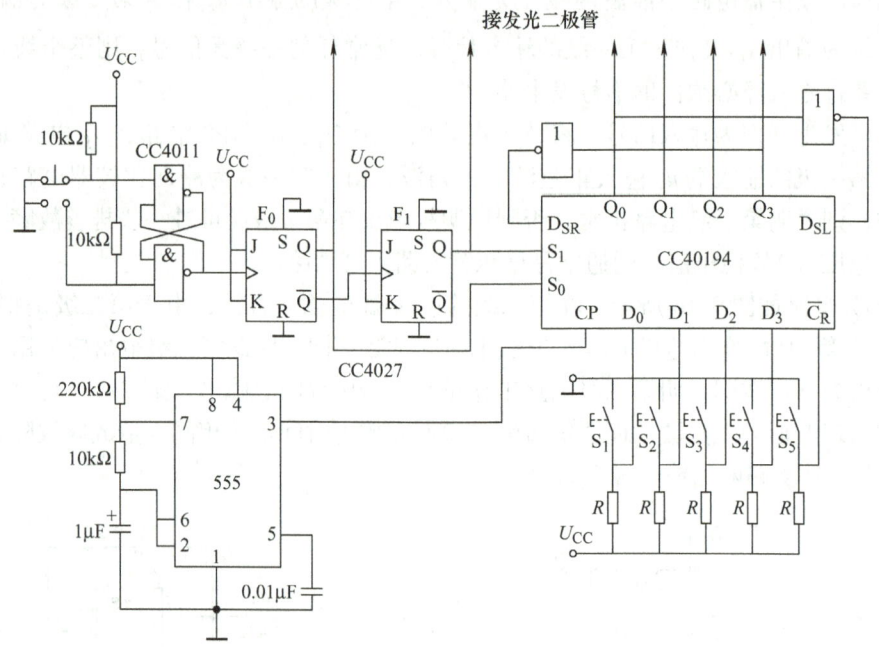

图 9-17 单脉冲控制移位寄存器电路

(1) 555 时基集成电路构成的多谐振荡器

555 定时器是一种应用广泛的集成芯片,其引脚图和各引脚功能请参照本书 8.5.1 节相关内容。图 9-19a 所示为 555 集成电路组成的多谐振荡器,图 9-19b 所示为多谐振荡器输出波形图。由 555 集成电路组成的多谐振荡器的工作原理请读者参考第 8 章的相关内容,在此不再赘述。

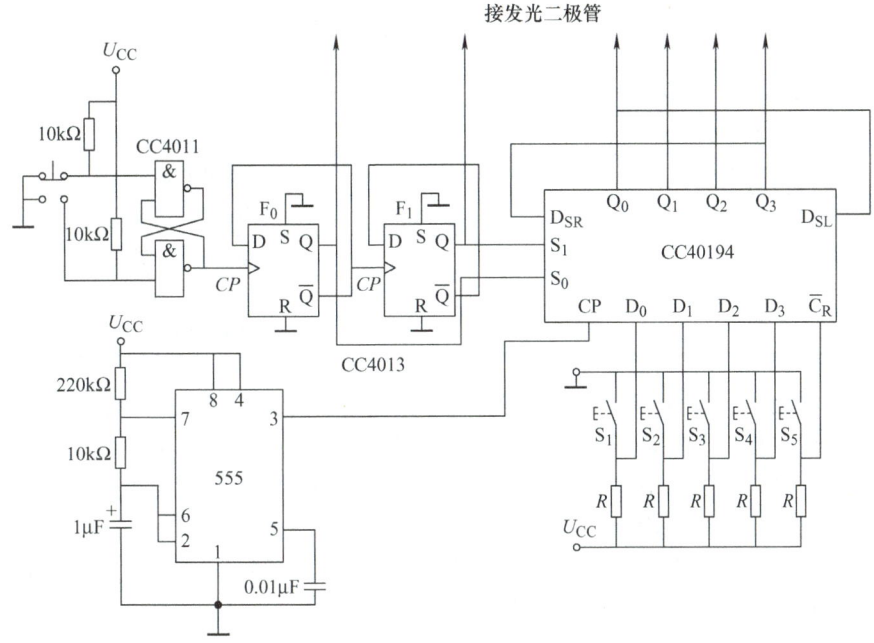

图 9-18 移位寄存器型环形计数器电路

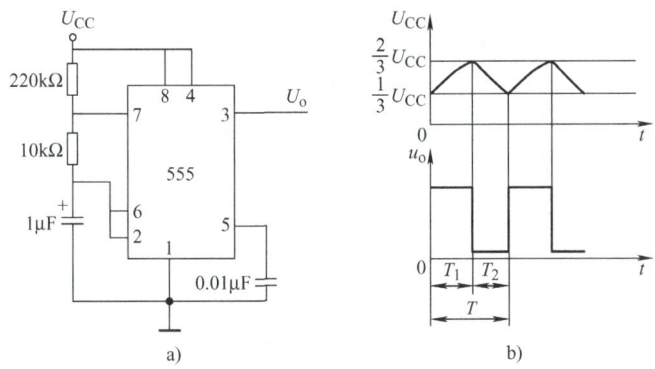

图 9-19 555 集成电路组成的多谐振荡器及输出波形图

（2）CC40194 双向移位寄存集成电路

如图 9-20 所示为 CC40194 双向移位寄存集成电路的引脚图，各引脚的功能见表 9-1。

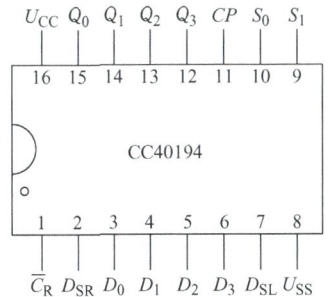

图 9-20 CC40194 双向移位寄存集成电路的引脚图

**表 9-1 CC40194 双向移位寄存集成电路引脚功能**

| 引　脚 | 功　能 |
|---|---|
| $D_0$、$D_1$、$D_2$、$D_3$ | 并行输入端 |
| $Q_0$、$Q_1$、$Q_2$、$Q_3$ | 并行输出端 |
| $D_{SR}$ | 右移串行输入端 |
| $D_{SL}$ | 左移串行输入端 |
| $S_1$、$S_0$ | 操作模式控制端 |
| $\overline{C_R}$ | 直接无条件清零端 |
| CP | 时钟脉冲输入端 |

移位寄存器是一个具有移位功能的寄存器，即寄存器中所存的代码能够在移位脉冲的作用下依次左移或右移，既能左移又能右移的寄存器称为双向移位寄存器，只需要改变它的左、右移控制信号便可实现双向移位要求。根据移位寄存器存取信息方式的不同，它可分为串入串出、串入并出、并入串出、并入并出四种形式。

CC40194 有并行送数寄存、右移（方向由 $Q_0→Q_3$）、左移（方向由 $Q_3→Q_0$）和保持四种不同操作模式。$S_1$、$S_0$ 端口的控制作用如表 9-2 所示。

**表 9-2 $S_1$、$S_0$ 端口的控制作用**

| 功能 | 输入 | | | | | | | | | | 输出 | | | |
|---|---|---|---|---|---|---|---|---|---|---|---|---|---|---|
| | CP | $\overline{C_R}$ | $S_1$ | $S_0$ | $S_R$ | $S_L$ | $D_0$ | $D_1$ | $D_2$ | $D_3$ | $Q_0$ | $Q_1$ | $Q_2$ | $Q_3$ |
| 清除 | × | 0 | × | × | × | × | × | × | × | × | 0 | 0 | 0 | 0 |
| 送数 | ↑ | 1 | 1 | 1 | × | × | a | b | c | d | a | b | c | d |
| 右移 | ↑ | 1 | 0 | 1 | $D_{SR}$ | × | × | × | × | × | $D_{SR}$ | $Q_0$ | $Q_1$ | $Q_2$ |
| 左移 | ↑ | 1 | 1 | 0 | × | $D_{SL}$ | × | × | × | × | $Q_1$ | $Q_2$ | $Q_3$ | $D_{SL}$ |
| 保持 | ↑ | 1 | 0 | 0 | × | × | × | × | × | × | $Q_0^n$ | $Q_1^n$ | $Q_2^n$ | $Q_3^n$ |
| 保持 | ↓ | 1 | × | × | × | × | × | × | × | × | $Q_0^n$ | $Q_1^n$ | $Q_2^n$ | $Q_3^n$ |

移位寄存器应用很广，可构成移位寄存器型计数器、顺序脉冲发生器、串行累加器，可用作数据转换，即把串行数据转换为并行数据，或把并行数据转换为串行数据等。本实训实现移位寄存器用作环形计数器和数据的串、并行转换。

把移位寄存器的输出反馈到它的串行输入端，就可以进行循环右移位，如图 9-21 所示。把输出端 $Q_3$ 和右移串行输入端 $D_{SR}$ 相连接，设初始状态 $Q_0Q_1Q_2Q_3=1000$，则在时钟脉冲作用下 $Q_0Q_1Q_2Q_3$ 将依次变为 0100→0010→0001→1000→⋯，见表 9-3，可见它是一个具有四个有效状态的计数器，这种类型的计数器通常称为环形计数器。

**表 9-3 环形计数器的输出状态**

| CP | $Q_0$ | $Q_1$ | $Q_2$ | $Q_3$ |
|---|---|---|---|---|
| 0 | 1 | 0 | 0 | 0 |
| 1 | 0 | 1 | 0 | 0 |
| 2 | 0 | 0 | 1 | 0 |
| 3 | 0 | 0 | 0 | 1 |

环形计数器电路可以由各个输出端输出在时间上有先后顺序的脉冲,因此,也可作为顺序脉冲发生器。由于 CC40194 是双向移位寄存器,如果将输出 $Q_0$ 与左移串行输入端 $D_{SL}$ 相连接,即可达到左移循环移位,所以也可以组成不加反相器的双向环形计数器,如图 9-22a 所示。

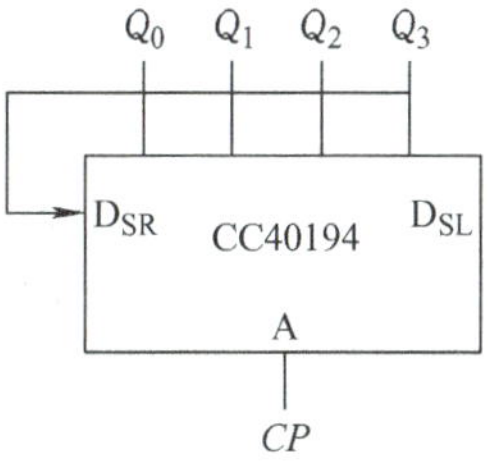

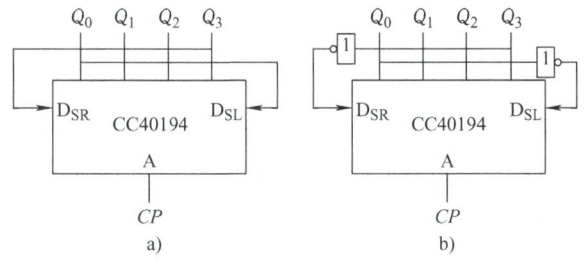

图 9-21 环形计数器

如果计数器的初始状态为 $Q_0Q_1Q_2Q_3 = 0000$,要形成双向环形计数,仅需在图 9-22a 的基础上加两个反相器,如图 9-22b 所示。当计数器进入循环左移位时,计数器 $Q_0$ 端通过反相器与左移串行输入端 $D_{SL}$ 相连接,设计数器的初始状态 $Q_0Q_1Q_2Q_3 = 0000$,则在时钟脉冲作用下,$Q_0Q_1Q_2Q_3$ 将依次变为 0001→0011→0111→1111→1110→1100→1000→0000→…

图 9-22 双向环形计数器

(3) CC4011B 与非门构成的防抖电路

CC4011B 与非门集成电路的引脚图如图 9-23 所示,其中含有四个两端输入的与非门,它们可以分别使用。如图 9-24 所示的电路是一个键盘防抖电路,其工作原理是利用了与非门的快速翻转,抑制了按钮在接通、断开瞬间,触点似通、非通的抖动。按钮没有按下时,输出 $u_o$ 为 "0";按钮按下时,输出 $u_o$ 为 "1",故在输出端只有 "1""0" 电平信号,防止了杂波的产生。

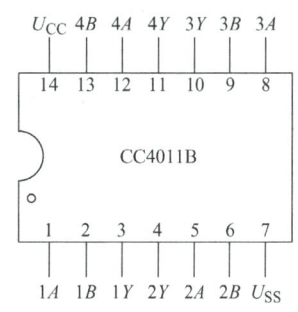

图 9-23 CC4011B 与非门集成电路的引脚图

(4) CC4027B 双 JK 触发器构成的计数电路

CC4027B 双 JK 触发器集成电路的引脚图如图 8-66 所示,其中含有两个 JK 触发器。上升沿触发的 JK 触发器的功能如表 9-4 所示。

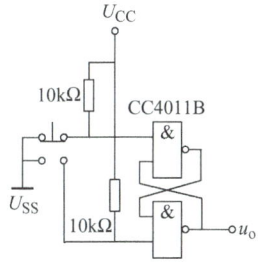

图 9-24 键盘防抖电路

表 9-4 上升沿触发的 JK 触发器的功能

| 输入 | | | | | 输出 |
| --- | --- | --- | --- | --- | --- |
| $S$ | $R$ | $CP$ | $J$ | $K$ | $Q^{n+1}$ |
| 1 | 0 | × | × | × | 1 |
| 0 | 1 | × | × | × | 0 |
| 1 | 1 | × | × | × | 不稳定 |
| 0 | 0 | ↑ | 0 | 0 | $Q^n$ |
| 0 | 0 | ↑ | 1 | 0 | 1 |
| 0 | 0 | ↑ | 0 | 1 | 0 |
| 0 | 0 | ↑ | 1 | 1 | $\overline{Q^n}$ |
| 0 | 0 | ↓ | × | × | $Q^n$ |

CMOS 触发器的直接置位、复位输入端 $S$ 和 $R$ 是高电平有效，当 $S=1$（或 $R=1$）时，触发器将不受其他输入端所处状态的影响，使触发器直接置 1（或置 0）。但直接置位、复位输入端 $S$ 和 $R$ 必须遵守 $RS=0$ 的约束条件。而 CMOS 触发器在按逻辑功能工作时，$S$ 和 $R$ 必须均置 0。

如图 9-25 所示是由 CC4027B 芯片组成的两位二进制计数器，JK 触发器作为计数器时，必须将 $J=K=1 \rightarrow U_{CC}$，$R=S=0 \rightarrow U_{SS}$；第一级 JK 触发器受时钟脉冲触发，第一级的输出 $\overline{Q_1}$ 作为第二级的时钟脉冲，整个计数电路为上升沿有效的异步计数器。

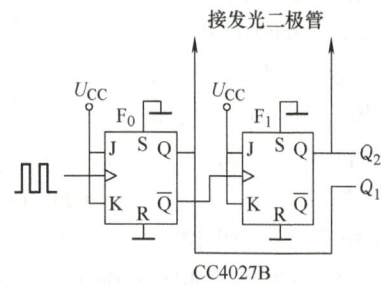

图 9-25 JK 触发器组成的两位二进制计数器

其工作原理是：计数器运行前，先清零，则 $Q_1Q_2=00$，当第一个脉冲送入计数器时，第一级 JK 触发器翻转，$Q_1$ 由原来的 0 变为 1，则 $Q_1Q_2=10$，当第二个脉冲送入计数器时，第一级 JK 触发器再次翻转，$Q_1$ 由原来的 1 变为 0，同时，由于第一级 JK 触发器输出 $\overline{Q_1}$ 是由 0 变为 1 的，即是由低电平上跳为高电平，相当于脉冲的上升沿，触发第二级 JK 触发器翻转，$Q_2$ 由原来的 0 变为 1，则 $Q_1Q_2=01$，第三个脉冲送入计数器时，第一级 JK 触发器再次翻转，计数器的输出状态由 $Q_1Q_2=00 \rightarrow Q_1Q_2=10 \rightarrow Q_1Q_2=11 \rightarrow Q_1Q_2=00 \rightarrow$ 不断循环。

(5) CC4013B 双 D 触发器组成的计数器

CC4013B 双 D 触发器集成电路的引脚如图 8-69 所示，其中含有两个 D 触发器。上升沿触发的 D 触发器的功能如表 9-5 所示。

表 9-5　上升沿触发的 D 触发器的功能

| 输入 | | | | 输出 |
|---|---|---|---|---|
| S | R | CP | D | $Q^{n+1}$ |
| 0 | 0 | ↑ | 0 | 0 |
| 0 | 0 | ↑ | 1 | 1 |
| 0 | 0 | ↓ | × | $Q^n$ |
| 0 | 1 | × | × | 0 |
| 1 | 0 | × | × | 1 |
| 1 | 1 | × | × | 1 |

CMOS 触发器的直接置位、复位输入端 S 和 R 是高电平有效，当 S = 1（或 R = 1）时，触发器将不受其他输入端所处状态的影响，使触发器直接置 1（或置 0）。但直接置位、复位输入端 S 和 R 必须遵守 RS = 0 的约束条件。而 CMOS 触发器在按逻辑功能工作时，S 和 R 必须均置 0。

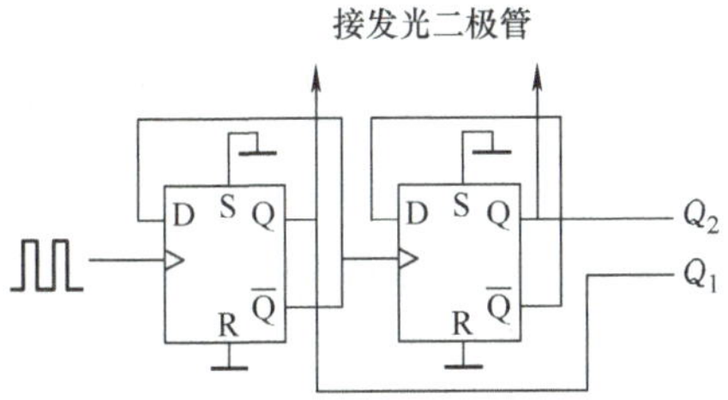

图 9-26　D 触发器组成的两位二进制计数器

如图 9-26 所示由 CC4013B 双 D 触发器组成的两位二进制计数器时，可将 $D = \overline{Q}$，$R = S = 0$；第一级 D 触发器受时钟脉冲触发，第一级的输出 $\overline{Q_1}$ 作为第二级的时钟脉冲，整个计数电路为上升沿有效的异步计数器。

其工作原理是：计数器运行前，先清零，则 $Q_1Q_2 = 00$，当第一个脉冲送入计数器时，第一级 D 触发器翻转，$Q_1$ 由原来的 0 变为 1，则 $Q_1Q_2 = 10$，当第二个脉冲送入计数器时，第一级 D 触发器再次翻转，$Q_1$ 由原来的 1 变为 0，同时，由于第一级 D 触发器输出 $\overline{Q_1}$ 是由 0 变为 1 的，即是由低电平上跳为高电平，相当于脉冲的上升沿，触发第二级 D 触发器翻转，$Q_2$ 由原来的 0 变为 1，则 $Q_1Q_2 = 01$，第三个脉冲送入计数器时，第一级 D 触发器再次翻转，计数器的输出状态由 $Q_1Q_2 = 00 \rightarrow Q_1Q_2 = 10 \rightarrow Q_1Q_2 = 11 \rightarrow Q_1Q_2 = 00 \rightarrow$ 不断循环。

## 9.2.3　环形计数器的安装调试步骤及实测波形记录

环形计数器的安装和调试的步骤如下。

1）按实践电路原理图（图 9-17 或图 9-18）在实验装置进行线路的连接，先接振荡器线路。

2）用示波器调试振荡器，为了便于测试，在调试时可提高频率，将电容器 1μF 换成 0.01μF（调试结束后把电容器再换回来）。

3）按实践电路原理图中的按钮防抖电路接线，用万用表进行调试。

4）按实践电路原理图中的触发器组成的计数器接线，用按钮防抖电路作为脉冲，对计数器进行调试，观察发光二极管的状态，判断线路运行是否正常。

5）按实践电路原理图中的移位寄存器电路进行接线，包括将输出电路接成双相环形计数器，分别送入 $D_{SR}$ 和 $D_{SL}$ 输入端，加入已调好的脉冲即可进行调试，调试时可人为地给 $S_1$、$S_2$ 置成 1、0 或 0、1 或 1、1 或 0、0 状态，分别调试移位寄存器的左移、右移、保持、并行置数功能。

6）将线路连接完整进行总调试。

7）断开振荡器与移位寄存器之间的电路连接，用示波器测量记录振荡电路输出波形的幅度以及周期的调节范围，将测得波形图在图 9-27 中进行绘制，计算振荡频率（如波形无法稳定，可把振荡电容改为 0.01μF 测量，测完后再把电容复原）。

图 9-27　记录波形

振荡频率 $f = $ _____。

8）排除故障，由实训教师给学生实训电路设置故障，共两次，每次出一个故障点，学生首先写出故障的现象，并根据故障的现象分析其原因，然后根据故障现象进行排除。

### 9.2.4　知识点拓展　两片 CC40194 实现数据的串行/并行转换

（1）串行/并行转换器

串行/并行转换是指串行输入的数码，经转换电路之后变换成并行输出。图 9-28 是用两片 CC40194 四位双向移位寄存器组成的七位串行/并行转换器。

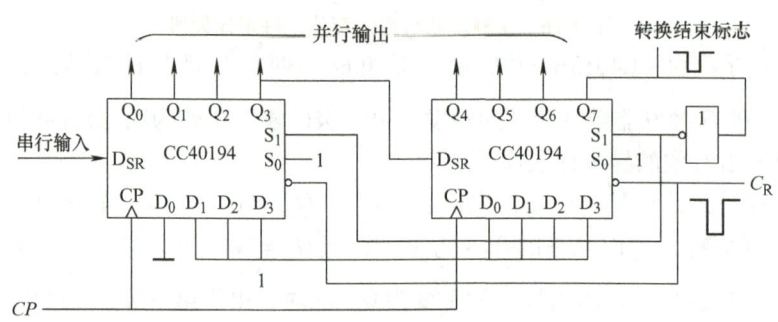

图 9-28　七位串行/并行转换器

电路中 $S_0$ 端接高电平 1，$S_1$ 受 $Q_7$ 控制，两片寄存器连接成串行输入右移工作模式。$Q_7$ 是转换结束标志。当 $Q_7 = 1$ 时，$S_1$ 为 0，使之成为 $S_1 S_0 = 01$ 的串入右移工作方式，当 $Q_7 = 0$ 时，$S_1 = 1$，有 $S_1 S_0 = 10$，则串行送数结束，标志着串行输入的数据已转换成并行输出了。

串行/并行转换的具体过程如下。

转换前，$\overline{C_R}$ 端加低电平，使两片寄存器的内容清零，此时 $S_1 S_0 = 11$，寄存器执行并行输入工作方式。当第一个脉冲到来后，寄存器的输出状态 $Q_0 \sim Q_7$ 为 01111111，与此同时，$S_1 S_0$ 变为 01，转换电路变为执行串入右移工作方式，串行输入数据由 1 片的 $S_R$ 端加入。随着 CP 脉冲的依次加入，输出状态的变化可见表 9-6。

表 9-6 七位串行/并行转换器的输出状态

| CP | $Q_0$ | $Q_1$ | $Q_2$ | $Q_3$ | $Q_4$ | $Q_5$ | $Q_6$ | $Q_7$ | 说明 |
|---|---|---|---|---|---|---|---|---|---|
| 0 | 0 | 0 | 0 | 0 | 0 | 0 | 0 | 0 | 清零 |
| 1 | 0 | 1 | 1 | 1 | 1 | 1 | 1 | 1 | 送数 |
| 2 | $D_0$ | 0 | 1 | 1 | 1 | 1 | 1 | 1 | 右移操作七次 |
| 3 | $D_1$ | $D_0$ | 0 | 1 | 1 | 1 | 1 | 1 | |
| 4 | $D_2$ | $D_1$ | $D_0$ | 0 | 1 | 1 | 1 | 1 | |
| 5 | $D_3$ | $D_2$ | $D_1$ | $D_0$ | 0 | 1 | 1 | 1 | |
| 6 | $D_4$ | $D_3$ | $D_2$ | $D_1$ | $D_0$ | 0 | 1 | 1 | |
| 7 | $D_5$ | $D_4$ | $D_3$ | $D_2$ | $D_1$ | $D_0$ | 0 | 1 | |
| 8 | $D_6$ | $D_5$ | $D_4$ | $D_3$ | $D_2$ | $D_1$ | $D_0$ | 0 | |
| 9 | 0 | 1 | 1 | 1 | 1 | 1 | 1 | 1 | 送数 |

由表 9-6 可见，右移操作七次之后，$Q_7$ 变为 0，$S_1S_0$ 又变为 11，说明串行输入结束。这时，串行输入的数码已经转换成了并行输出了。当又一个脉冲来到时，电路又重新执行一次并行输入，为第二组串行数码转换做好准备。

（2）并行/串行转换器

并行/串行转换器是指并行输入的数码经转换电路之后，转换成串行输出。

图 9-29 是用两片 CC40194（74LS194）组成的七位并行/串行转换器，它比图 9-28 多了两只与非门 $G_1$ 和 $G_2$，电路工作方式同样为右移。

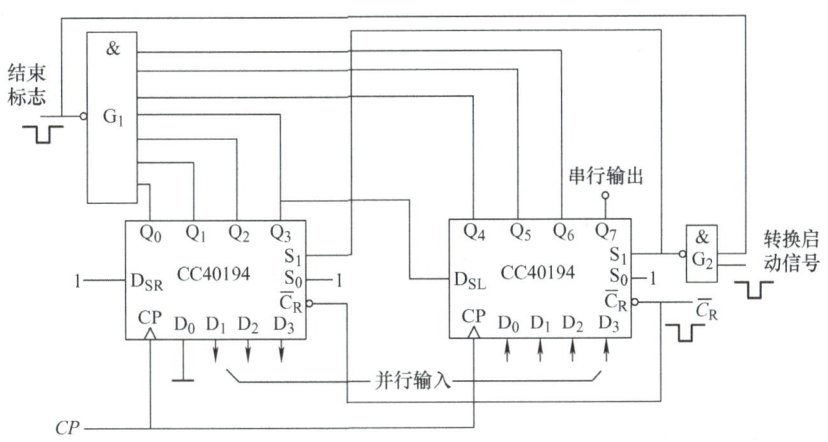

图 9-29 七位并行/串行转换器

寄存器清零后，加一个转换起动信号（负脉冲或低电平），此时，由于方式控制 $S_1S_0$ 为 11，转换电路执行并行输入操作。当第一个脉冲到来时，$Q_0Q_1Q_2Q_3Q_4Q_5Q_6Q_7$ 的状态为 $0D_1D_2D_3D_4D_5D_6D_7$，并行输入数码存入寄存器。从而使得 $G_1$ 输出为 1，$G_2$ 输出为 0，结果，$S_1S_2$ 变为 01，转换电路随着 CP 脉冲的加入，开始执行右移串行输出。随着 CP 脉冲的依次加入，输出状态依次右移，待右移操作七次后，$Q_0 \sim Q_6$ 的状态都为高电平 1，与非门 $G_1$ 输出为低电平，$G_2$ 门输出为高电平，$S_1S_2$ 又变为 11，表示并/串行转换结束，且为第二次并行输入创造了条件。转换过程见表 9-7。

表 9-7 七位串行/并行转换器的转换过程

| CP | $Q_0$ | $Q_1$ | $Q_2$ | $Q_3$ | $Q_4$ | $Q_5$ | $Q_6$ | $Q_7$ | 串 行 输 出 | | | | | | |
|---|---|---|---|---|---|---|---|---|---|---|---|---|---|---|---|
| 0 | 0 | 0 | 0 | 0 | 0 | 0 | 0 | 0 | | | | | | | |
| 1 | 0 | $D_1$ | $D_2$ | $D_3$ | $D_4$ | $D_5$ | $D_6$ | $D_7$ | | | | | | | |
| 2 | 1 | 0 | $D_1$ | $D_2$ | $D_3$ | $D_4$ | $D_5$ | $D_6$ | $D_7$ | | | | | | |
| 3 | 1 | 1 | 0 | $D_1$ | $D_2$ | $D_3$ | $D_4$ | $D_5$ | $D_6$ | $D_7$ | | | | | |
| 4 | 1 | 1 | 1 | 0 | $D_1$ | $D_2$ | $D_3$ | $D_4$ | $D_5$ | $D_6$ | $D_7$ | | | | |
| 5 | 1 | 1 | 1 | 1 | 0 | $D_1$ | $D_2$ | $D_3$ | $D_4$ | $D_5$ | $D_6$ | $D_7$ | | | |
| 6 | 1 | 1 | 1 | 1 | 1 | 0 | $D_1$ | $D_2$ | $D_3$ | $D_4$ | $D_5$ | $D_6$ | $D_7$ | | |
| 7 | 1 | 1 | 1 | 1 | 1 | 1 | 0 | $D_1$ | $D_2$ | $D_3$ | $D_4$ | $D_5$ | $D_6$ | $D_7$ | |
| 8 | 1 | 1 | 1 | 1 | 1 | 1 | 1 | 0 | $D_1$ | $D_2$ | $D_3$ | $D_4$ | $D_5$ | $D_6$ | $D_7$ |
| 9 | 0 | $D_1$ | $D_2$ | $D_3$ | $D_4$ | $D_5$ | $D_6$ | $D_7$ | | | | | | | |

中规模集成移位寄存器其位数往往以四位居多，当需要的位数多于四位时，可把几片移位寄存器用级联的方法来扩展其位数。

## 9.3 综合实践 3 脉冲顺序控制器的组装与调试

### 9.3.1 实践要求

1）掌握集成电路的实际应用电路，本课题涉及 CC4011B、CC40192B、CC4028B、555 等 CMOS 集成芯片的实际应用。

2）能分析由按钮控制电路、计数器应用电路、译码器应用电路、多谐振荡器各单元电路的原理。

3）掌握上述单元电路的安装与调试。

4）掌握各单元电路组合后的系统调试。

5）能使用各种仪器仪表，对电路中的关键点进行测试，对测试的数据进行分析、判断，对电路中设置的故障能分析并排除。

### 9.3.2 各单元电路的工作原理

脉冲顺序控制器电路如图 9-30 所示，如图 9-31 所示为加法计数器的起停控制电路。

**1. 555 时基集成电路构成输出频率可调的多谐振荡器**

在本实践电路中，由 555 集成电路构成的多谐振荡器电路是在 9.2 节中分析的多谐振荡器的基础上，增加了调节频率的可变电阻，使输出的矩形波频率在一定范围内可调。如图 9-32 所示，图中的电阻 75kΩ 和可变电阻 150kΩ 之和相当于原理图中的 $R_1$，电阻 10kΩ 相当于 $R_2$。

该多谐振荡器的频率调节范围

$$f_1 = \frac{1}{0.7(75 + 150 + 2 \times 10) \times 1 \times 10^{-3}} \approx 5.8 \text{Hz}$$

$$f_2 = \frac{1}{0.7(150 + 2 \times 10) \times 1 \times 10^{-3}} \approx 8.5 \text{Hz}$$

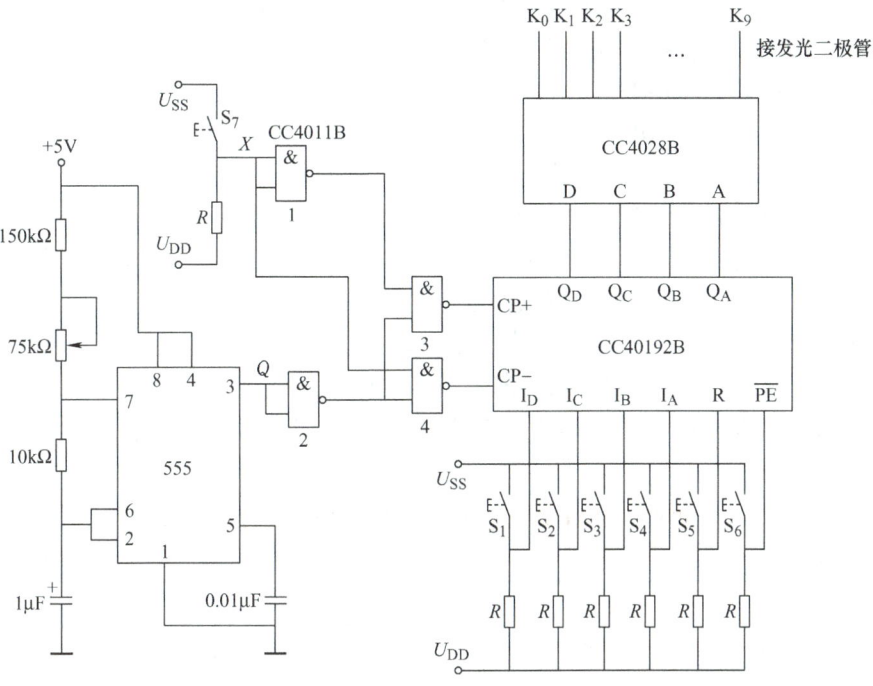

图 9-30　脉冲顺序控制器电路

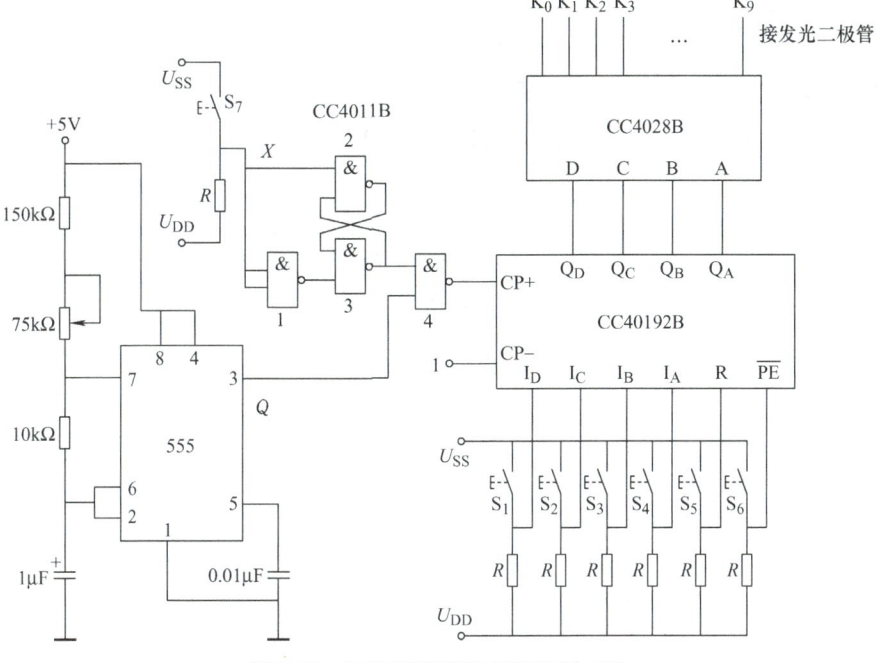

图 9-31　加法计数器的起停控制电路

通过上式计算可得：图 9-32 所示的振荡器电路的频率可调范围为 5.8~8.5Hz。

**2. CC40192B 同步十进制可逆计数器**

CC40192B 是同步十进制可逆计数器，具有双时钟输入、清除和置数等功能，其引脚排列如图 8-72 所示，引脚功能见表 8-27，逻辑状态表见表 8-28。

需要注意的是：当 CC40192B 清除端为高电平 1 时，计数器直接清零；清除端置低电平，则执行其他功能；当清除端为低电平，置数端也为低电平时，数据直接从置数端置入计数器；当清除端为低电平，置数端为高电平时，执行计数功能。在执行加计数时，减计数时钟脉冲端接高电平，计数脉冲加计数时钟脉冲端输入；在计数脉冲上升沿进行 8421 码十进制加法计数。在执行减计数时，加计数时钟脉冲端接高电平，计数脉冲由减计数时钟脉冲端输入，表 9-8 为 8421 码十进制加、减计数器的状态转换表。

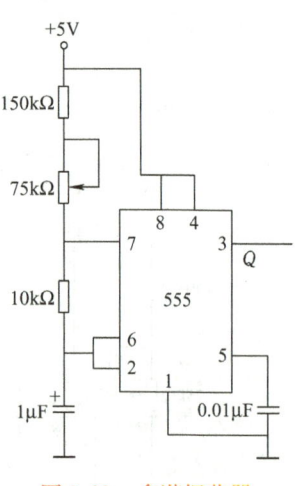

图 9-32 多谐振荡器

表 9-8 8421 码十进制加、减计数器的状态转换表

加法计数 →

| | 输入脉冲数 | 0 | 1 | 2 | 3 | 4 | 5 | 6 | 7 | 8 | 9 |
|---|---|---|---|---|---|---|---|---|---|---|---|
| 置数输出 | $Q_D$ | 0 | 0 | 0 | 0 | 0 | 0 | 0 | 0 | 1 | 1 |
| | $Q_C$ | 0 | 0 | 0 | 0 | 1 | 1 | 1 | 1 | 0 | 0 |
| | $Q_B$ | 0 | 0 | 1 | 1 | 0 | 0 | 1 | 1 | 0 | 0 |
| | $Q_A$ | 0 | 1 | 0 | 1 | 0 | 1 | 0 | 1 | 0 | 1 |

← 减法计数

**3. CC402B8 集成 4 线-10 线译码器**

CC4028B 集成 4 线-10 线译码器引脚排列如图 9-33a 所示。如图 9-33b 所示是 4 线-10 线译码器的应用接线图。

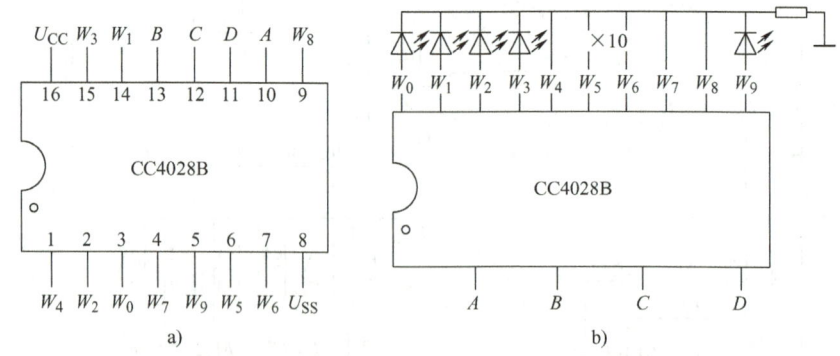

图 9-33 4 线-10 线译码器引脚排列及应用接线图

由于 4 线-10 线译码器每次输出只有一位是高电平，所以电路中只用一个限流电阻 $R$，计算公式为

$$R = \frac{V_{DD} - V_D}{I_D}$$

式中，$I_D$ 为发光二极管额定电流（mA）；$V_D$ 为发光二极管管压降（V）。

CC4028B 译码器输入端的每一个状态对应一个输出状态，表 9-9 所示是 CC4028B 译码器的真值表，表明其输入端与输出端的对应关系。

例如，输入端的 $ABCD = 0000$，则输出端 $W_0$ 为高电平，其他输出端均为低电平；又如，输入端的 $ABCD = 1001$，则输出端 $W_9$ 为高电平，其他输出端均为低电平。4 线-10 线译码器的输出端通常与发光二极管相连，主要用来显示译码器的工作状态。

表 9-9 CC4028B 译码器真值表

| D | C | B | A | $W_0$ | $W_1$ | $W_2$ | $W_3$ | $W_4$ | $W_5$ | $W_6$ | $W_7$ | $W_8$ | $W_9$ |
|---|---|---|---|---|---|---|---|---|---|---|---|---|---|
| 0 | 0 | 0 | 0 | 1 | 0 | 0 | 0 | 0 | 0 | 0 | 0 | 0 | 0 |
| 0 | 0 | 0 | 1 | 0 | 1 | 0 | 0 | 0 | 0 | 0 | 0 | 0 | 0 |
| 0 | 0 | 1 | 0 | 0 | 0 | 1 | 0 | 0 | 0 | 0 | 0 | 0 | 0 |
| 0 | 0 | 1 | 1 | 0 | 0 | 0 | 1 | 0 | 0 | 0 | 0 | 0 | 0 |
| 0 | 1 | 0 | 0 | 0 | 0 | 0 | 0 | 1 | 0 | 0 | 0 | 0 | 0 |
| 0 | 1 | 0 | 1 | 0 | 0 | 0 | 0 | 0 | 1 | 0 | 0 | 0 | 0 |
| 0 | 1 | 1 | 0 | 0 | 0 | 0 | 0 | 0 | 0 | 1 | 0 | 0 | 0 |
| 0 | 1 | 1 | 1 | 0 | 0 | 0 | 0 | 0 | 0 | 0 | 1 | 0 | 0 |
| 1 | 0 | 0 | 0 | 0 | 0 | 0 | 0 | 0 | 0 | 0 | 0 | 1 | 0 |
| 1 | 0 | 0 | 1 | 0 | 0 | 0 | 0 | 0 | 0 | 0 | 0 | 0 | 1 |

**4. CC4011B 与非门构成的控制电路**

（1）CC4011B 构成的顺序控制电路

顺序控制电路主要用于控制计数器加、减计数功能的转换。电路由一片 CC4011B 组成。一片 CC4011B 含有四个两端输入的与非门，其中两个与非门改接成非门，如图 9-34a 所示。开关 $S_{10}$ 可改变非门 $G_1$ 输入端的逻辑电平，假设某一时刻为"1"，即高电平，按与非门口诀"有 0 出 1""全 1 出 0"，可得到图 9-34b 标注的电平和脉冲波形图，这时 $CP_+$ 为脉冲，

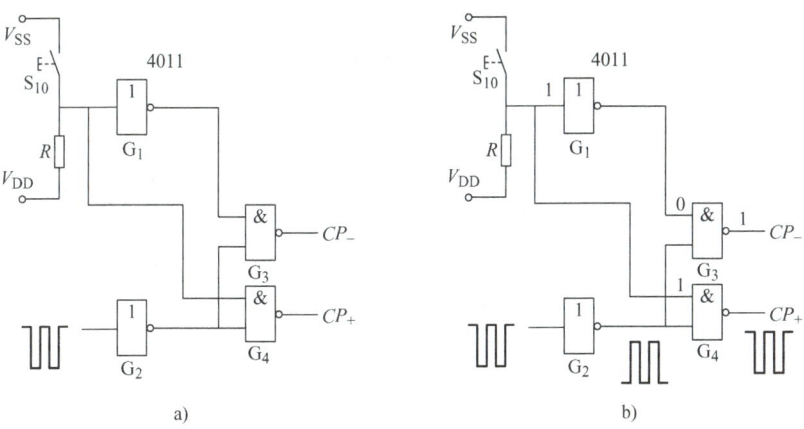

图 9-34 顺序控制电路

$CP_-$ 为 "1" 高电平,可使计数器进入加法计数;当 $S_{10}$ 开关使非门 $G_1$ 输入端为低电平时,分析后得 $CP_+$ 为 "1",$CP_-$ 为脉冲,使计数器进入减法计数。图示电路起到计数器加、减计数功能的转换。

(2) CC4011B 构成的计数器起、停控制电路

CC4011B 构成的计数器起、停控制电路如图 9-35 所示,电路由一片 CC4011B 组成。一片 CC4011B 含有四个两端输入的与非门,其中一个与非门改接成非门,两个与非门构成 RS 触发器,其输出控制脉冲是否能通过与非门。如图 9-35a 所示,开关 $S_7$ 未接通,则触发器输出为 "0",封锁脉冲。接通开关 $S_7$ 后,脉冲可送至计数器,如图 9-35b 所示。

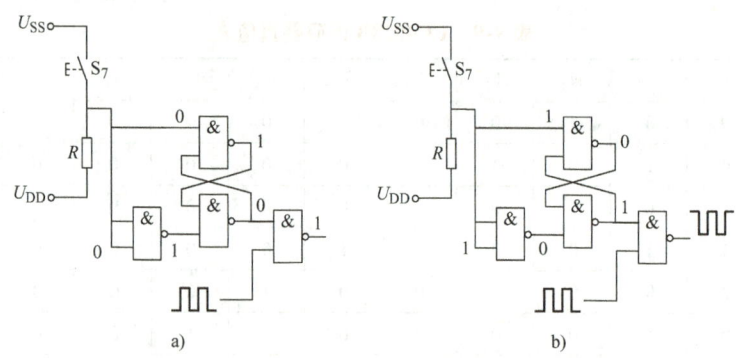

图 9-35　CC4011B 构成的计数器起、停控制电路

### 9.3.3　脉冲顺序控制器的安装调试步骤及实测波形记录

1) 选择相关的集成芯片和电子元件并判断其好坏。按实践电路原理图在实训装置进行线路的连接,先接振荡器线路。

2) 用示波器调试振荡器,为了便于测试,在调试时可提高频率,将电容器 1μF 换成 0.01μF(调试结束后把电容器再换回来)。

3) 按实践电路原理图中的计数器、译码、显示、包括预置数输入端,以及功能端进行接线。

4) 调试预制数功能,设置 $\overline{Preset} = 0$(图 9-30 和图 9-31 中 CC40192B 的 $\overline{PE}$ 端),Clear = 0(图 9-30 和图 9-31 中 CC40192B 的 R 端),拨动预制数开关,观察显示端是否与预制数开关状态相符。

5) 将脉冲送入计数器的减计数时钟脉冲端,并将加计数时钟脉冲端置 1,调试计数器的减法功能。

6) 将线路连接完整进行总调试,先调试置数功能,然后再调试加、减法计数功能。

7) 断开振荡器与计数器之间的电路连接,用示波器测量并记录振荡电路输出波形的幅度以及周期的调节范围,并将测得波形图绘制在图 9-36 中,计算振荡频率(如波形无法稳定,可把振荡电容改为 0.01μF 测量,测完后再把电容复原)。

振荡频率 f = ＿＿＿＿＿,绘制振荡器输出波形。

8) 排除故障。由实训教师给学生实践电路设置故障,共两次,每次出一个故障点,学生首先写出故障的现象,并根据故障的现象分析其原因,然后根据故障现象进行排除。

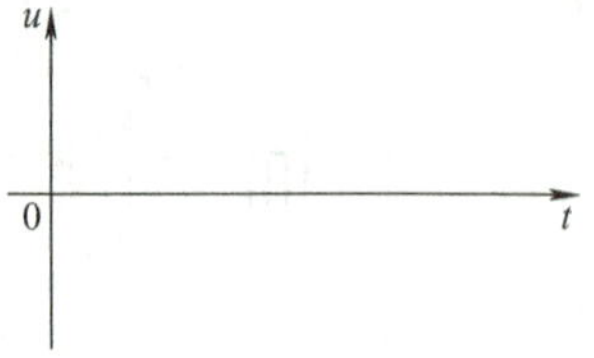

图 9-36　绘制波形

# 附录　综合实践（活页式）

## 综合实践操作 1　锯齿波发生器的组装与测试

操作时限：60min

1. 操作条件

电子技术实训台（只要能满足安装的条件即可）；双踪示波器；万用表，信号发生器。

2. 操作内容

1）按照第 9 章图 9-1 完成电路的安装，在运放 $N_1$ 的输入端（$R_2$ 前）输入频率为 50Hz、峰值为 6V 的正弦波，用双踪示波器测量并同时显示输入电压及输出电压 $u_{o1}$ 的波形，记录传输特性。

2）完成全部电路的接线，用双踪示波器测量输出电压 $u_{o1}$、$u_{o2}$ 的波形，并记录波形，在波形图中标出波形的幅度和锯齿波电压上升及下降的时间，计算频率，向教师演示电路已达到试题要求。

3）教师在此电路上设置一个故障，由学生用仪器判别故障，说明理由并排除故障。

3. 操作安全教育

1）根据给定的设备和仪器仪表，在规定时间内完成接线、调试、测量、排故工作，达到试题规定的要求。调试过程中一般故障自行解决。

2）用双踪示波器测量并记录传输特性。

3）用双踪示波器测量并记录 $u_{o1}$、$u_{o2}$ 的波形，标出波形的幅度和锯齿波电压上升及下降的时间，计算频率。

4）用仪器判别电路上的故障，说明理由并排除故障。

5）按照完成的工作是否达到了全部或部分要求，由教师按评分标准进行评分。在规定的时间内不得延时。

## 综合实践操作 1 答题卷

姓名：　　　　　　　　　　　　　　　学号：

综合操作课题名称：锯齿波发生器的组装与测试

1. 调试

1）在运算放大器 $N_1$ 的输入端（$R_2$ 前）输入频率为 50Hz、峰值为 6V 的正弦波，用双踪示波器测量并同时显示输入电压及 $u_{o1}$ 的波形，记录传输特性。

2）用双踪示波器测量输出电压 $u_{o1}$、$u_{o2}$ 的波形，并记录波形，在波形图中标出波形幅度和锯齿波电压上升及下降的时间，计算频率 $f=$ _____。

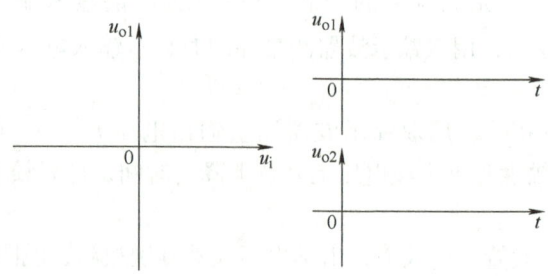

2. 排故

1）记录故障现象：_____
_____

2）分析故障原因：_____
_____

3）找出故障点：_____
_____

## 综合实践操作 2.1　单脉冲控制移位寄存器安装与调试

操作时限：60min

1. 操作条件

电子技术实训台（只要能满足安装的条件即可）；双踪示波器；万用表；集成芯片：40194、4027、4011、555 及逻辑开关、电阻、电容、连接导线等。

2. 操作内容

1）按照第 9 章图 9-17 完成振荡电路的接线。用双踪示波器测量并记录振荡电路的输出波形，标明幅值及周期。

2）完成单脉冲计数电路的接线，调试单脉冲计数电路，看 4027 组成的二位二进制计数器是否作加法计数。

3）完成全部电路的接线，把振荡信号送到 40194 的 CP 端，使电路能用按钮控制其工作状态，达到停止、右移、左移及并行输入的目的。向教师演示电路已达到试题要求。

4）教师在电路上设置一个故障，由学生用仪器判别故障，说明理由并排除故障。

3. 操作安全教育

1）根据给定的设备和仪器仪表，在规定时间内完成接线、调试、测量、排故工作，达到试题规定的要求。调试过程中一般故障自行解决。

2）用双踪示波器测量并记录振荡电路输出波形，列出 $JK$ 触发器 $F_1$、$F_0$ 的状态图，记录 $S_1$、$S_0$ 与移位寄存器工作状态之间的关系。

3）用仪器判别电路上的故障，说明理由并排除故障。

4）按照完成的工作是否达到了全部或部分要求，由教师按评分标准进行评分。在规定的时间内不得延时。

## 综合实践操作 2.1 答题卷

姓名： 　　　　　　　　　　　　　　学号：

综合操作课题名称：单脉冲控制移位寄存器安装与调试

1. 调试

1）用双踪示波器测量振荡电路的输出波形，并记录波形，在波形图上标注幅度及周期。（如波形无法稳定，可把振荡电容改为 $0.01\mu F$ 测量，测完后再把电容复原）。

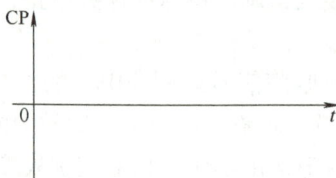

2）列出 $JK$ 触发器 $F_1$、$F_0$ 的状态图。

3）记录 $S_1$、$S_0$ 与移位寄存器工作状态之间的关系。

2. 排故

1）记录故障现象：_____
_____

2）分析故障原因：_____
_____

3）找出故障点：_____
_____

## 综合实践操作 2.2　移位寄存器型环形计数器安装与调试

操作时限：60min

1. 操作条件

电子技术实训台（只要能满足安装的条件即可）；双踪示波器；万用表；集成芯片：40194、4013、4011、555 及逻辑开关、电阻、电容、连接导线等。

2. 操作内容

1）按照第 9 章图 9-18 完成振荡电路的接线。用双踪示波器测量并记录振荡电路的输出波形，标明幅值及周期。

2）完成单脉冲计数电路的接线，调试单脉冲计数电路，看 4013 组成的二位二进制计数器是否作加法计数。

3）接好全部电路，把振荡信号送到 40194 的 CP 端，使电路能用按钮控制其工作状态，达到停止、并行输入，并且在有效状态下进行右移和左移。向教师演示电路已达到试题要求。

4）由教师在此电路上设置一个故障，由学生用仪器判别故障，说明理由并排除故障。

3. 操作安全教育

1）根据给定的设备和仪器仪表，在规定时间内完成接线、调试、测量、排故工作，达到试题规定的要求。调试过程中一般故障自行解决。

2）用双踪示波器测量并记录振荡电路输出波形，标明幅值及周期，画出 $D$ 触发器 $F_1$、$F_0$ 时序图，记录 $S_1$、$S_0$ 与移位寄存器工作状态之间的关系。

3）用仪器判别电路上的故障，说明理由并排除故障。

4）按照完成的工作是否达到了全部或部分要求，由教师按评分标准进行评分。在规定的时间内不得延时。

# 综合实践操作 2.2 答题卷

姓名：　　　　　　　　　　　　学号：

**综合操作课题名称**：移位寄存器环型计数器安装与调试

1. 调试

1）用双踪示波器测量振荡电路的输出波形，并记录波形，在波形图上标注幅度及周期（如波形无法稳定，可把振荡电容改为 0.01μF 测量，测完后再把电容复原）。

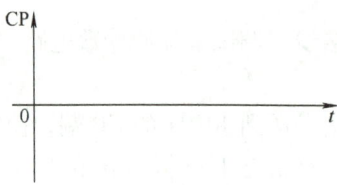

2）画出 D 触发器 $F_1$、$F_0$ 的时序图。

3）记录 $S_1$、$S_0$ 与移位寄存器工作状态之间的关系。

2. 排故

1）记录故障现象：_____
_____

2）分析故障原因：_____
_____

3）找出故障点：_____
_____
_____

# 综合实践操作 3.1　脉冲顺序控制器的安装与调试

操作时限：60min

1. 操作条件

电子技术实训台（只要能满足安装的条件即可）；双踪示波器；万用表；集成芯片：40192、4028、4011、555 及逻辑开关、电阻、电容、连接导线等。

2. 操作内容

1）按照第 9 章图 9-30 完成振荡电路的接线，通电调试，用双踪示波器测量并记录振荡电路输出波形，标明幅度及周期，同时记录周期调节范围。

2）完成计数、译码、显示部分的接线，并把振荡信号直接接到 40192 的 CP＋输入端（40192 的 CP－接 $U_{DD}$），调试电路由预置数开始作加法计数，交换 CP＋、CP－接线使电路作减法计数。

3）接好全部电路，使电路具有脉冲顺序控制的功能。向教师演示电路已达到试题要求。

4）教师在此电路上设置一个故障，由学生用仪器判别故障，说明理由并排除故障。

3. 操作安全教育

1）根据给定的设备和仪器仪表，在规定时间内完成接线、调试、测量、排故工作，达到考试规定的要求。调试过程中一般故障自行解决。

2）用双踪示波器测量并记录振荡电路输出波形，标明幅度及周期，同时记录周期调节范围。

3）记录 $S_7$ 取不同位时，4011 四个门的输出情况。

4）用仪器判别电路上的故障，说明理由并排除故障。

5）按照完成的工作是否达到了全部或部分要求，由教师按评分标准进行评分。在规定的时间内不得延时。

## 综合实践操作 3.1 答题卷

姓名：　　　　　　　　　学号：

综合操作课题名称：脉冲顺序控制器的安装与调试

1. 调试

1）用双踪示波器测量并记录振荡电路输出波形，标明幅度及周期，同时记录周期调节范围（如波形无法稳定，可把振荡电容改为 $0.01\mu F$ 测量，测完后再把电容复原）。

周期 $T$ = _____ ~ _____

2）记录 $S_7$ 取不同位时，4011 四个门的输出情况。

| $X$ | $L_1$ | $L_2$ | $L_3$ | $L_4$ |
|---|---|---|---|---|
| 0 |  |  |  |  |
| 1 |  |  |  |  |

2. 排故

1）记录故障现象：_____

_____

_____

2）分析故障原因：_____

_____

_____

3）找出故障点：_____

_____

## 综合实践操作 3.2　加法计数器起停控制的安装与调试

操作时限：60 min

1. 操作条件

电子技术实训台（只要能满足安装的条件即可）；双踪示波器；万用表；集成芯片：40192、4028、4011、555 及逻辑开关、电阻、电容、连接导线等。

2. 操作内容

1) 按照第 9 章图 9-31 完成振荡电路部分的接线，通电调试，用双踪示波器测量并记录振荡电路输出波形，标明幅度及周期，同时记录周期调节范围。

2) 完成计数、译码、显示部分的接线，并把振荡信号直接接到 40192 的 CP+ 输入端（40192 的 CP- 接 $U_{DD}$），调试电路由预置数开始作加法计数，交换 CP+、CP- 接线使电路作减法计数。

3) 最后完成全部接线，使电路具有起停控制的加法计数功能。向教师演示电路已达到试题要求。

4) 由教师在此电路上设置一个故障，由学生用仪器判别故障，说明理由并排除故障。

3. 操作安全教育

1) 根据给定的设备和仪器仪表，在规定时间内完成接线、调试、测量、排故工作，达到试题规定的要求。调试过程中一般故障自行解决。

2) 用双踪示波器测量并记录振荡电路输出波形，标明幅度及周期，同时记录周期调节范围。

3) 记录 $S_7$ 取不同位时，4011 四个门的输出情况。

4) 用仪器判别电路上的故障，说明理由并排除故障。

5) 按照完成的工作是否达到了全部或部分要求，由教师按评分标准进行评分。在规定的时间内不得延时。

# 综合实践操作 3.2 答题卷

姓名：　　　　　　　　　　　　学号：

**综合操作课题名称**：加法计数器起停控制的安装与调试

1. 调试

1）用双踪示波器测量并记录振荡电路输出波形，标明幅度及周期，同时记录周期调节范围。（如波形无法稳定，可把振荡电容改为 0.01μF 测量，测完后再把电容复原）。

周期 $T$ = ＿＿＿＿＿ ～ ＿＿＿＿＿

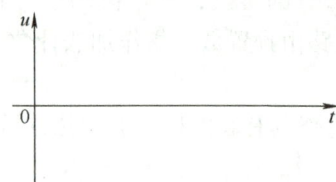

2）记录 $S_7$ 取不同位时，4011 四个门的输出情况。

| $X$ | $L_1$ | $L_2$ | $L_3$ | $L_4$ |
|---|---|---|---|---|
| 0 |  |  |  |  |
| 1 |  |  |  |  |

2. 排故

1）记录故障现象：＿＿＿＿＿＿＿＿＿＿＿＿＿＿＿＿＿＿＿＿＿＿＿＿＿＿＿＿＿＿＿＿＿＿＿＿＿＿＿＿＿＿＿＿＿＿＿＿＿＿＿＿＿＿＿＿＿＿＿＿＿＿＿＿＿＿＿＿

2）分析故障原因：＿＿＿＿＿＿＿＿＿＿＿＿＿＿＿＿＿＿＿＿＿＿＿＿＿＿＿＿＿＿＿＿＿＿＿＿＿＿＿＿＿＿＿＿＿＿＿＿＿＿＿＿＿＿＿＿＿＿＿＿＿＿＿＿＿＿＿＿

3）找出故障点：＿＿＿＿＿＿＿＿＿＿＿＿＿＿＿＿＿＿＿＿＿＿＿＿＿＿＿＿＿＿＿＿＿＿＿＿＿＿＿＿＿＿＿＿＿＿＿＿＿＿＿＿＿＿＿＿＿＿＿＿＿＿＿＿＿＿＿＿＿＿

# 参 考 文 献

[1] 张静之，余粟. 电子技术及应用 [M]. 北京：机械工业出版社，2019.
[2] 张静之，刘建华. 电子技术及应用学习指导与习题解答 [M]. 北京：机械工业出版社，2019.
[3] 詹新生，孙爱侠，等. 电子技术基础 [M]. 北京：机械工业出版社，2018.
[4] 詹新生，张江伟，等. 模拟电子技术项目化教程 [M]. 北京：机械工业出版社，2014.
[5] 牛百齐，张邦凤，等. 数字电子技术项目化教程 [M]. 北京：机械工业出版社，2017.
[6] 牛百齐，等. 电工电子技术基础与应用 [M]. 北京：机械工业出版社，2015.
[7] 张志良. 数字电子技术基础 [M]. 北京：机械工业出版社，2011.
[8] 张惠荣，王国贞. 数字电子技术项目式教程 [M]. 北京：机械工业出版社，2017.
[9] 康华光. 电子技术基础数字部分 [M]. 6版. 北京：高等教育出版社，2014.
[10] 童诗白，华成英. 模拟电子技术基础 [M]. 5版. 北京：高等教育出版社，2015.
[11] 谭博学，苗汇静. 集成电路原理及应用 [M]. 3版. 北京：电子工业出版社，2011.
[12] 汪敬华. 电子技术 [M]. 北京：清华大学出版社，2014.
[13] 阎石. 数字技术基础 [M]. 6版. 北京：高等教育出版社，2016.
[14] 康华光. 电子技术基础模拟部分 [M]. 6版. 北京：高等教育出版社，2013.
[15] 王艳新. 电工电子技术：实验与实习教程 [M]. 上海：上海交通大学出版社，2009.
[16] 赵春风，汪敬华. 电工电子实验实训教程 [M]. 北京：人民邮电出版社，2015.